Richard O. Prum
理查·O·普蘭

鄧子衿————譯

的再發現

達爾文性擇理論

美的演化

The Evolution of
Beauty

How Darwin's Forgotten
Theory of Mate Choice Shapes
the Animal World

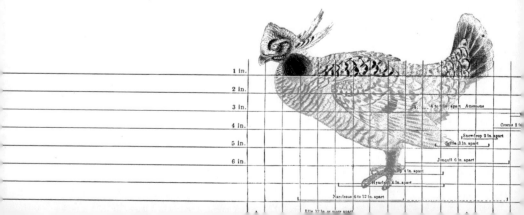

獻給安，

謝謝她帶給我靈感，並且忍受我的胡思亂想。

美麗會怎麼發生？

黃貞祥

　　網路江湖上盛傳，文章或網站只要配上貓咪或正妹，流量就再加一個「0」。

　　我們都愛看帥哥美女，否則為何影視作品也好、報章雜誌也好，都要重金找來帥哥美女來主演或配版面？

　　儘管人的品味千百種，情人眼裡出西施，可是仍有公認的俊男美女，只是算不算自己的「菜」而已。當然，不可諱言的，漂亮與否，往往和性吸引力有關。那麼所謂的「美」，在生物學上，是怎麼回事呢？

　　更有趣的是，我們不僅欣賞同胞的美，不管是異性的或同性的，也能夠欣賞其他動物的，甚至是植物的，否則情人節為何要送大把的植物「生殖器官」呢？

　　當經濟富裕之後，我們也開始注意生活中的美感，寧願單

純為了展現品味而付出更多金錢。無獨有偶，我們人類也非唯一具美感的動物，就藝術細胞而言，鳥類也不遑多讓！有些鳥類堪比藝術大師，身上的羽毛光彩耀眼、絢麗奪目，而且還能善用一身華服來演出行為藝術。即使有些鳥類一身樸實無華且枯燥，往往也懂得獻唱情歌，或耍些寶來討異性歡心。

因此，要探究「美感」是怎麼演化而來的，有誰比一位鳥類學家更稱職呢？於是，美國耶魯大學的鳥類學家理查·O·普蘭（Richard O. Prum）就義不容辭地寫了這本好書《美的演化》，因為寫得實在太生動有趣，而且也有自己的原創想法，因此在二〇一七年登上了《紐約時報》的年度十大好書榜！並且還入圍了普利茲獎的決選名單！

普蘭在鳥類學界是家喻戶曉的學者，他從小熱愛賞鳥，大學時就善用哈佛大學豐富的鳥類收藏如饑似渴地學習。他有幾篇鳥羽演化發育的文章堪稱經典，也撰寫過鳥類學的教科書，近年還把腦筋動到恐龍羽毛上（對，沒錯，恐龍真的有羽毛），把現代鳥羽顏色的知識應用到鑑定恐龍化石的羽毛顏色去，是很具開創性的研究！

普蘭在二〇一三年年底來過臺灣，當時受邀參加臺灣大學主辦的臺灣仿生學國際研討會主講他在鳥羽的研究，之後南加州大學的鍾正明院士和中興大學的陳志峰老師安排在臺中繼續進行學術交流，給了我們研究上很棒的建議。他在興大的演講，正是這本書的主題，他當時就主張「美麗會發生」。會後

晚餐時，他還很興奮地告訴大家，他回美國前要獨自去馬祖賞鳥！

　　普蘭在多年的鳥類學研究經驗中，讓他在欣賞完鳥類的各種藝術展演後，對性擇進行深思，在這本《美的演化》中有強力的主張，那就是所謂的「美麗會發生」，使用的是統計學及族群遺傳學大師羅納德・費雪（Ronald A. Fisher）的「脫韁野馬」模型（runaway model），屏棄熱門的「好基因」模型（good genes model），並且批判「殘障原則」（handicap principle），這些都是演化生物學教科書會提到的模型。

　　基本上，「好基因」模型主張，在性擇中，雌性偏好的特徵也好，或者雄性競爭的利器也好，都代表擁有該特徵或該特徵突出的個體，也帶有「好基因」，對後代的生存和繁衍有利。但是，動物可以演化出欺騙的機制，讓該特徵和遺傳上的良窳脫勾，因此以色列鳥類學家阿莫茨・扎哈維（Amotz Zahavi）提出如果該特徵的訊號要誠實，那麼就要影響個體的生存，能活下來的個體才真正有兩三把刷子。然而，普蘭卻駁斥了這兩種理論，而主張「脫韁野馬」模型才是所謂的「虛無」模型（null model），換句話說，生物學家該預設「脫韁野馬」模型是對的，除非找到確鑿的證據反駁。

　　簡單來說，費雪的「脫韁野馬」模型，是指當某個個體產生了一個突變，無來由地迷戀上了異性某一遺傳特徵，然後這個喜好是會遺傳給下一代的，於是這些後代也帶有了該喜好和

特徵的基因，然後一再正回饋下去，該喜好和特徵就世世代代越演越烈地水乳交融。這就是真愛，不需要用麵包來換。他也認為「美麗會（任意地）發生」，並且和適不適應無關，也是達爾文最原初的主張，而非像是華萊士那樣認為美麗也有其適應性的理由。

　　《美的演化》會贏得許多青睞，是因為普蘭除了有學術上的主張，還把他在鳥類學研究中見識到的各種趣事寫得極為生動。從這些研究中，他甚至還推論出了人類的「性自主」是演化而來的這見解。這要從鴨子雄偉的陰莖說起。雁鴨科鳥類有強迫性交的「惡習」，有些雌鴨甚至會被壓入水中而溺斃。為了抵抗雄鴨的「鴨霸」，雌鴨演化出極為複雜曲折的陰道，逼迫雄鴨也要演化出雄偉的螺旋狀陰莖。這個研究固然很有趣，但在美國卻被保守派拿來大作文章，攻擊他們亂花納稅人的錢研究鴨子的「雞雞」。

　　然而，普蘭卻對雌鴨的「性自主」產生了極大的興趣，他還發現澳洲花亭鳥的精巧「庭園」，秀的不僅是花亭鳥造景的能力，還是一種「保護」雌鳥免受非自願交配的一種機制。另外，絕大多數鳥類都沒有陰莖，只有洩殖孔，普蘭認為那是因為雌鳥演化出性自主的結果，讓雄性只能待雌鳥你情我願時才能交配。想當然的，他也在後頭的幾章中大談人類的性擇和性自主。普蘭主張，與雄黑猩猩相比，男人的睪丸相對較小、陰莖相對較大、性交時間更長、犬齒明顯減少、殺嬰率降低、同性戀互動率更高，還有女人的性高潮，這些生理和行為變化，

可能是由於女性對性自主和愉悅的選擇與鳥類是類似的。

　　這本《美的演化》雖然贏得許多讚譽，可是在學術界卻引起了一些爭議，有幾位演化生物學家先對普蘭的文筆和知識的傳播讚美一番，然後再中肯地批評。批評者主要有芝加哥大學的傑里‧考伊奈（Jerry A. Coyne）、紐約石溪大學的道格拉斯‧富特瑪（Douglas J. Futuyma）、馬里蘭大學學院市分校的 Gerald Borgia 和 Gregory F. Ball，以及我母校加州大學戴維斯分校的 Gail L. Patricelli、內布拉斯加大學林肯分校的 Eileen A. Hebets 和馬里蘭大學巴爾的摩分校的 Tamra C. Mendelson，分別在部落格及學術期刊撰文討論 [1, 2, 3, 4]。

　　對於《美的演化》的學術批評，主要有四大點。首先，有些學者認為普蘭僅僅主張費雪的「脫韁野馬」模型，而且還改造成他所謂的「美麗會發生」模型，屏棄其他如「好基因」模型等等，是漠視科學上已有的證據，並且認為「脫韁野馬」模型不見得一定會和「好基因」模型相衝突，兩者是可能並存的，所以並沒有簡單的實驗可以把兩者一刀兩斷。

　　二來，普蘭灌注了一些自由派的意識形態在他的論述當中，例如他對女性「性自主」的主張是能討好女性主義者的，並且認為屏棄「好基因」模型，可以讓我們免於遭受遺傳決定論、優生學和極端種族主義如納粹主義等荼毒。但生物學的證據並不是為了討好誰而存在的，科學是講邏輯和證據的，是探究自然是什麼樣的，而非指導自然應該怎麼樣。我們不能為了

誰的開心去更改事實，或讓政治意識形態主導科學研究。

　　第三，普蘭是鳥類學家，他的論述大多以鳥類為主，可是其他動物如哺乳動物和節肢動物的性擇就可能不是如此，有些哺乳動物和節肢動物的交配行為是很暴力甚至血腥致命的，和美感相去甚遠（除非主張那是暴力美學……），總不可能用牠們來合理化性暴力吧？第四是，普蘭主張「美麗會發生」，和天擇無關。可是有些學者卻認為，性擇和天擇也不是可以一刀切的，搞得好像天擇是專挑生存能力強的，而性擇挑的僅是生育力強的。天擇挑選的性狀其實也是讓繁衍後代數量眾多的，而性擇偏好的特徵有些也會增加個體的生存競爭力，因此不是風馬牛不相及的。

　　我個人認為，普蘭的主張有其局限性，例如他的「美麗會發生」模型無法解釋為何性擇挑選的特徵仍有一定的共同性，例如大多數動物都喜好身體的對稱性以及耗能的身體裝飾，而且這種美麗還會被跨物種欣賞，至少我們人類就覺得書中提到的鳥類羽毛和求偶舞也很美麗動人，因此很有可能存有一些適應性的基礎。

　　我也不認為《美的演化》完全交待了美麗是怎麼發生的這件事，書中引發的問題恐怕比回答的還多，但是這些跨領域的討論肯定能讓我們對於美麗和美學有更多面向的認識，這會是本文理共賞、不可多得的好書！

參考文獻：

1. Douglas J. Futuyma, "The Evolution of Beauty: How Darwin's Forgotten Theory of Mate Choice Shapes the Animal World—and Us by Richard O. Prum," The Quarterly Review of Biology 93, no. 2 (June 2018): 150-151.

2. Gerald Borgia & Gregory F. Ball, "The evolution of beauty: how Darwin's forgotten theory of mate choice shapes the animal world—and us", Animal Behaviour 137 (March 2018): 187-188.

3. Gail L. Patricell, Eileen A. Hebets, Tamra C. Mendelson, "Book review of Prum, R. O. 2018. The evolution of beauty: How Darwin's forgotten theory of mate choice shapes the animal world—and us (2017), Doubleday, 428 pages, ISBN: 9780385537216", Evolution 73, no. 1 (January 2019): 115-124.

4. Jerry A. Coyne, "A critical review of Prum's "The Evolution of Beauty" in Evolution", https://whyevolutionistrue.wordpress.com/2018/11/25/a-critical-review-of-prums-the-evolution-of-beauty-in-evolution/

目 次

前言

鵝媽媽：大自然知道什麼祕密嗎？

湯姆・雷克威爾（Tom Rakewell）：美麗的本質以及從何而來。

——《浪子的歷程》（*The Rake's Progress*）
這是伊果・斯特拉溫斯基（Igor Stravinsky）作曲的三幕歌劇，
這個寓言故事的歌劇劇本由 W. H. 奧登（W. H. Auden）
與切斯特・卡爾曼（Chester Kallman）撰寫。

　　我十歲的時候開始賞鳥和研究鳥類，自那之後，從來就沒有想過這一生要做其他的事。幸好如此，因為我現在也無法勝任其他工作。

　　這一切都是從眼鏡開始的。我在小學四年級的時候配了第一副眼鏡，接下來六個月，我就成為賞鳥者了。在拿到眼鏡之前，我花很多時間去背《金氏世界紀錄》，然後讓兄弟姊妹來考考我。其中我特別喜歡關於人類特別的「成就」，例如最高和最重的人，以及現在相關紀錄越來越少的「美食」領域，例如人類在五分鐘內吃下蛾螺數量的最高紀錄。可是，有了眼鏡之後，戶外世界一下子就聚焦到我眼中，我漫無目的書呆子傾向便有了統一規劃的方向，有了追尋的目標：鳥類。

　　下一個推動我喜歡上鳥類的催化劑是一本書。我家住在美國佛蒙特州的曼徹斯特中心（Manchester Center），這個小城位於一座美麗的山谷中，一側是塔科尼克山脈（Taconics），另一側是綠山（Green Mountains）。有一天，我在當地的小書店閒逛，看到了羅傑・托瑞・彼得森（Roger Tory Peterson）所著的《野外賞鳥指南》（*A Field Guide to the Birds*），封面上有紅雀（Cardinal）、黃昏雀（Evening Grosbeak）和北極海鸚（Atlantic Puffin）的圖畫，馬上就迷上了。這本書不但好看，而且尺寸適宜，可以放到口袋中。我一頁一頁翻著，馬上就開始想像我要到各地去看書中介紹的鳥類，當然，口袋裡要放著這本書。我把這本書拿給母親看，非常直接地說想把這本書帶回家。她的回答讓人高興：「嗯，你的生日也快到了。」差不多一個月

後，我十歲生日時，的確得到了一本賞鳥指南作為生日禮物，不過是另一本，由錢德勒·羅賓斯（Chandler Robbins）所著的《北美洲鳥類》（*Birds of North America*），書中鳥類彩頁旁邊的那一頁上，有說明文字以及該種鳥類的分布範圍地圖。這是本好書，但是裝訂很糟，在我小學畢業之前就看壞了好幾本。

我開始在家附近的鄉野賞鳥時，使用的是家中本來就有的笨重雙筒望遠鏡。大概過了一年，我用修整草坪和送報紙賺來的錢，買了新的博士倫（Bausch & Lomb Custom）倍率七、口徑三五毫米的雙筒望遠鏡。在下一個生日時，我收到的禮物中有鳥鳴唱片，便開始學習辨認各種鳥類的鳴叫聲。對於鳥類，我一開始只是好奇，後來深深著迷，最後轉變成熊熊熱情。遇到適合賞鳥的好天氣，我的心情便會激動起來，現在有的時候依然如此。

許多人無法了解賞鳥到底有什麼好令人狂熱的？那些賞鳥的人，在森林、沼澤和田野中到底在幹啥？要了解賞鳥熱情的由來，重點在於，要知道賞鳥其實是一種狩獵活動。但是賞鳥又和狩獵不同，戰利品不是獵物，而是在心中累積的感覺。你的內心是適合存放戰利品的地方，因為不論你身在何處，這些戰利品都一直跟隨著你，而不是放在閣樓或是掛在牆壁上積灰塵。賞鳥經驗是生活經驗的一部分，是你自己的一部分。我們這些賞鳥者是人類，這些賞鳥的記憶就如同其他大部分人類的記憶，會隨著時間而美化。在記憶中，那些羽毛的顏色會變得更飽和，鳴叫聲會變得更甜美，用於辨識各種鳥類的特徵會變

得更為清晰和鮮明。

　　賞鳥帶來的興奮與悸動，讓人想看更多鳥，想看最早抵達和最晚離開的候鳥，想看最大的鳥和最小的鳥，想要知道這些鳥的習性。賞鳥活動幾乎都會讓人想要看新的鳥：那些之前沒有親眼見過的鳥，然後記錄下看過哪幾種鳥類。許多賞鳥者都有一分「生涯鳥種清單」（Life List），上面記錄了曾經親眼看見活鳥的種類，新見到的鳥類，稱為「生涯新種」（lifer）。

　　絕大部分的小孩並不會思考之後一輩子要做的事情，但是我很確定。我十二歲的時候，就知道我之後要以研究鳥類為生。《國家地理雜誌》上那些絢麗的鳥類圖片，引誘我深入鳥類研究的世界。我很快就越來越渴望去看看那些遙遠又奇特的鳥類棲地和活動區域。一九七六年，我在書店閒晃，這次和我在一起的是父親。我看到了羅伯特・雷吉里（Robert Ridgely）的新書《巴拿馬鳥類指南》（*Guide to the Birds of Panama*），要價十五美元，超過了我的積蓄。對於這麼貴的東西，父母親總是樂於出一半的錢。所以，我問父親他是否願意和我對半出錢。他用懷疑的眼神看著我，問道：「可是，你什麼時候會去巴拿馬？」那時我正值青春期，用沙啞的嗓音回答道：「但是爸，如果買了這本書，我就會去巴拿馬。」我認為我相當有自信，因為買了這本書回家以後，我對於新熱帶地區鳥類的熱情就此點燃。

　　當然，賞鳥的終極目標是認識世界上所有的鳥類，加總起來共有一萬多種。我說認識所有鳥類的意思，和知道重力定

律、聖母峰高度，或是知道重達一千零七十磅的羅伯特・厄爾・休斯（Robert Earl Hughes）是世界上最重的人之類的不同。賞鳥中的「知道」，是意指更密切與深入地了解鳥類。

為了讓你更明瞭我的意思，讓我們想像一下賞鳥者看鳥的樣子。我們不是隨便看鳥，而是看特別的鳥。拿橙胸林鶯（*Setophaga fusca*）來說（參見彩圖1）。我清楚地記得我第一次看到這種鳥的過程。那是在一九七三年五月的一個明亮的清晨，一隻雄性橙胸林鶯停在曼徹斯特中心我家前院、葉子稀疏的白樺木上。從那次之後，我在許多地方屢次見過橙胸林鶯，包括在緬因州北部阿拉加什河（Allagash River）流域的寒帶針葉林（boreal forest），那是牠們繁殖的區域。以及在厄瓜多安地斯山區的雲霧林帶（cloud forest），那是牠們冬天棲息的地方。我的確了解橙胸林鶯。

當然，只要見到雄橙胸林鶯，都會看到牠身上鮮明的黑羽毛、顯眼的橘色喉部和臉部花紋，以及翅膀上的白色條紋、白色的腹部以及尾部花紋。任何人見到橙胸林鶯，都會留下極為深刻的視覺印象與記憶。但是賞鳥並不只是看到鳥並留下印象。賞鳥是認識鳥的所有外型特徵，以及用正確的名稱和發音稱呼觀察到的鳥類。[1]

賞鳥者看到一隻雄性橙胸林鶯或其他認識的鳥時，腦部的神經活動不僅僅是感知到那由黑色、橘色和白色羽毛構成的清晰圖樣而已。我們能夠確認狀況沒有那麼簡單，是因為功能性磁振造影（fMRI）的研究顯示，賞鳥者的腦部和沒有受過賞鳥

訓練的人有不一樣的地方。[2]賞鳥者利用腦部視覺皮質中的臉部辨認模組，辨認與確定鳥的種類和羽毛顏色及樣式。換句話說，當賞鳥者看出一隻橙胸林鶯，使用的腦部位通常是用來辨認熟人的，例如女星珍妮佛・安妮斯頓（Jennifer Aniston）、林肯總統，或是早餐店老闆娘。[3]賞鳥活動訓練了你的腦，把對於自然生物的知覺轉換成像是和熟識者的接觸。兩者之間的差異像是走在城市街道上，周圍全都是陌生人，以及走在讀過的高中大廳裡，馬上就可以認出每個人。賞鳥者和一般人散步進森林中之後產生的重要差異，在於腦中發生的事件不同。

用英文無法表達期間的差異，因為英語中只能用know這個動詞來表示而已。不過其他的語言中就有兩個意義不同的動詞，其中一個代表知道一件事實或是了解一個概念，而另一個表示因為個人的經驗而熟習某些人事物。在西班牙文中，知道或了解事實用「saber」這個動詞表示，因為個人經驗而認識某人物或某事情所用的動詞是「conocer」。在法文中，代表這兩種不同意思的動詞是「savoir」和「connaître」，在德文中是「wissen」和「kennen」。賞鳥和看鳥之間的差異，在於賞鳥是真正把兩種「認識」連接在一起，把熟悉感與個人體驗連接到了事實與了解。是經由個人的體驗，累積了對自然世界的認識。所以，對於賞鳥者來說，重要的是在現實世界中親眼看到活生生的鳥類，而不是靠著書本認識這些鳥類。知道有這些鳥類但是沒有親眼看見牠們，就只是「知道」但是沒有「體驗」，只是「savoir」而不是「connaissance」，那是不夠的。

　　上了大學後，我發現演化生物學（evolutionary biology）這個科學領域牽涉到我覺得鳥類中最吸引人的面向：龐大的多樣性，以及數不盡的細微差異。演化解釋了這一萬多種鳥類是怎麼來的。我因此了解到我從賞鳥活動（就像是心智上的集郵活動）出發，可以展開一個更大的智識計畫：一生從事鳥類演化的科學研究。

　　我賞鳥的時間超過四十年，研究鳥類演化的時間超過三十年，在這些年來，我非常享受，並且有幸能夠研究許多不同的科學議題。在研究的過程中，我有機會到各大洲旅行，親眼見到的鳥類也超過了所有鳥類物種的三分之一。雖然見到所有的鳥類是不可能的事情，不過我絕對相信，十二歲的我會因為我的進展速度太慢而大失所望。我曾在南美洲的熱帶雨林中發現了嬌鶲（Pipridae）之前沒有人知道的行為。我曾解剖鳥類的鳴管（鳥類細小的發聲器官），好以鳴管的細微結構特徵重新建立各種鳥類之間的演化關係。我一直在研究鳥類的生物地理學（研究各種生物在地球上分布狀況的學問）、羽毛的發育和演化、獸足類恐龍（theropod dinosaurs）飛行羽毛的起源。我還探究了讓鳥類羽毛呈現出顏色的物理結構和化學特性，以及鳥類的四色視覺。

　　在這種種嘗試中，我的研究方向也出現了許多意料之外的轉折，引導我進入之前從來都沒有料想過的方向，例如鴨子的性生活就非常暴力，讓人震驚。有的時候不同的研究方向彼此會搭上關係，這也完全是超乎預期的。例如研究鳥類羽毛為何

有那些顏色，以及恐龍羽毛的演化，最後融合在一起，讓我發現到一億五千萬年前的有羽恐龍赫氏近鳥龍（*Anchiornis huxleyi*）全身的羽毛有著鮮麗的顏色（參見彩圖15）。

這麼久以來，我一直認為我的研究內容是不拘一格的大雜燴，像是卡通影片中瘋狂科學家幹的事情。但是到了最近幾年，我才了解到，其實我的研究大部分圍繞著一個議題：美的演化。這個美不是我們人類體驗到的美，我有興趣的地方是鳥類體驗到的美。我特別著迷於提出挑戰關於鳥類演化的想法：社會選拔和性選拔驅動了鳥類朝著許多面向演化。

在各個不同的社會情境下，鳥類會彼此觀察，評估觀察到的對象，然後做出社會性決定，這是實際的決定。牠們會選擇要一起群聚的對象，在一窩張嘴的幼鳥中選擇要把食物塞給哪一隻，選擇是否要孵化一窩蛋。當然，最重要的社會性決定是挑選交配的對象。

鳥類是基於對特別的羽毛、顏色、鳴叫聲、展示行為等來選拔配偶的，這樣的行為所產生的結果，便是鳥類為了吸引異性而有各式各樣的裝飾，包括了外貌和行為。用科學的術語來說，「異性之美」（sexual beauty）包括了所有在配偶上出現的外在討喜特徵。成千上萬種鳥類在數千萬年來的演化過程中，對於擇偶使得鳥類產生「異性之美」的多樣性，繁複到讓人眼花撩亂。

「裝飾」的功用和身體其他部位的功用不同，不僅有生態或是生理功用，能和現實世界發生互動關係。「性裝飾」（sexual

ornament）的功用則是和觀察者發生互動關係。其他的個體會通過感官知覺與認知評估，產生自己對於那些性裝飾者的主觀經驗（subjective experience）。主觀經驗是一種無法觀測、內在的心智體驗，是由一連串感覺和認知事件所構成，例如紅色的視覺、玫瑰的香味，以及疼痛、飢餓或是慾求的感覺。基本上來說，性裝飾的功能便是要促進觀察者的慾望以及聯繫。

我們怎麼可能會知道動物對於慾望的主觀經驗？主觀經驗從定義上來看，幾乎是無法測量、不可量化的。哲學家湯瑪斯・內格爾（Thomas Nagel）在他的那篇經典論文〈身為蝙蝠會是什麼感覺？〉（What Is It Like to Be a Bat?）中，用身為某種動物「是什麼感覺」來概括了主觀經驗。[4]不論是蝙蝠、比目魚或是人類，都會有知覺或認知。但如果你不是蝙蝠，便永遠都不會知覺到經由聲納對外在世界所建構出來的立體「聲學構造」（acoustic structure）。雖然我們人類可能想像自己個人主觀體驗到的內容會和他人的主觀經驗類似，甚至能夠想像和其他物種的主觀經驗，但是我們絕對無法確定這點，因為我們無法和其他個體分享自己內在的心智體驗。雖然人類能用文字表達自己的思想和體驗，但真正的內在感官體驗，不論是體驗的內容或是感覺的強弱，他人絕對是無法知曉的，也無法用科學方式測量與化約。

正因為如此，許多科學家討厭把主觀經驗當成科學研究對象，或甚至根本不想承認主觀體驗的存在。許多生物學家認為，如果我們不能測量到主觀經驗，那麼這種現象就不適合當

成科學研究的對象。可是對我來說，主觀經驗的概念對於了解演化是絕對重要的。我將會說明，我們需要一個能夠包含動物主觀經驗的演化理論，這樣才能真正以科學的方式了解自然世界。如果忽略了動物的主觀經驗，我們的知識將會有嚴重的缺陷，因為動物的主觀經驗對於牠們的演化極為重要，能夠造成決定性的影響。如果主觀經驗無法化約到能夠測量的程度，那麼生物學家要如何用科學的方法研究主觀經驗呢？我想，我們能夠借鏡二十世紀早期的物理學。當年維爾納‧海森堡（Werner Heisenberg）證明了我們不能同時知道一個電子的位置和動量。雖然海森堡測不準原理證明了電子不能化約到以牛頓力學來描述，可是物理學家並沒有放棄或忽視這個關於電子的問題。相反地，他們發展出新的方法研究這個問題。同樣地，生物學家也需要發展出新的方法，好研究動物的主觀經驗。我們不可能測量這些經驗的任何細節，也不可能知道這些經驗的內容，但是我們可以旁敲側擊，就像是物理學家用間接的方式了解了電子的基本特性。舉例來說，我們可以經由追蹤親緣關係相近物種之間的裝飾演化以及性偏好（sexual preference），研究主觀經驗的演化。

我把這種由個體的感官來判定、由認知作選擇所驅動的演化，稱為「美學演化」（aesthetic evolution）。研究美學演化，需要觸及到性吸引力的兩個面向：性慾慾求的對象以及性慾本身的型式，科學家通常會把前者說成是展現出來的特徵，把後者稱為擇偶偏好（mating preference）。我們可以經由觀察哪樣

的配偶受到偏好，以研究性慾引發的結果。如果研究得更深入，我們甚至有可能經由研究性慾對象的演化（某物種身上吸引配偶的特殊裝飾，以及這些裝飾在各物種之間的演化過程），研究這種慾望本身的演化。

我們從研究性擇（sexual selection）的過程中所體悟到的事情是，慾望本身和慾望的對象是彼此共同演化（coevoltion）的，這實在令人吃驚。我在後面會討論到，大部分的性別之美（sexual beauty）是共同演化的結果。換句話說，展現自己的型式以及擇偶偏好（mating preference），兩者不是碰巧彼此相關的，而是在漫長的演化時光中彼此塑造了對方。經由這種共同演化的機制，自然界中繽紛多彩的美麗多樣性才得以出現。本書的內容其實便是美麗與慾望的自然史。

美學演化和其他演化的模式有什麼不同嗎？要了解箇中差異，先讓我們拿天擇造成的「一般」適應演化，以及由選擇配偶造成的美學演化來比較一下。前者大家都知道是由達爾文發現的機制，後者這項驚人的發現也是來自於達爾文。在鳥類世界中，加拉巴哥雀（Galápagos Finches）的喙是達爾文適應性演化中最著名的例子。[5] 加拉巴哥雀大約有十五個物種，全都由一個共同祖先演化而來，牠們之間主要差異在於鳥喙的形狀和大小。某些大小和形狀的鳥喙特別適合摘取並且打開某些植物的種子：大的鳥喙比較適合咬開較大、較硬的種子，較小的鳥喙有利於處理比較細小的種子。由於加拉巴哥群島上植物種子

的大小、堅硬程度和數量各有不同,產地和結果時間也不一樣。在這樣的環境中,有些雀鳥活得比其他的好。鳥喙的大小和形狀是能夠遺傳的特徵,加拉巴哥雀在同一代中由鳥喙形狀引起的生存差異,會造成後面數代中鳥喙形狀的演化改變。這種稱作天擇的演化機制造成了適應:未來數代的雀鳥,演化出了在這個環境中更好用的鳥喙,這種鳥喙直接促進了個體的生存以及繁殖力(一個個體所具備的生殖能力、能量以及資源越多,這樣才能產下比較多、比較大的卵,培育出比較多健康的後代。)

相較之下,我們來想像鳥類身上裝飾的演化,例如鶇所唱出的歌聲,或是蜂鳥全身閃閃發亮的羽毛。讓這些特徵演化出來的條件,和讓鳥喙形狀與大小改變的天擇條件,是完全不同的。[6] 性裝飾是美學特徵,是擇偶造成的演化結果,而擇偶是來自個體主觀的評估。性裝飾要通過其他個體經由知覺與評估所造成的擇偶行為,才有發揮功能的空間。許多個體的擇偶決定累積起來,造成了生物裝飾的演化。換句話說,同物種的其他個體造成了牠們所屬物種自身的演化。

就如同達爾文所提出的,經由天擇造成的演化,以及由選擇配偶造成的演化,兩者的變異型式在本質上有所差異。例如,用鳥喙打開一個種子的方式是有限的,所以鳥喙大小和形狀的變化也是有限的。這樣的狀況造成的結果是鳥類中有十幾個不同的科,都各自趨同演化出非常相近、類似雀鳥的強壯鳥喙,這樣才能夠勝任咬開種子的工作。相較於打開種子,要吸

引配偶這件事，則可以遠遠不受限制、充滿了各種變化。每個物種都演化出自己的解決方案，好完成和異性溝通與吸引對方的挑戰，用達爾文的話來說，各個物種有各自的「美麗標準」。世界上的一萬多種鳥類都各自演化出屬於自身物種的獨特美麗裝飾，以及對於裝飾的偏好，以完成傳宗接代大業。結果便是地球上有各自的美麗，數也數不盡。

　　現在，我有一個問題，一個關於科學的問題。雖然從事演化生物學研究一直都很有趣，但科學社群可是從來都不缺各種意見、討論，以及對於知識內容的種種爭執。也就是這樣，我對於美學演化的想法和主流的演化生物學看法起了衝突。不是和這幾十年來的主流意見衝突，而是和將近一百五十年來的意見相衝突——事實上，正是從達爾文那個時代開始。不論在當時還是現在，絕大多數的演化生物學家認為性裝飾和表演行為（他們通常避免使用「美麗」一詞）會演化出來，是因為這些裝飾和行為展現了一種特定、誠實的訊息，說明了自己身為配偶的能力與資格。根據「誠實訊息」（honest signaling）典範，雄性的華美風鳥（*Lophorina superba*）胸部的鮮藍色羽毛，可以展開變成像是一個笑臉的樣子（參見彩圖 2），功用類似於鳥類網路約會個人檔案，讓眼光高明的雌華美風鳥知道關於自己的各種資訊。他是哪裡「人」？他是從健康的蛋孵出來的嗎？他是在堅固的巢中長大的嗎？他吃得好嗎？他能夠好好照顧自己嗎？他罹患了性病嗎？會形成長久配偶關係的鳥類，這樣的求偶展示可能還發出了更多的訊息：他／她的力量足以對抗競

爭者、保護領域嗎？他／她能幫忙找食物給我或是保護我嗎？他／她會好好照顧我們的孩子嗎？他／她忠誠嗎？

根據這個「線上生物配對公司」的裝飾理論，美麗是因為有實際用途才出現的。個體主觀的擇偶偏好，是由潛在交配對象的客觀資質所塑造出來的。美麗受到歡迎，只是因為它代表了其他現實世界的利益，例如活力、健康，或是優良的基因。雖然性別之美的確能夠引起好感，但是根據「實際用途」這種看法，性擇只是另一種型式的天擇而已。作用在加拉巴哥雀鳥喙上的演化力量，以及造成華美風鳥求偶展示內容的演化力量，基本上沒有差別。美麗只是供天擇使喚的女僕而已。

我對於美麗的觀點與美麗起源的看法，則截然不同。雖然我相當遲疑是否要承認：其實我認為天擇適應的過程有點無聊。當然，身為演化生物學家，我很清楚天擇是自然界無所不在的基本力量，我並不否認天擇是如此的重要。但是天擇造成的適應，並非等同於演化。許多演化史中的演化過程，無法光用天擇就可以解釋。在這本書中，我將會說明演化其實更為詭詐、怪異，在演化的歷程中有許多難以預料的個別事件，往往難以由適應所預測、統括和解釋。

從生物的性裝飾來看，這方面的演化甚至可以說是「墮落」了，因為性裝飾非但無法傳遞出身為配偶的客觀品質，實際上是降低了傳遞訊息者和選擇者的生存與繁殖能力。簡單來說，個體為了追求自己的主觀偏好，可以選擇配偶，但是產生了不良適應（maladaptive）的結果，也就是說，個體反而沒有

那麼適應環境了。有很多演化生物學家認為這種狀況不可能出現，但我認為兩者是不同的，在這本書中我會解釋清楚。總的來說，我想要告訴讀者的是，只依靠天擇理論是不可能解釋自然界中性裝飾的多樣性、複雜性和極端性。天擇不是自然設計生物的唯一方法。

　　對我來說，會想要提出哪些科學問題，以及覺得哪些科學答案會讓人滿意，都是因人而異的。因為種種原因，我總是更著迷於那些公然對抗單純適應解釋的演化過程。我這一生都喜歡鳥類，經由研究牠們的演化讓我有了不同的見解。不過，就如同我會在這本書中說明的，美學的演化理論最早是由達爾文所提出來，當時這個理論就受到了嚴厲的批判。在演化生物學範疇中，達爾文說明配偶抉擇的美學理論被放置到邊緣地帶，幾乎為人所遺忘。[7]當代的「新達爾文主義」（neo-Darwinism）認為，性擇只是另一種型式的天擇。這個看法非常流行，但是並非達爾文主義。這個適應主義者（adaptationist）其實來自於阿爾弗雷德·羅素·華萊士（Alfred Russel Wallace），他原本認同達爾文的思想，可是後來卻站在反對的一方。我將會說明動物主觀的配偶選擇對於演化來說極為重要，而且經常發揮功效，藉此論證美學演化其實讓真正的達爾文思想回歸到達爾文主義中。不過，我們真的可以說，動物真的能夠對「美麗」這種特性產生反應嗎？「美麗」這個概念充滿了人類的偏見、預期以及誤解，如果在科學上避免使用這個詞，會不會比較聰明一點呢？為什麼要使用這個充滿問題和負擔的字眼呢？為什麼

我不繼續使用大部分生物學家偏好的那種乾淨無垢、非美學式的語言呢？

我一直在思考這件事，最後決定把「美麗」當成科學概念，因為我和達爾文一樣，也認為這個在日常語言中使用的詞彙，精確地傳達出生物間的吸引力。如果我們能夠體認到，不論是畫眉鳥、花亭鳥、蝴蝶，或甚至是人類，都會把性吸引的訊息認為是美麗的而且喜歡這些訊息，那麼就能完全了解到一個有感知能力動物進行社會選擇和性選擇所代表的意義。我們也能體悟到達爾文思想的價值：美麗不僅僅是由適應優勢所打造出來的器具。美麗和慾望在本質上就是非理性、不可預期又充滿變化的，一如每個人所體驗到的美麗那樣。

這本書的重要目標是讓美麗重返科學領域，讓選擇配偶與評估美麗時的美學觀念重新成為主流科學研究的對象，這也是達爾文最原先的看法。

在這本書中，我還要捍衛達爾文擇偶理論中另一個引起爭議的要點。達爾文的理論是，雌性的偏好對於生物多樣性的演化來說，是強大而且獨立的力量。維多利亞時代的科學家毫不意外地訕笑達爾文這個演化概念：雌性動物不是具有認知能力，就是有機會能夠自動選擇配偶。但是這種自由性選擇的概念（也稱為「性自主」）需要復興。在本書中，我將會進行一些遲到許久的工作（遲到了一百四十年！），重新審視性自主權的演化，以及對於非人類和人類的種種特徵與行為的影響。

水禽（waterfowl）的性行為中經常出現暴力，我研究這種

行為得到的心得是，雄性經由性暴力和社會性控制造成的性要脅，目的是為了對抗雌性的性自主。通過觀察鴨類和其他鳥類，我將說明各式各樣針對雄性要脅所演化出來的反應。我們會發現，擇偶能夠以增進雌性自由選拔的方式去演化。簡單來說，我們會了解，生殖選拔自由不僅僅是主張女性有參政權和女權主義者發明出來的政治思想，對於動物來說，選拔的自由也一樣重要。

從鳥類到人類，我將會說明，如果要了解人類性行為中許多獨特而又鮮明特徵是如何演化來的，便要從性自主說起。這些特徵包括女性高潮的生物根源、男性的陰莖為何沒有骨頭，以及對於同性的慾望與偏好。人類能夠有智能、語言、社會組織、物質文明，以及多樣的美麗，美學演化和性衝突都扮演了重要的角色。

總的來說，擇偶在演化中的動態變化，對於了解我們自己是極為重要的。

我在整個研究生涯中，都對說明美學演化的理論深感興趣。這麼多年下來，我已經習慣處於演化生物學的主流之外。可是我記得清清楚楚，有一刻我終於了解到人們對於美學演化的抗拒有多麼強烈，以及這種抵抗的力量使得美學演化的概念難以進入適應主義者的演化思維中。在那一刻，我知道我應該要來寫這本書。

那是在數年前，我到美國一間大學參訪，中午和一群演化

生物學家同事吃午餐，席間我說明了對於性裝飾演化的看法。我才說了幾句話，主人就提出一、兩個反對意見，打斷我的說明。我一一回答這些反對意見，然後繼續說明我的看法，到了午餐結束時，我終於能夠完整地說明我對於配偶選擇演化的看法，他卻大叫：「這是虛無主義！」不知道是什麼原因，我認為這個對於自然界生物裝飾現象多樣性的解釋，不但扎實而且令人驚嘆，可是我在演化學界的同事卻認為，那是一個無趣的世界觀，如果接受了，自己生命中的目的或意義反而會受到侵蝕。不論如何，如果擇偶所造成的裝飾演化只是意味著美麗，而不是配偶品質的指標，這就代表了這個宇宙是不理性的嗎？就在此時，我體悟到我必須說明達爾文對於美學演化的看法，並且解釋給更廣大的讀者知道。

　　我的科學觀念來自於我對於鳥類的觀察、對於自然史的興趣，以及對於科學的研究，從知道轉變成為認識。科學研究工作帶給了我智識上的快樂，以及個人的快樂。在我的職業生涯中，沒有比從事科學研究更為刺激有趣的了。每當我在思考鳥類之美的演化過程時，都感動萬分。但是我一些專業的同僚卻完全懶得理會同樣的世界觀。我將會盡力解釋，比起一般適應論者的觀念，為何更細微、更不具決定性的美學演化觀念，會是更好的科學理論，因為它能夠提出更豐富和更正確的解釋。在研究性擇造成的演化時，會看到由自由和選擇構成的世界，這個世界讓人震撼，這個世界更為美麗，而且如果不是藉由性擇，將無法解釋這樣的世界是如何形成的。

第 一 章

這才是達爾文
最危險的觀念

　　由天擇造成適應，是科學史上最成功也最具影響力的想法之一。這也是理所當然的，天擇的想法統整了生物學，並且影響了許多其他學門，包括人類學、心理學、經濟學、社會學，甚至其他人文學科。建立這個理論的天才只有一人，他便是查爾斯·達爾文（Charles Darwin）。他的知名程度和天擇說比肩齊高。

　　你可能會認為我和大多數人不同。我認為天擇造成的適應是有限的這個想法，意味著我「推翻」了達爾文，我會詆毀那些膜拜著達爾文成就的文化界和科學界人士。但是恰恰相反，我希望能夠讚頌達爾文的成就，可是也希望能夠改變眾人的想法，讓大家重新認識達爾文受到疏忽、扭曲、漠視和遺忘了將近一個半世紀的觀念。這並不表示我會逐字逐句地研究考證達爾文所說的話，相反地，我會集中討論現在的科學，而且我認為，在當代科學領域中，達爾文理念的價值還沒有徹底發揮出來。

　　傳達達爾文豐富的概念，要讓人們確信自己並不真的了解達爾文，以及讓人知道他是一位比我們所想還要偉大、富創造力、見解深刻的思想家，並不能讓我處於令人稱羨的地位。我也確信，現在絕大部分認為自己是達爾文主義者（也就是新達爾文主義者）的人，都完全誤解了達爾文。現代科學界認識的達爾文，已經是不完整的了。

　　哲學家丹尼爾·鄧奈特（Daniel Dennett）認為，達爾文的天擇演化理論，是他的「危險觀念」，達爾文的第一本書《物

種起源》（ *On the Origin of Species by Means of Natural Selection* ）便是闡述這個觀念。在此我提出另一個看法：達爾文真正危險的觀念，是經由擇偶而推動的美學演化，他在第二本書《人類原始與性擇》（ *The Descent of Man, and Selection in Relation to Sex* ）中闡述了這方面的想法。[1]

為什麼達爾文的擇偶觀念如此危險呢？首先要提出的、也是最重要的一點，對於新達爾文主義來說，達爾文的性擇觀念真正會造成威脅，是因為這個觀念指出，作為演化驅力以及生物世界的科學理論，天擇有其限制。一如達爾文在《人類原始與性擇》中所主張的，天擇不是唯一的演化動力，因為天擇無法完整說明我們在自然界見到極盡變化之能事的裝飾多樣性。

達爾文花了很久的時間才解決了這個矛盾。他有一句著名的話：「每當我看到孔雀尾巴的羽毛，就覺得惶恐不安。」[2]因為孔雀尾巴羽毛誇張的結構和顏色，顯然沒有任何有利於生存的地方，這和其他任何由天擇打造出來的遺傳特徵都不一樣，也挑戰了他在《物種起源》中所有的論述。後來，他終於有了新的看法，但是對於正統達爾文適應主義的追隨者來說，這是一個無法原諒的背叛。因此達爾文的擇偶理論從那個時候開始，就經常受到排擠、誤解、重新定義，或是遺忘。

經由擇偶所推動的美學演化，觀念是如此危險，因此必須從達爾文主義中清洗出去，這樣才能維持天擇全能的解釋能力。不過，只有當達爾文的美學演化觀重新回歸到生物學與文化界並成為主流，我們擁有的科學才能解釋各式各樣的自然界

生物之美。

　　達爾文屬於十九世紀英國鄉間仕紳階級，當時英國在全世界擴張勢力，讓身處菁英階級的達爾文能過著優渥的生活。[3]不過，達爾文不是瞎混日子的上層人士，他天生就細心，並且一直都很喜歡工作。他利用自己的特權（以及能夠自由使用的豐厚收入），持續不懈地從事研究工作。他從自己的興趣出發，最後打下了現代演化生物學的基礎。他的研究成果給予維多利亞時代階層分明的世界觀致命的一擊。在這個世界觀中，人類高高在上，其他動物遠遠在下。雖然不是出於本意，但達爾文的想法非常激進。就算到了現在，他智識上的激進思想雖然充滿了創造力和影響力，並且對科學界和文化界都造成了衝擊，但仍然還沒有完全受到了解。

　　傳統上對於年輕達爾文的印象，是一個對學業漠不關心、不守規矩的學生，大部分的時間都在野外閒晃，採集甲蟲。他本來接受醫學教育，後來半途休學，漫無目的地發展各種興趣，表面上看來並沒有想要把哪個當成終身事業，後來他得到機會，登上了著名的「小獵犬號」（Beagle）。根據傳言，在這趟環遊世界的旅行中，達爾文蛻變成現在我們所認識的演化科學家。

　　我認為年輕的達爾文，應該就已經和更年長之後一樣，求知慾旺盛、沉靜，而且極為聰敏。這份聰敏讓他出自本能便可以知道好的科學應該是什麼模樣。在達爾文於一八五九年出版

《物種起源》之前，他就認為當時世界知名的美國哈佛大學教授路易士・阿格西斯（Louis Agassiz）的創造論巨著《分類論說》（*Essay on Classification*），是「完全沒有用處的垃圾」。我曾經是醫學生，我認為達爾文應該也是從生物學教育中得到這個結論。

　　他的結論應該是正確的。在一八二〇年代，醫學教育的內容幾乎都是沒有用處的垃圾。當時沒有能夠解釋身體運作的核心機制，對於疾病成因也沒有更宏觀的科學概念。能夠使用的療法像是百寶袋，裡面裝滿了和疾病毫不相關的安慰劑、強烈的毒藥，以及危險的騙術。以現在的眼光來看，當時專門的醫療方式幾乎找不到幾種能對病人帶來什麼好處的。事實上，達爾文在自傳中描述了他在愛丁堡皇家醫學會（Royal Medical Society in Edinburgh）中學習的課程是「一大堆垃圾」。[4]我猜想，當達爾文到了南半球沒有科學家探索過的區域時，才脫離了當時頑固迂腐的教條，讓自己興趣廣泛、機敏好奇的心靈，在智識上有充分發揮的空間。

　　達爾文在能夠毫不受限的自主觀察之後，所見所聞讓他得到了兩項偉大的生物學見解，並且藉由《物種起源》發表天擇造就演化的機制，以及所有生物都是從遠古一個共同祖先演化而來，在這個「巨大的生命樹」中，彼此都有親緣關係。有些地區到現在都還在爭論是否要把這些概念納入公立學校的課程當中，這就能讓我們多少了解到在一百五十年前，達爾文提出的概念對於讀者來說是多麼巨大的挑戰。

　　《物種起源》出版之後，達爾文遭受了猛烈的攻擊，最折磨他的問題有三個。首先，當時並沒有任何可行的遺傳機制。達爾文那個時候還不知道孟德爾的研究，自己也沒有發展出可行的遺傳理論，而遺傳理論是天擇機制的基礎。第二個問題是人類本身、人類本性以及人類多樣性的演化起源。對於這個問題，達爾文在《物種起源》中刻意輕描淡寫，提出一個推諉逃避的結論：「我們將會知道人類的起源與過程。」[5]

　　達爾文的第三個大問題是，生物有些完全不切實際的美麗之處，當初是如何出現的？倘若天擇是由各種遺傳變異所驅動，讓達爾文困擾不已的是，該如何解釋如此精細美麗的孔雀尾巴的意義？孔雀尾巴對於雄孔雀的生存顯然沒有任何幫助，如果要認真說，其實那麼大的尾巴反而會造成妨礙，讓牠移動的速度變慢，更容易被掠食者捕捉到。孔雀尾巴羽毛上的眼狀花紋讓達爾文特別焦慮。他之前曾經說明，人類如此完美的眼睛，可以用許多細微的進步長時間累積起來而達成。演化中每一步的進展都能稍微增加眼睛的各種能力，例如偵測光線、區別陰影、聚焦影像、產生影像、分辨顏色等，這些能力對於動物的生存都有所貢獻。可是，孔雀尾巴羽毛上的眼睛圖案在演化的各階段中，能有什麼功能呢？確實，孔雀尾巴羽毛上「完美」的眼睛圖案，直到今日我們都無法對其功能說出個所以然來。如果解釋人類眼睛的演化是智識上的挑戰，那麼解釋孔雀尾巴羽毛上眼睛圖案的演化，便是智識上的惡夢。達爾文曾活在這樣的惡夢中。就是在這個前因後果之下，他在一八六〇年

給美國的朋友、哈佛大學植物學家亞薩・葛瑞（Asa Gray）的信中，就出現了那句經常受人引用的句子：「每當我看見孔雀尾巴的羽毛，就覺得惶恐不安。」

一八七一年，《人類原始與性擇》（以下簡稱《人類原始》）一書出版，達爾文在書中大膽解釋了人類起源和美麗演化這兩個問題。他提出另一個獨立的演化機制：性擇（sexual selection），用以解釋生物的軍備與裝飾、爭鬥與美麗。如果遺傳差異造成的生存差異決定了天擇的結果，那麼生物在生殖成功方面的差異則決定了性擇的結果，性擇篩選的對象是有利於得到配偶的遺傳特徵。

達爾文提出了兩個可能的演化機制，說明性擇的運作，這兩個方式彼此是對立的。第一個機制他稱作「戰鬥法則」（law of battle），這是說同性（通常是雄性）個體之間會為了控制異性個體而爭鬥。第二個性擇機制他稱作「美的品味」（taste for the beautiful），這個機制和某個性別（通常是雌性）對基於自己內在的偏好而擇偶有關。達爾文認為，擇偶的結果是讓生物演化出許多好看、漂亮的特徵，這些裝飾特徵包括了鳴叫聲、一身繽紛羽毛、鳥類的表演行為，到山魈（*Mandrillus sphinx*）臉部與臀部鮮明的藍色。達爾文徹底研究了當時的動物，從蜘蛛、昆蟲、鳥類到哺乳動物，達爾文檢視了各種不同物種中的性擇證據。運用「戰鬥法則」和「美的品味」，他解釋了動物身上的武裝與裝飾的演化。

在《物種起源》中，達爾文並沒有好好提出人類演化起源

的理論,但是在《人類原始》中,他終於詳細說明了這個理論。這本書一開始就花了很長的篇幅說明人類和其他動物之間的連續性,一點一滴慢慢鑿去人類獨特性的牆角,解釋人類並不是動物之中的例外。文化界對於這個主題的敏感是顯而易見的,因此達爾文小心翼翼、慢慢說明這種演化連續性。直到最後一章〈總說與結論〉,才提出種種說明之後必然推導出來的煽動性結論:「因此我們知道,人類的遠祖是有毛的四足動物。」[6]

達爾文討論了性擇在動物世界中的運作方式之後,筆鋒一轉,說明性擇對於人類演化的影響。從人類無毛的身體開始,介紹人類因為地理分布、民族與部落差異,在外觀上具有極多變化,以及人類高度社會化的特性,還有相關的語言和音樂。他用許多證據說明性擇在人類這個物種形成的過程中扮演了核心角色。

> 勇氣、好勝、毅力、力氣、體型大小、各種武器、聲音與樂器、各種外加裝飾品的明亮顏色、線條與形狀等,全都間接受到愛情與嫉妒之影響、受到了鑑賞美麗之影響……此些影響力經由選擇的過程而發揮。[7]

要在一本書的篇幅中處理美的演化以及人類起源這兩個複雜又充滿爭議的主題,需要聰明才智和膽量技術,不過,人們通常認為《人類原始》是一本艱澀甚至有殘障的著作。達爾文

以緩慢與漸進的方式構築論點，文體乾澀散漫，同時又引用了許多學術證據支持自己所提出的論點。他可能認為，用這樣的方式能夠吸引理性的讀者接受他這個難以否定的結論。不過，他的修辭策略失敗了，不論是反對演化理論的創造論者，抑或是接受天擇演化論的科學家，都堅決反對性擇理論。直到今日，《人類原始》對於人類智識所帶來的衝擊，都遠不如《物種起源》。[8]

　　達爾文擇偶理論中，最值得注意、同時也是最創新的特徵，是這個理論明確指出擇偶和美學有關。他認為自然界中動物之美，其源頭在於動物演化成「牠們所認為美麗的模樣」。這個概念的激進之處，在於把動物本身（特別是雌性動物）當成主動推進所屬物種演化的媒介。天擇源自於自然界中作用於生物體上的外在力量，例如競爭、掠食、氣候和地理特色。但是性擇不同。性擇基本上是獨立存在、由物種自行引導的過程（主要是由雌性個體推動）。達爾文說，雌性個體具有「美的品味」，以及「美學技能」（aesthetic faculty）。他也說雄性需要盡力「吸引」配偶：

　　　　大部分的動物……對於美的品味圍於來自異性的吸引措施。許多雄性鳥類在求偶季節會持續唱出甜美的旋律，雌鳥當然會欣賞這些旋律，在後面會提出相關的事實證據。如果雌鳥不具備欣賞雄鳥這些美麗顏色、裝飾以及聲

音，那麼雄鳥在雌鳥面前，為了增進自身魅力所付出的努力與焦慮，就白白浪費了，這根本沒道理。[9]

　　總之，在所有動物中，除了人類以外，鳥類可算得上最為美麗，牠們對美的品味幾乎與人類相同⋯⋯雄鳥會用鳴聲和各種型式的音樂吸引雌鳥。[10]

　　從現代的科學與文化角度來看，達爾文使用美學的語言來描述動物，可能有一些古怪，這樣擬人化的說法可能笨拙得讓人羞赧。這或許能夠解釋，為何達爾文以美學擇偶的觀念，會像是演化理論史中的瘋婆子般被藏到閣樓中，最好不要再為人所提起。不過，達爾文和現在的我們不同，他毫不畏懼擬人化。事實上，在他之前，人們認為人類和其他動物之間截然不同，這點無庸置疑。達爾文為了打破這面障壁而使用美學這樣的說法，並不只是有趣的癖好、或是維多利亞時代古怪的矯揉造作筆法，而是融合了他對於自然界中演化過程的科學觀點。達爾文詳細解釋了動物的感覺和認知能力，以及這些能力在演化上發揮的影響力。達爾文把人類和其他動物全都放到生命之樹的各個分支上，因此對人類和其他動物使用相同的字詞描述，為的是表達非凡的科學觀念：在科學上，人類的主觀感覺經驗可以和動物的主觀感覺經驗相比較。

　　達爾文這種說法的第一個意義在於，動物選擇牠們預期中的配偶，是以對方的外表是否美麗為基準。在維多利亞時代，就算是支持演化論的讀者，也會覺得這種說法顯然荒謬可笑。

動物看起來就不可能進行細緻的美學判斷。就算牠們能夠觀察到追求者全身羽毛的顏色、歌唱的聲調，但是說牠們有分辨其中高低的認知能力，以及能夠展現出對於其中差異的偏好，怎麼想都太滑稽了。

這些維多利亞時代的反對意見已經完全被拋棄了。現在有成堆的證據支持動物能夠依照感官訊息進行評估，並且展現對配偶的偏好，這都支持達爾文的看法。針對鳥類、魚類、蚱蜢、蛾類等各種動物的許多實驗，都顯示動物的感官品評（sensory evaluation）能力會影響牠們選擇時的偏好。[11]

達爾文認為動物有擇偶的認知能力，這一點已經是共識了，但是他對於性擇的美學理論到現在還是充滿革命性、也引起爭議，和這個理論問世的當時沒有兩樣。達爾文使用了「美麗」、「品味」、「吸引」、「欣賞」、「欽慕」、「愛」這些字眼，意思是配偶偏好可以隨著那些行為展現而演化，對於位居選擇地位的個體而言，那些行為展現完全沒有實用意義，就只是好看而已。簡單來說，達爾文的看法是，美麗會演化出來，就只是為了討好觀察者而已。

達爾文對於這個議題的看法，花了一段很長的時間才醞釀出來。他早先在《物種起源》中關於性擇的討論中便寫道：「在許多動物中，性擇會幫助一般的選擇（天擇），讓最為強壯、適應最佳的雄性具有最多後代。」[12]

換句話說，達爾文在《物種起源》中指出，性擇隸屬於天擇，只是保證最強壯、適應最佳的雄性永久續存的另一種方式

而已，現在這個看法依然流行。[13] 可是到了撰寫《人類原始》時，達爾文認為性擇的影響廣泛多了，可能和潛在配偶是否比較強壯、適應得更好沒有關聯，而只是外貌上比較美麗而已。他舉出了青鸞（*Argusianus argus*）這個讓人著迷的例子：「雄性青鸞的例子相當有趣，因為牠確實證明了細緻美麗能夠吸引異性，而且沒有其他用處。」[14]

除此之外，達爾文在《人類原始》中，還把性擇和天擇當成兩種不同但一樣經常發揮作用的獨立演化機制。因此，在達爾文真正的生物演化觀中，這兩種截然不同的選擇機制可能會彼此影響，甚至彼此衝突，都是同樣基本而且重要的。但是我們會看到，現在大多數演化生物學家都反對這個概念，偏好達爾文早期的看法：性擇只是天擇的一種變化而已。

達爾文擇偶理論中，還有另一個重要特徵：共同演化（coevolutionary）。他認為，特殊的表演特徵和用來篩選配偶的「美麗標準」，兩者是一起演化，而且會彼此相互影響，並且讓對方強化，這在青鸞身上也觀察得到：

> 雄性青鸞經由雌性的偏好而逐漸有了美麗的外觀。這是因為代代相傳之下，裝飾越華麗的雄性越受歡迎。就像人類的美學能力會逐漸進步，雌性青鸞的美學能力也會因為練習或習慣而改進。[15]

在達爾文設想的這個演化過程中，每個物種都會自行共同

演化出牠們自身所認知的獨特「美麗標準」，符合這個美麗標準的精心展現也會一併演化出來。根據這個說法，在每種生物裝飾的背後，都有一個同樣細膩的認知偏好共同演化出來，這個偏好一直驅動並且改變裝飾的演化，也會一直受到裝飾演化的改變。就現代科學的標準來看，達爾文對青鸞共同演化的過程描述得相當簡略，但也沒有比他對天擇機制的解釋來得簡略。如今，人們認為後者完全是先見之明，尤其在他不知道遺傳機制的前提下更顯得了不起。

達爾文在《人類原始》中，關於擇偶有另一個革命性的論點：動物不只受到生態競爭、掠食、氣候、地理環境等造成天擇的外在因素影響，在自身物種的演化中，性擇和社會選擇也扮演了截然不同但重要的角色。只要有機會經由擇偶而讓性偏好發生，新的美學演化現象便確實會發生。不論是發生在蝦子或是天鵝、蛾類或是人類身上，個別的生物具備了潛能，可以演化出多變無常、毫無用處的美麗，這個過程完全和天擇的力量無關，有的時候甚至和天擇的力量相衝突。

有些物種雌雄個體有相同的外貌展現，彼此進行擇偶，配偶偏好也是共同演化的，例如企鵝和海鸚。瓣足鷸屬（*Phalaropus*）和水雉科（Jacanidae）的鳥類是一妻多夫制，有成就的雌鳥有數個雄鳥配偶。這些雌鳥的體形比雄鳥大，羽毛的顏色也比雄鳥鮮豔，牠們會展現求偶動作並且鳴唱旋律，好吸引配偶，在這個狀況下，雄性展現出擇偶的行為、築巢，並

且照顧幼雛。不過，達爾文觀察到，那些裝飾最華麗的物種中，性擇的演化力量主要作用在經由雌性的擇偶而發揮出來，所以本書主要集中在雌性擇偶上。如果雌性的美學偏好驅動了這個過程，那麼我們在自然界中看到那些為了吸引異性而出現的極端演示，都是由雌性的性慾所創造、界定與改造的。從源頭來說，雌性的性自主是打造動物之美最主要的力量，這個觀念在達爾文的時代讓人坐立難安，對現代的許多人而言也是。

演化生物學還沒有好好探究性自主這個觀念，所以在這裡得說明性自主的定義，並且解釋這個概念深遠又廣闊的意涵。不論是在倫理學、政治哲學、社會學或是生物學，「自主」是單一個體能夠在資訊充足、不受脅迫的狀況下，獨立做出決定。因此，性自主是單一生物在擇偶時，處於資訊充足、不受脅迫的狀況下，獨立選擇交配的對象。達爾文性自主概念中的各個元素，對現在的演化生物學界來說都不陌生，例如：感官知覺、感官品評和擇偶所需的認知能力，免於性要脅的潛能等。但自達爾文以降，鮮少有科學家把這些論點連接成鮮明的圖案。

在《人類原始》這本書中，達爾文提出理論，說明雌性性自主（也就是美的品味）是自然史中獨立而且能夠造成變化的演化驅力。雄性動物在掌控性活動上有戰鬥法則：和同性之間相互競爭，勝利者就能和異性交配。他認為，雌性「美的品味」有的時候可以與「戰鬥法則」搭配，甚至有對抗或是遠遠超越「戰鬥法則」的力量。在有些物種中，其中一種演化機制

可能在性擇中占據主要地位。但是在其他物種當中，雌性的選擇和雄性的競爭與要脅，全都會發生，使得性衝突（sexual conflict）逐漸升高，例如在鴨子當中會發生這樣的情況，這點在後面會詳細討論。達爾文當時沒有足夠的知識架構去完整描述性衝突的變化，不過他很清楚地了解到，在人類和其他動物裡頭，這樣的情況的確存在。

簡單來說，達爾文在《人類原始》中對於機械論的創新、以及思考分析的深度，完全和《物種起源》相同，大多數和達爾文同時代的人們都遠遠不及。

一八七一年，達爾文的性擇理論一出版，便遭受猛烈的攻擊。精確來說，是性擇理論的一部分遭受攻擊。絕大多數的人馬上就接受了達爾文對於雄性之間競爭的「戰鬥法則」理論。原因很明顯，在維多利亞時代的族長文化中，雄性之間為了爭奪與雌性交配的概念，並不會難以推廣。例如，生物學家聖喬治・米瓦特（St. George Mivart）在《人類原始》出版後馬上匿名發表一篇評論，他寫道：

> 達爾文在性擇這個題目之下，說明了兩個截然不同的程序。其中一個和優勢的力量與活動能力有關，雄性要如此才能獲得擁有雌性的權力，並且排除競爭者。毫無疑問，這是「真實原因」（vera causa）。但是，我們或許該把這種過程視為一種「天擇」，而不是一個屬於「性擇」的程序。[16]

米瓦特才用了這一些字，就為他的看法做出了聰明的開場白，這個看法到現在依然大行其道。他在達爾文的性擇理論中提出自己認同的元素，也就是雄性之間的競爭，並宣稱那只是天擇的另一種型式，而非獨立的力量，這和達爾文的觀點相左。但是，至少他承認有這種力量存在。至於達爾文性擇理論中的其他部分，他就不認同了。

對於雌性擇偶這方面，米瓦特則展開全面攻擊，他寫道：「第二種程序是來自於雌性動物能自由選拔喜好的對象，這是因為她認為某些雄性具有吸引力，或是具備美麗的外型、顏色、氣味或聲音，不過這種偏好和選拔其實非常可疑。」[17]

米瓦特對當時維多利亞時代的讀者說明，達爾文對雌性性自主理論的意思是雌性能夠「自由的選拔」，但是對於米瓦特而言，動物能夠選拔的這個說法太不可思議了：

　　雖然達爾文先生提出了精心挑選的例子，想要當成證據的意圖顯而易見，但這幾乎無法指出野蠻的動物具備了典型的內省能力……無可否認，綜觀整個動物界，找不到任何證據指出那些野蠻的動物具備了高等的心智能力。[18]

米瓦特斷言，動物對展現出來的特徵進行性擇時，需要感知能力、認知能力和自由意志，可是動物並不具備這些特性，因此牠們不可能成為篩選者，主動參與自身物種的演化。除此之外，討論到雌孔雀對於雄孔雀尾巴羽毛演化的影響力時，米

瓦特認為，這些雌性「野蠻動物」表現出選擇行為的想法，更是特別荒謬可笑：「雌性有反覆出現奇特念頭的惡名，如此不穩定的狀況，使得牠們的選擇和羽毛顏色的形成之間沒有關係。」[19]

對米瓦特而言，雌性動物對於性的念頭如此多變，也就是說，喜好無常的雌性這一分鐘喜歡這樣、下一分鐘卻又喜歡那樣，所以牠們不可能引導神奇複雜如孔雀尾巴羽毛等特徵的演化。

我們需要詳細探究米瓦特使用的語言，因為在這一百四十年來，英文中有些常用字詞的意義已經改變了。現在，「惡名」（vicious）這個詞的意義往往牽涉到刻意的殘暴行為，但是這個詞可以從字面上來看，源自於「邪惡」（vice），原本的意思是墮落、邪惡、不道德。[20]同樣地，現在對於「奇特念頭」（caprice）的解釋是令人輕鬆愉快的幻想，但是在維多利亞時代，這個詞的意義就沒有那麼正面了，代表的意義是「沒有顯著或適當的動機就改變心意」。[21]因此，對米瓦特而言，雌性能夠擇偶以及性自主的概念，弦外之音是無理的放蕩與罪惡，而不只是浮躁多變那麼簡單而已。

米瓦特勉強同意動物的行為展現或許能夠激起性慾。他說：「雄性動物的各種展示，某種程度上對刺激雌性動物的神經系統來說是必須的，相反地，雌性動物的展現也是。對於兩種性別，愉快的感覺可能會非常強烈。」[22]

米瓦特所謂以「刺激」引起「愉快的感覺」，聽起來像是

維多利亞時代婚姻手冊上為達到美滿性生活而提出的建議。就他的觀點來看，雌性只需接收到足夠的刺激，便能引發適當的性反應，產生的性行為也足以和雄性的性行為協調一致。

可是，如果各種針對異性所呈現的演示，目的只是為了提供「必要程度的刺激」，在這種狀況下，雌性動物便不具備自身與自主的性慾。相反地，到了適當的時機，雌性動物一定會對追求者那種作業員式的刺激行為產生反應。到了下個世紀，這種否認雌性性自主的想法，在佛洛伊德提出關於人類性反應的理論時，發展到達頂峰，之後就完全被推翻了。根據佛洛伊德針對女性性快感的心理分析（見第九章），男性根本不必理會「她或許沒那麼融入」的可能性。如果女性沒有性反應，一定是「她」的心理狀況出了什麼毛病，簡單來說，就是因為她性冷感。我們接下來會討論到，重新發現擇偶的演化生物學理論、西方社會廣泛承認女性的性自主，以及佛洛伊德關於女性性別概念的崩塌，全都發生在一九七〇年代女性解放運動推行之時，這可能不是巧合。

米瓦特對於《人類原始》的看法，也開啟了一個持續至今的知識潮流。他是第一個把達爾文視為反叛達爾文偉大學說的人；達爾文背叛了真正的達爾文主義。他說：「把天擇法則安置在次等的地位，幾乎就是拋棄了達爾文理論。達爾文理論的一個鮮明特徵，就是天擇是完滿自足的。」[23]

在《人類原始》出版後數個星期，米瓦特對於這本書發起的攻擊內容，到現在依然有用。他引用《物種起源》的內容攻

擊《人類原始》。對米瓦特來說，達爾文最特別的成就，便是創造了一個「完滿自足」的生物演化理論。達爾文認為，主觀美學經驗（雌性有反覆出現奇特念頭的惡名）造成的選擇機制，稀釋了天擇的力量，這已經超過他能容忍的範圍了。現在仍有許多演化生物學家依然同意米瓦特的看法。

米瓦特對性擇提出的攻擊，讓許多人也跟著行動，其中最持續不懈、效果也最顯著的攻擊批評，來自華萊士。華萊士的名聲源於和達爾文一起發現了天擇。一八五九年，身在印尼叢林的華萊士寄了一篇手稿給達爾文，其中描述的理論和達爾文所想的非常相似，他請求達爾文的建議與幫助。這時，達爾文已經私下研究天擇理論幾十年了，他害怕這位年輕人奪得先機，於是很快地就把華萊士的論文發表了，同時附上一篇簡短的論文，說明他自己的理論。之後，他馬上完成《物種起源》並且出版。當華萊士回到英國，達爾文已經因為他的理論而名滿天下了。

沒有證據顯示華萊士因為這樣就輕視達爾文，他也辦不到。達爾文研究天擇理論已經超過二十年，華萊士那時才剛開始思索這個理論而已。不過，達爾文和華萊士對於擇偶這個主題一直都沒有達成共識，華萊士馬上就開始無情地攻擊性擇理論，彼此站在對立的立場，藉由許多公開發表的文章和私人信件，爭辯這個主題，一直到一八八二年達爾文去世之時，兩人的立場都沒有改變。24達爾文在他最後一篇科學論文中寫道：「我或許能這麼說，在盡一己之力評估種種反對性擇理論的論

點之後，我依然堅信這個理論是正確的。」[25]

在表達自己的看法時，達爾文總是有禮而且低調。相較之下，華萊士對性擇演化的攻擊，在達爾文去世之後，變得更為尖銳，一直持續到他於一九一三年去世。他對於性擇的攻擊非常成功，讓性擇理論於一九七〇年代之前在演化生物學中始終處於邊緣地區，被人所遺忘。

華萊士耗費了無數精力，說明達爾文描述兩性的「裝飾」差異，其實根本不是差異；要解釋動物的多樣性，並不需要達爾文的擇偶理論。華萊士和米瓦特一樣，懷疑動物是否具備擇偶所需的感覺能力和認知能力。華萊士相信人類是由上帝特別精心創造出來的，被賦予了其他動物並沒有的神聖認知能力。正是如此，達爾文的擇偶理論違背了華萊士認為人類例外於動物的神聖理論。

然而，動物（特別是鳥類）具備精緻裝飾和演示的證據排山倒海而來，面對這種狀況，華萊士從未完全屏除由擇偶而推動的演化。不過，在不得不接受這種可能性的狀況下，華萊士堅決認為，那些性裝飾之所以能夠演化出來，是因為本身就具備了實用的適應價值。他在一八七八年發表的《熱帶大自然與其他短評》（*Tropical Nature, and Other Essays*）中，有一篇文章的標題是〈天擇：解除性擇的方式〉（Natural Selection as Neutralizing Sexual Selection），他寫道：「唯一能解釋我們眼前事實的方法，就是認為裝飾和健康、活力以及其他生存適應之間，具有密切的關聯。」[26]

在這篇文章中，華萊士簡潔有力地表示，性別演示是關於品質與身體狀況的「誠實」指標，這個想法完全符合現代的性擇正統觀念。可是，一百多年以來，華萊士一直被認為要摧毀性擇理論，怎麼可能會寫了一篇幾乎符合當代看法的擇偶論文，而且其中的論點就算收錄在現代生物學教科書中也完全沒有問題呢？答案是，當今主流的擇偶觀念，就和當年華萊士的批評一樣，是全然反對達爾文的看法的。

現在，「線上生物配對公司」（BioMatch.com）的裝飾理論非常風行，華萊士是最早提出這個理論的人。這個理論指出，動物的種種美麗之處，像是資料豐富的檔案，說明自己身為潛在配偶所具備的適應品質。這種演化觀念風行的程度，甚至出現在二〇一三年聯準會主席班・柏南奇（Ben Bernanke）對普林斯頓大學畢業生的演講中。他告誡畢業生，「記得身體之美是演化要讓我們能夠確定其他人的消化道裡沒有許多寄生蟲」。[27]

今日絕大多數的研究人員同意華萊士的看法，認為所有的性擇只是天擇的一種型式。不過，華萊士比他們更為激進，他完全排拒「性擇」這個詞彙。在同一篇文章中，他繼續寫道：

如果（裝飾和健康、活力與生存適應）有關聯（這是我所堅持的），那麼，對於顏色和裝飾的性擇就完全沒有必要了（這方面其實也沒有多少證據），因為天擇這個廣受認同的真實原因，便能造就相同的結果⋯⋯性擇不會發生效果，因此也就沒有必要了。[28]

當然，在達爾文的性擇理論中，包含了隨意（arbitrary）和美學的元素，華萊士排拒這些元素，認為它們「不必要」、「沒有必要」、「不會發生效果」。現在大多演化生物學家也同意這點。

華萊士和米瓦特一樣，把達爾文的美學觀念視為異端邪說，會威脅到他和達爾文共創的知識遺產，於是採取各種步驟，好糾正他認為達爾文的錯誤之處。一八八九年，華萊士出版了《達爾文主義》（*Darwinism*）一書，在序言中寫道：

> 我堅決認為，天擇的效應比較大，因此不用理會雌性選擇造成的性擇。天擇是達爾文卓越的論點，因此我在這裡直接說明，在本書中，我的立場是宣揚純粹的達爾文主義。[29]

在這段文字中，華萊士宣稱自己比達爾文還要達爾文。他在達爾文生前和他爭辯擇偶並沒有成功，而在達爾文去世後數年，開始以自己的想法重新改造達爾文的思想。

從這些文字中，我們看到了「適應主義」（adaptationism）的誕生，這個思想是相信由天擇造成的適應是最強大又普遍的演化驅力，而且不論如何都占有主導地位。如果用華萊士極端絕對論的口氣來說，便是「天擇作用的時間長久，作用的範圍極廣」，廣到能「解除」其他演化機制的作用。[30]

達爾文留下來的知識遺產內容豐富多樣、充滿創意，華萊

士卻開始以自己的想法，把這些遺產改造成單調巨大的理論，現在人們提到這個理論時，也會聯想到他的名字。特別的是，華萊士還發明了適應主義者進行討論時的獨特風格：就僅僅是一直堅持自己的論點而已。

這個狀況很嚴重。華萊士對二十世紀的演化生物學有著巨大影響。我們傳承到的達爾文思想受到了他的過濾，那是受到漂白清洗、重新修剪，只為了達到意識形態上的純粹。達爾文真實思想中的寬度與創意，特別是其中的美學演化觀，已經被排除在歷史之外了。在爭奪天擇發現者的頭銜戰中，華萊士可能輸了，但是在主導二十世紀的演化生物學和達爾文主義這方面，他卻獲勝了。一百多年後，這件事依然令我作噁。

達爾文的《人類原始》在出版後的百年中，性擇理論幾乎全都被遮掩起來。雖然有零星少數人想要復興這個理論，可是華萊士剷除擇偶理論的工作非常成功，一代又一代的人認為光靠天擇就可以解釋動物的性裝飾以及演示行為。[31]

不過，在擇偶理論處於黑暗的百年中，有一個人為這個理論做出了重大的貢獻。羅納德‧A‧費雪（Ronald A. Fisher）在一九一五年發表了一篇論文，在一九三〇年出版了一本書，藉此提出解釋擇偶演化的遺傳機制，並且拓展了達爾文的美學思想。[32]不幸的是，接下來的五十年中，幾乎沒有人理會費雪對於性擇的看法。

費雪是頗具天分的數學家，他發展出的計算工具和知識架

構，成為現代統計學的基礎，對科學界有很大的影響。不過，他最初是一流的生物學家，為了想要深入了解遺傳與演化在自然界、農業和人類本身運作的方式，才從事統計學研究。他對於遺傳與演化的興趣，部分來自他非常支持優生學。現在，我們認為優生學是可恥的理論及社會運動，因為優生學提倡以社會、政治和法律的方式控制生育，好改進人類這個物種的遺傳組成，並且維持「種族的純粹」（racial purity）。雖然費雪的出發點是可怕的信念，但是他的科學研究工作確實有一些傑出的成果，而且這些結果到頭來和他信奉的優生學發生了衝突。

費雪重新架構了性擇爭議，因為他有一項重要的研究結果：要解釋性裝飾的演化其實很容易，其他事情也一樣容易，演示特徵應該是為了配合擇偶偏好而演化出來的。更重要的科學問題是：擇偶偏好為什麼會演化出來？又是怎麼演化出來的？在目前對於性擇演化的討論中，這個看法依然非常重要。

費雪提出了兩階段演化模型：第一階段說明擇偶偏好最初的起源，第二階段說明特徵與偏好兩者共同演化的詳細過程。[33] 第一階段是完全華萊士式的。偏好一開始演化出來，的確是因為那些特徵能誠實且正確地指出了對象的健康、活力與生存能力的高低。天擇的作用確保了這些基於特徵來擇偶的方法可以執行下去，因為這樣能以客觀的角度找到更好的配偶，並且為選擇較好配偶的偏好打下遺傳基礎。不過，在擇偶偏好出現之後，費雪建立了第二階段的模型，這時，擇偶本身就和那些特徵原來所要表達的真實品質資訊失去關聯了，轉而產生了一種

嶄新、不可預料的美學驅力，推動演化進行：特徵本身就能吸引配偶。當表達真實品質的特徵和品質本身不再有關聯，並不會使得這項特徵對於潛在配偶的吸引力降低。這項特徵會因為本身受到了偏好支持，持續演化得越來越精緻。

根據費雪的兩階段理論，到最後驅動第二階段擇偶的演化動力，就是配偶做出的選擇。華萊士認為天擇可以讓性擇失去效用，費雪的觀念則完全相反，他認為看來任意的美學選擇（偏向達爾文的概念），能夠壓過為了適應優勢而做出的選擇（偏向華萊士的概念），因為本來為了某種適應理由發展出來的特徵，後來本身成為了吸引異性的特徵。一旦特徵具備了吸引力，那麼這種具有吸引力的特性以及它的普及化，就會完全獨立出來。雖然擇偶一開始的作用是為了促成帶有適應訊息的特徵出現，但對於偏好特徵的慾望，最後則會剝奪了天擇的能力，進而支配演化的結果。追求美麗的慾望會持續存在，並且削弱了追求真實的慾望。

這個過程是怎麼發生的？費雪的理論是，在裝飾和擇偶偏好之間有正向回饋循環，使得裝飾能經由這兩者之間的遺傳相關變異（genetic covariation）演化出來。要了解這個過程，我們可以想像，有一個鳥類族群，其中含有與性吸引演示相關的遺傳變異，例如和尾巴羽毛長度有關的遺傳變異，擇偶偏好會因為尾巴羽毛長度不同而有差別。偏好配偶尾巴羽毛長的雌鳥，會去找有長尾巴羽毛的配偶。同樣地，偏好短尾巴羽毛的雌鳥會去找短尾巴羽毛的配偶。這種擇偶的動作，意味著影響

尾巴羽毛長度以及尾巴羽毛長度偏好的基因變化，在族群中便不再是隨機分布的。很快地，大部分的個體會帶有相關特徵與偏好的基因，也就是長尾巴羽毛和偏好長尾巴羽毛的基因，或是短尾巴羽毛與偏好短尾巴羽毛的基因。同樣地，同時攜帶短尾巴羽毛基因與偏好長尾巴羽毛基因的個體會越來越少，反過來的情況也是如此。擇偶的行為會使得與特徵及偏好相關的遺傳變異程度越來越低，可是留下來的變異其出現的頻率會增加，讓兩者產生關聯並且結合起來。對費雪來說，這只是數學上呈現的事實，結果便代表了配偶偏好的意義。

　　遺傳相關變異的結果之一，是影響某個特質的基因以及影響對於這個特徵偏好的基因，兩者會共同演化。當雌性在擇偶時偏好某些特別的演示特徵（例如長尾巴羽毛），這時她們也間接選擇了特別的擇偶基因，因為她們選中的配偶的母親，可能也具有喜歡長尾巴羽毛的基因。

　　其結果便是強烈的正向回饋循環。在這個循環中，擇偶就是擇偶偏好演化的篩選方式。費雪說，這種自我強化的性擇機制「勢如脫韁野馬」。[34]對於特殊演示特徵的篩選，會讓擇偶偏好出現演化改變；擇偶偏好上出現的演化改變，又會造成特殊演示的演化改變。如此循環不已。美的型式以及對美的慾望，在共同演化的過程中彼此改變對方。費雪以這種精細的遺傳機制，說明了演示特徵和擇偶偏好能「齊頭並進」，就如同當初達爾文最先用青鸞說明的過程那樣（頁44-45）。

　　費雪的共同演化機制，也許能說明擇偶偏好可能的演化利

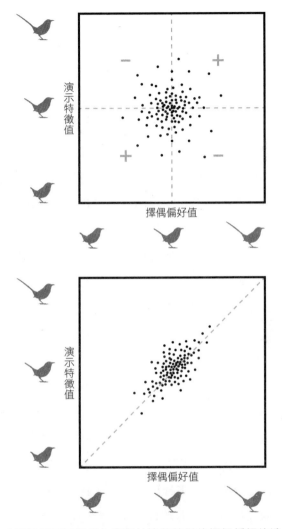

演示特徵（例如長尾巴羽毛）和對於這個特徵的擇偶偏好的遺傳相關變異演化。

（上圖）一開始的時候，族群中的個體（黑點）在演示特徵（縱軸）與擇偶偏好（橫軸）具備的遺傳變異，是隨機分布的。而有偏好的結果，便是右上區塊和左下區塊中有許多個體彼此配對，因為牠們對尾巴羽毛長度的變異與偏好是相同的（用＋表示）。其他兩個區域中，偏好和特徵則不相符（用－表示）。（下圖）演示特徵和偏好之間相關變異演化的結果（虛線）。

益。如果雌性是以具備了能吸引異性的特徵而擇偶（這裡還是用長尾巴羽毛當例子說明），那麼她的後代很可能就遺傳到這個能吸引配偶的特徵。如果族群中有其他雌性也喜歡長尾巴羽毛，這個雌性的後代就會比較多，因為她的雄性後代比較容易吸引到那些喜歡長尾巴羽毛的雌性。這種演化利益是間接的，而且只對擇偶具有遺傳上的好處。說間接是因為這種機制不會直接增加雌性選擇者自己的存活機率或是生育能力（雌鳥生育更多後代的能力），甚至不會增加她後代的生存機率。相反地，好處來自她生下的雄性後代對異性的吸引力增加，使得她的基因散布得更廣了（也就是有更多孫子了）。

費雪這種勢如脫韁野馬的過程，很像是一六三○年代荷蘭發生的「鬱金香狂熱」、一九二○年代資金市場的投機泡沫。如果要用比較近期的例子來說明，那便是房屋市場的估值過高導致了二○○八年全球的銀行系統幾乎崩潰。會發生這類的狀況，都是因為某些事物的估價和它們「真實」價值彼此脫節的時候，這些事物的價值不只受到估算，而且估出的價值還越來越高。這些事物能夠引起慾望，是因為很多人想要；會大為流行的事物就是因為它們本身是流行的。費雪式的擇偶，基本上就是市場泡沫造就的「非理性繁榮」（irrational exuberance），這只不過是遺傳學的版本而已。（在第二章中會再討論到這個經濟上的類比。）

費雪聲稱，擇偶偏好不會繼續演化，因為雌性選擇的那一個雄性，並不會比其他的雄性更好。事實上，在性吸引力上成

功的雄性，有的時候其生存能力演化得比其他雄性更弱，或是
健康狀況比其他雄性演化得更糟。如果演示特徵和其他雄性外
在顯露的品質脫節了（這些品質包括整體的遺傳品質、疾病抵
抗能力、獲取食物的能力，或是投資在子代的能力等），那麼
我們就會認為這些演示特徵是隨意的（arbitrary）。隨意並不是
指意外、隨機或是無法解釋，而是指演示特徵除了本身之外，
並未傳達其他訊息，就只是為了受到觀察與評估而存在。隨意
特徵並不代表坦承或隱瞞，因為這種特徵並不具備任何能加以
隱瞞的資訊。它們就只是具備了吸引力，也就只是美麗而已。

　　這種演化機制很像是流行時尚。衣服賣得好或不好，不是
取決於衣服的功能或是客觀的品質（真的），而是在於主觀上
的訴求，也就是當季流行的款式，這種主觀的流行念頭往往轉
瞬即變。費雪的擇偶模型產生的結果是，相關特徵的演化其實
並不具備任何實際功能，甚至對具備這些演示特徵的個體來說
反而是不利的，就像是會傷腳的鞋款，或是布料少到無法為身
體遮風擋雨、禦寒保暖的衣服。在費雪眼中的世界，動物是演
化時尚的奴隸，演化出誇張又隨意的演示特徵和品味，這些全
都「不具意義」，全都只涉及知覺上的優質而已。

　　關於這個宛如脫韁野馬的過程，費雪沒有提出仔細的數學
模型（我們會在後面說明，有其他生物學家提出來了）。有人
猜想，那是因為他是訓練有素的數學家，因此他認為這個結果
非常明顯，不需要多做解釋。倘若如此，那對費雪的誤會就大
了，因為其中還有許多奧祕有待發現。事實上，我認為費雪沒

有繼續發展他脫韁野馬的模型，是因為他了解到這個演化機制的意涵，和他個人支持的優生學運動完全相左。費雪的模型指出，適應性擇偶（以優生學的方式「改善」物種時所需的篩選方式）在演化上是不穩定的，這種選擇到頭來無可避免會被隨意的擇偶所侵蝕、被美麗所引發的非理性慾望所破壞。在這一點上，他是正確的！

　　在《人類原始》出版後約莫百年，性擇的概念重返演化學主流。[35]為什麼花了那麼久的時間？我有個直覺性的答案，不過這個答案還需要廣泛的歷史和社會研究才能得到證實。我不認為演化生物學家最後終於開始思考擇偶（特別是雌性的擇偶）是真實的演化現象，與美國和歐洲的女性開始組織政治行動，為了男女平權、性自由、生育自由而抗議發生在同一個時期，就只是個巧合而已。如果演化生物學家的見解對於文化發展有正面的影響，那很好，但不幸的是，歷史說明了實際的影響方向其實是相反的。

　　隨著科學界重新對擇偶產生興趣，達爾文／費雪的美學觀和新華萊士適應主義的更新版本之間，又再度展開了戰爭。在費雪發表他的性擇模型的五十多年後，一九八一年和一九八二年，生物數學家羅素・蘭德（Russell Lande）和馬克・柯克派屈克（Mark Kirkpatrick）各自確認了這個理論，並且加以推廣。[36]蘭德和柯克派屈克受到費雪理論的啟發，以不同的數學工具探究擇偶和演示特徵之間共同演化的動態變化，得到了非

常相近的結果。他們指出，光是讓後代具備性吸引力，就可以使得性狀和偏好兩者產生共同演化。除此之外，他們還指出，擇偶能造成演示特徵的基因和偏好該特徵的基因之間相關的變異。

　　蘭德—柯克派屈克的性擇模型還從數學上確認了演示特徵的演化，會在天擇和性擇之間維持平衡。例如，雄鳥尾巴羽毛

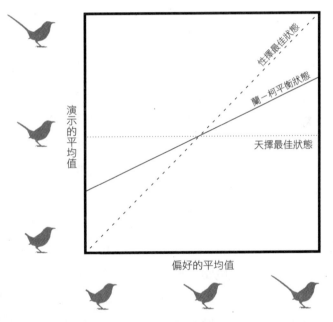

蘭德—柯克派屈克的演示特徵與擇偶偏好的演化模型（以鳥類尾巴羽毛長度為例）。
在族群中演示特徵的平均值（縱軸），會往平衡狀態方向演化（實線），這個平衡狀態位於受到天擇偏好的數值（水平線）與受到性擇偏好的數值（虛線）之間。

的長度可能有利於生存（也就是受到天擇偏好），但是不夠性感，所以完全吸引不到配偶（沒有受到性擇偏好），那麼這隻雄鳥的基因將不會傳到下一代。同樣地，某隻雄鳥尾巴羽毛的長度對配偶有致命的吸引力（也就是受到性擇偏好），但是由於太誇張了，讓他沒辦法活到能吸引配偶的時刻（沒有受到天擇偏好），那麼他也無法把基因傳到下一代。蘭德和柯克派屈克確認了達爾文和費雪的直覺：對於演示特徵而言，天擇和性擇作用的方向相反，最後兩者的力量會達到平衡。在這種平衡狀態下，雄鳥的尾巴羽毛長度可能遠不及天擇下的最佳狀態，但是為了吸引具有性自主的雌性，這是必須付出的代價。

　　不僅如此，蘭德與柯克派屈克還超越了費雪和達爾文，為這種平衡下了定義。他們分別利用不同的數學工具，發現天擇和性擇之間的平衡並不是位於某一個點，而是有一連串的平衡。事實上，某個演示特徵在天擇和性擇之間維持穩定的點可以有無限多個。基本上來說，任何異性得以知覺的演示特徵，多多少少都可以想見是性擇和天擇一起發揮作用的結果，讓這個特徵維持在一種平衡的狀態。這就是所謂「隨意」特徵的真正意涵：任何能知覺到的特徵，實際上都具有性別裝飾的功能。當然，如果一個演示特徵越不受到天擇的偏好，在性擇上的優勢越是要強大，否則無法演化出來。

　　性擇和天擇如何在演示特徵上達到平衡？換句話說，族群是如何演化到平衡的狀態？蘭德與柯克派屈克也提供了一個內容豐富的數學機制，為費雪用口語表達的非數學模型添加了血

肉。為了要達到穩定的平衡狀態，求偶演示特徵和擇偶偏好兩者必須要共同演化。用另一種方式說，雌性為了要達到目的（演化到平衡狀態），她們必得篩選雄性的演示特徵，並且改變這些演示特徵。由於特徵和偏好在遺傳上是彼此關聯的，在共同演化的情況下，意味著雌性也要改變自己想要知覺到的特徵。用一個不太準確的比喻，這種演化過程有點像是婚姻生活：配偶彼此都想要改變對方，很多時候會成功，可是這個過程如果最後會產生出一個穩定的解決方案，通常需要配偶雙方都改變；某一方的行為改變，而另一方改變對這種行為的看法。

理論上來說，美學共同演化的進展速度有時可能非常快，使得演示特徵演化的速度跟不上族群中持續增強的激進偏好。蘭德指出，如果偏好和特徵之間的遺傳關聯性夠強，那麼從理論上來看，族群有可能往遠離平衡狀態線的方向演化，也就是說，平衡狀態可能會變得不穩定。這可以當成費雪所說「脫韁野馬」過程實際出現時的狀況，這個時候擇偶造成自身改變的速度太快，持續演化的偏好與隨之而來的慾望就完全無法得到滿足。

最後，蘭德與柯克派屈克的數學模型也解釋了擇偶驅動新種演化出來的過程。某個物種的各族群彼此分開的時候（例如新山脈的隆起、沙漠形成或河流改道），這些族群會受到不同的外在影響。每個族群最終會發展出自己獨特的美學方向而落在平衡線上的不同點，使得牠們之間對美麗的標準產生差異：

比較長的尾巴羽毛或是比較短的尾巴羽毛，比較高亢的鳴唱或是比較低沉的鳴唱，藍色的頭、光禿的頭，或藍色且光禿的頭等，有無限的可能性。如果彼此區隔的族群相異程度夠大，那麼美學性擇可能會使得新的物種產生，這個過程稱為「種化」（speciation）。根據這個理論，美學演化像是一個旋轉中的陀螺，擇偶所產生的內在平衡，能夠決定一個族群中怎樣的特徵對異性而言才是美麗的。但發生於陀螺的隨機擾動，不論是從內部產生的突變、或是地理障礙造成族群隔離這樣的外在因子，都能讓陀螺的旋轉往新的平衡狀態移動。

最後的結果便是擇偶能使得族群和物種中的美學標準持續提升，並且越來越多樣。實際上幾乎什麼狀況都可能發生，部分鳥類研究中有扎實且充分的證據支持這個概念，在這本書的其他地方會陸續提到。我有充分的理由稱這些鳥類為美學極端主義者（aesthetic extremist）。

蘭德與柯克派屈克研究的靈感，直接來自達爾文和費雪幾乎受到遺忘的美學擇偶機制。不過，當代適應主義者擁護的新華萊士擇偶機制，則完全是重新發明出來的，因為沒有人記得華萊士的誠實宣傳理論。現代理論的邏輯和華萊士理論極為神似，兩者都堅決認為天擇發揮的效果大多了。天擇必定是真實的、完美自足的，因為天擇的力量如此強大、天擇的道理如此具有吸引力。

在一九七〇和八〇年代，支持新華萊士適應性擇偶觀念最

堅定的人，是以色列的鳥類學家阿莫茨・扎哈維（Amotz Zahavi），他是一位充滿魅力和精力的科學家，有強烈的獨立精神。一九七五年，他發表了「殘障原則」（handicap principle，也可以稱為「累贅原則」），受到科學界熱烈的歡迎，那篇論文刺激了一大堆擇偶的研究，現在已經累積到兩千五百多次引用。[37] 扎哈維認為，他這個原則是全新的發現。他說：「華萊士……完全拋棄了由擇偶偏好造成的性擇。」不過，扎哈維的殘障原則中全然直覺的核心概念，完全符合新華萊士主義（neo-Wallacean）：「我認為性擇發揮了功用，因為性擇增加了選擇方性別的評估能力，好去評估被選擇方性別的品質高低。」[38]

雖然扎哈維精確地重新描述了華萊士的適應性擇偶理論，但是他拋棄了華萊士本來的修辭，重新使用「性擇」來代替「天擇」。另外，扎哈維自己還改變了華萊士的思想。對扎哈維而言，所有性別演示的重點只有一個，那就是要對演示者造成沉重的負擔，實際上就是累贅。裝飾性累贅本身的存在顯示出演示者的品質非凡，因為演示者就算帶著這種累贅，依然可以活得好好的。他寫道：「性擇能夠發揮作用，是因為篩選對象是讓生物生存機會降低的特徵……帶著累贅便是一種測試。」[39]

越是精巧的演示特徵，付出的代價便越高，造成的累贅便越大，引發的測試也越嚴格，這意味著身為配偶的品質更高。受到這種高成本特徵所吸引的個體，並不是因為自己主觀認為這種特徵美麗（這種美麗只是隨著成本出現的），而是特徵說明了雄性的能力足以輕鬆負擔這種成本。這便是殘障原則。

　　殘障的雄性是哪方面比較好呢？扎哈維認為，任何想像得到的方面都可以。不過扎哈維的追隨者後來認為，誠實訊號傳達出的適應性利益可以分成兩種基本型式：直接利益和間接利益。擇偶的直接利益包含了任何有利於選擇者的健康、生存與生育能力相關的利益。這種適應性直接利益可能包括選擇抵抗掠食者能力更強的配偶，領域中食物更豐富或是有更適合築巢地點的配偶，沒有性病的配偶，對後代提供更多食物和保護的配偶，比較不花代價就能找到的配偶也算。另一方面，適應性間接利益是以基因的形式呈現的，選擇者的後代如果繼承了這些基因，生存與生育能力都會得到提升。這種好基因帶來的利益對選擇者來說是間接的，就某方面來說，如同費雪指出，是讓子代有性吸引力，讓選擇者的孫代數量增加。可是和費雪式的利益不同之處，在於選擇者的子代不是因為更具有性吸引力、更能吸引到生育能力更高的配偶而已，而是在生存和生育能力上真的都比較高。因此，好的基因和負責演示特徵的基因是不同的。[40] 理論上來說，前者能同時賦予雄性和雌性後代可以遺傳的優點。

　　對於擇偶這件事而言，直接利益和優良基因都是適應性利益；這個論點最早由華萊士提出，潛在配偶身上的演示特徵具備了觀察得到的變化，得以增加選擇者本身或後代有助於生存或生育的一些優勢，如此一來，選擇才會發生。這種關聯性來自發生在對配偶／產生後代的性擇以及作用於生存與生育的天擇兩者之間的交互作用。扎哈維的殘障原則是一種新的理論，

說明演示與配偶品質之間的適應性關聯是如何建立起來、以及持續下去的方式。

　　扎哈維一心一意熱切推廣他的殘障原則，但他的想法有一個重大的缺陷。如果一種裝飾對於吸引異性的優勢，與直接為了這個裝飾所付出的生存代價成正比，那麼兩種力量將會彼此削減，使得耗成本的裝飾和擇偶偏好這兩者都不會演化出來。柯克派屈克在一九八六年的一篇論文中便用上了相當大膽的標題〈性擇的殘障機制行不通〉（The Handicap Mechanism of Sexual Selection Does Not Work），他提出了一個數學方式證明這個機制是演化上的陷阱。

　　要說明問題出在哪裡，讓我們來推想扎哈維殘障原則必然會發生的結果，我稱之為「盛美家原則」（Smucker's principle）。盛美家果醬的名稱來自公司的創辦者盛美家（Jerome Monroe Smucker），他在一八九七年於美國俄亥俄州的奧維爾（Orrville）開設了一家蘋果汁壓榨廠。有年紀的讀者可能會記得這家公司那琅琅上口的宣傳口號：「叫做盛美家，口味一定佳。」（With a name like Smucker's, it has to be good!）其實，這樣的口號讓盛美家這個商標名稱魅力毀盡、令人反感*，而且產品價格高到難以親近。事實上，這家公司能經營至今，證明了他們家的果醬的確品質優良。盛美家的宣傳口號便是殘障原則具體呈現出來的模樣。

---

* 譯注：smucker指的是附帶免費口交服務的妓女。

可是，讓我們更仔細檢查盛美家原則一下。如果盛美家果醬突然出現了另一家競爭者，這家果醬公司的廠牌名稱看起來更糟、價格更昂貴，那會變得怎樣呢？那個更糟糕、更讓人反感的名稱，是否意味著果醬的品質更高呢？用糟糕名稱又昂貴價格代表高品質果醬的方式，會遭遇到哪些限制？

幸好，綜藝節目《週六夜現場》（Saturday Night Live）在一九七〇年代模仿盛美家惡搞了一個假廣告，等於為上面這個問題進行了一個精確的思想實驗：

珍・寇汀（Jane Curtin）：所以，「叫做福辣家（Flucker's），口味一定佳。」

吉維・蔡斯（Chevy Chase）：等等，我有一種果醬，是由「鼻毛」（Nose Hair）這家公司出的。敢用「鼻毛」當名字，可以想像有多好吃。嗯～～～

丹・艾克洛德（Dan Aykroyd）：等等等等，你們聽過一個叫做「集中營」（Death Camp）的果醬牌子嗎？是「集中營」耶！叫「集中營」的果醬一定好吃到不可思議！一定是超棒的果醬！

之後出現的名字就越來越糟糕了，約翰・貝魯奇（John Belushi）推薦了「狗吐物、猴子膿」（Dog Vomit, Monkey Pus）這個牌子的果醬，蔡斯後來拿的果醬牌子叫「直腸搔痛」（Painful Rectal Itch）。競爭越演越烈，到最後的果醬品牌名令

人反感到吐，無法公開播出。寇汀最後認證說：「聽名字就知道！這果醬的名字真噁心。的確好吃！」*

「盛美家原則」揭露了扎哈維「殘障原則」內在的邏輯缺陷。就如同柯克派屈克用數學方式所證明的，如果一個訊號代表的性利益和發出這個訊息所要付出的成本高低有直接的關聯，那麼，發出這個訊息的個體永遠都得不到好處。殘障會因為本身就是耗費成本的累贅而走向敗亡之途。幸好如此，我們可以過著寧靜的日子，不會看到「直腸搔痛」牌果醬。

盛美家原則還進一步顯示了扎哈維的殘障原則基本上和性別展示的美學本質並不相符。性別展示會演化出來是因為具有吸引力，而不是因為讓人作噁反感的同時，又誠實地傳遞出訊息。如果性別展示傳達的意義是有了沉重的負擔也活得好好的，那麼，為何這樣的性別特徵有裝飾的效果呢？青春痘會有致命的吸引力嗎？畢竟會長出青春痘，通常是誠實地展現出年輕的激素分泌旺盛，藉此我們可以相信那代表了年輕和生殖能力。生物為什麼不會演化出真正的殘障，例如沒有生長完全的肢體？為什麼生物體彰顯能力的方式不是讓肢體少一截，表示就算少了這個部位也能活得好好的——例如，不具備四肢而是只有兩肢？或是只有一個眼睛？當然，原因出自殘障原則和擇偶的基本美學天性脫節了，因此根本不自然。

---

* 譯注：上述人名都是在《週六夜現場》演出的喜劇演員。

　　一九九○年，英國牛津大學的艾倫・格拉分（Alan Grafen）出手挽救江河日下的殘障原則。[41]付出的代價很高。當時整個新華萊士主義的擇偶典範已經岌岌可危。格拉分被迫承認柯克派屈克的確證明了扎哈維最早提出的殘障原則失敗了。不過，格拉分用數學的方式指出，展示成本和配偶品質之間的關係並非線性的，這點挽救了扎哈維的理論。換句話說，相較於高品質的雄性個體，低品質的雄性個體付出較多的代價在長出或是展示吸引異性的特徵上，那麼殘障就會演化出來。如果殘障像是測試，格拉分認為，高品質的個體基本上比較容易通過考驗。[42]修補殘障原理的唯一方式，就是砍掉重練。

　　格拉分打造出拯救殘障原則的方式之後，他接下來提出的問題是：有兩種可行的理論，一是扎哈維的殘障原則，另一個是蘭德與柯克派屈克詳細說明過的費雪的脫韁理論，我們應該選擇哪一個呢？

　　　　根據殘障原則……性擇的發生機率和形式是合情合理的……相較之下，在費雪提出的過程中，訊息的形式多多少少帶有隨意的成分，一個物種是否會受到如脫韁野馬般猛烈地篩選，往往受到機會的影響。[43]

　　格拉分遵循華萊士式的傳統，強烈支持適應主義中讓人安心信賴的「合情合理」，反對達爾文美學概念中造成緊張不安的隨意性。然後，格拉分使出殺手鐧：「在缺乏大量證據的情

況下就相信費雪—蘭德對於性擇過程的解釋，從方法學來看是邪惡的。」[44]

　　我不清楚在當代其他的科學爭論中，是否有一方真的被貼上邪惡的標籤，就算是冷融合（cold fusion）爭論中都沒有發生這樣的事。很明顯，這並不是每天可見的那種科學爭議。格拉分重現了當年米瓦特的道德教化語氣，讓人震驚。這過當的反應點出了這是一場多麼危急的智識勝負。達爾文真正危險的思想，也就是美學演化觀念，對於適應主義的威脅實在太大了，必須給它貼上邪惡的標籤才行。華萊士曾大力提倡純粹的達爾文主義。將近百年之後，格拉分稟持著和華萊士一樣的堅持，想要再次贏得這場爭論。

　　格拉分的說法引起許多人的共鳴。雖然個人的安心信賴感並不能當成科學證據標準，但是許多人（包括科學家）真的想要相信這個世界的確充斥「合情合理」的事物。所以，就算格拉分只是指出了有殘障原則能夠發揮作用的狀況，他還是要盡力敗壞費雪理論的名聲，讓大部分的演化生物學家認為殘障原則不只可能會發揮作用，而且隨時都一定會發生作用。如果相信其他的理論就是「邪惡」，幾乎沒有其他的選項。從那時起，適應性擇偶理論便主宰了科學論述。

　　格拉分比較了扎哈維和費雪的研究風格，聲稱「費雪的概念聰明過頭了」，還宣告「扎哈維從事實出發，他的努力會得到勝利」。[45]這種「聰明」與「事實」之間的分野，導致了一種說法：支持費雪隨意擇偶理論的人是學究型數學家，對大自

然一無所知；提倡殘障原則的適應主義，則是自然史研究領域
中的中堅分子。麥特·瑞德里（Matt Ridley）在他一九九三年
出版的《紅色皇后》（*The Red Queen*）中，生動地描繪出這種
分野：

> 一九七〇年代，雌性選擇理論建立起來，大部分的人
> 都滿意這項理論。就在這時，費雪理論支持者和好基因
> 理論（Good-genes）支持者之間出現了裂縫。那些喜歡數
> 學、皮膚蒼白、個性古怪、總是離不開電腦的人，成為支
> 持費雪理論的人。經常跑野外的生物學家和博物學家，往
> 往鬍子不刮、汗水不擦、靴子不離腳，慢慢地成為好基因
> 理論的支持者。[46]

矛盾的是，我自己在做的事情並不符合這個對於自然史研
究者的描述。我的一生當中有許多時間，在各大洲的熱帶雨林
研究鳥類的求偶演示。我「鬍子不刮、汗水不擦、靴子不離
腳」的程度，和其他田野生物學家一樣。從一九八〇年代中期
開始，我便成為忠實的費雪主義者，並且持續鑽研這個理論。
根據格拉分和瑞德里的說法，我這樣的人應該不存在，達爾文
也應該不存在，因為他是花很多時間在田野研究上的博物學
家。還有更奇怪的事情，格拉分也應該不存在，因為他本來是
數學家。很抱歉，瑞德里的說法還排除了所有女性田野生物學
家和博物學家（要跟珍·古德〔Jane Goodall〕和蘿絲瑪莉·葛

一九八七年，「鬍子不刮、汗水不擦、靴子不離腳」的作者，在厄瓜多海拔兩千九百公尺的安地斯山區，背著盤式錄音帶，用拋物面反射式麥克風（parabolic microphone）錄製鳥類鳴唱的歌曲。

蘭特〔Rosemary Grant〕說聲抱歉！）。當然，在知識領域編造這種煞有介事的說法，只是遮掩了這個議題的複雜性。這種譬喻方式抬高了適應主義者的地位，把他們描述成浪漫的人物，並且和自然與知識有較深厚的個人連結。

　　然而，發明美學演化這個理論的人，不是某位喜歡抽象概念的數學家，而是達爾文本人。他大膽地領悟到，動物的主觀美學體驗所能造成的演化結果，以及如果要解釋大自然呈現出

來的美麗，光靠天擇理論是不夠的。將近一百五十年後，要了解美麗是如何出現的，最好的方法還是追隨達爾文的腳步。

達爾文與華萊士之間的爭議、美學主義者和適應主義者之間的爭議，對於現在的科學而言依然重要。只要我們研究擇偶，就會使用到受這些爭議所影響的知識，我們需要注意這些知識的歷史。

在這些知識中，有一項是我們用來定義演化生物學中種種概念的文字。我們用「適應力」（fitness）這個詞彙的歷史來說明好了。對達爾文而言，適應力這個詞就是個普通的詞，代表了身體的適應能力高低。適應力的意思是能夠勝任某件工作。達爾文心目中適應力的意義，指的是生物足以完成工作的實際能力，這些工作確保了生物體的生存以及生育能力。不過，在二十世紀早期的族群遺傳學發展過程中，適應力有了新的數學定義，指的是個體的基因能夠傳遞到後代中的成就高低。這個具備數學意義的適應力定義，範圍更加廣泛了，各種諸如生存、生育、以及找尋配偶／生殖成功等遺傳成就，全都結合在一起，成為「適應性天擇」這個共同標籤下的一個變量。在重新定義適應力期間，由擇偶造成的性擇完全被捨棄在演化生物學領域之外，因此，重新定義適應力的結果窄化且削減了達爾文原本對天擇與性擇兩者之間細緻的區分：天擇針對的是確保生存與生育能力特徵，性擇針對的是配偶鑑別和生殖成功。[47]從那時起，這個數學上方便但是在知識上含混的「適應力」觀

念，便改造了人們對演化運作的看法，讓人更無法仔細區別可能有另一種獨立的非適應性擇機制。如果有利於適應力，必然是和天擇適應有關的，不是嗎？達爾文─費雪的擇偶推動性擇的概念，就這樣排除在生物學使用的語彙之外。因為語彙的緣故，我們無法成為真正的達爾文主義者。

達爾文美學演化觀中包含的複雜程度會受到窄化，原因之一是有些人相信，觀念上的大一統是科學共通的美德；科學的基礎目標之一，便是發展出更少、更強大、應用範圍更廣的理論、法則和架構。有些科學工作的大一統是很棒的，但是，如果在大一統的過程中，特殊現象本身具備的獨特性質受到了化約、消除或是忽視，那麼這個過程終將失敗。因為有些複雜的知識內涵，在解釋的過程中被消除了，而不是得到該有的解釋。

達爾文認為擇偶所驅動的演化，是一個特殊的過程，有其獨特的內在邏輯，這使得他要對抗科學界和知識界對於單純性和大一統的強烈喜好。維多利亞時代，許多反對達爾文理論的人信奉宗教一神論，現在，這樣的反對者信奉的是唯物演化論（materialist evolutionism）。他們信奉一神論的傾向讓自己更容易接納新的一神論：用天擇這個全能的概念，取代那個全能的上帝。事實上，現在的適應主義者應該要捫心自問，為何覺得需要用一個強大的理論或是過程，去解釋所有的自然現象？想要追尋大一統科學的慾望，是否能視為一神論的幽靈還潛伏在當代的科學研究工作之中？如果是這樣，那麼，這再次指出了

達爾文的這個概念真的很危險。

　　演化生物學界如果要接納達爾文的美學演化觀，就要像他那樣，體認到天擇和性擇是各自獨立的演化機制。[48]在這樣的架構之下，適應性擇偶是經由性擇和天擇兩者交互作用所推動的過程。在這整本書中，我都會使用這樣的敘述方式。

　　為了更深入了解美的演化以及研究美的演化，我們將一窺鳥類的性生活——最棒的起始點莫過於達爾文認為「相當有趣」的青鸞了。

第 二 章

美麗會發生

　　在馬來半島、蘇門答臘和婆羅洲長滿熱帶雨林的丘陵中，住著一種全世界在美學上走得最極端的動物青鸞（又稱大眼斑雉），達爾文認為，這種鳥類能夠「好好證明細緻美麗足以吸引異性，而且沒有其他的用處」。[1]

　　雌青鸞體形大而健壯，羽毛上有深褐色、紅棕色、黑色和古銅色的細微彎曲花紋，這種複雜的花紋有偽裝效果。她們的腳是鮮紅色的，臉部的羽毛稀疏，讓底下皮膚的藍灰色透出來。乍看之下，區別雄青鸞和雌青鸞的主要特徵在於雄性的尾羽和翅羽比較長，尾巴的羽毛可以將近一公尺。如果從喙尖頭算到尾羽末端，雄青鸞近兩公尺長。但除了長度之外，雄青鸞的羽毛看起來和不顯眼的雌鳥非常類似，沒有能讓人留下深刻印象的外觀。他真正的魅力隱藏得很好，在求偶時的高峰才會顯露出來。絕大部分的人除了在動物園的籠子中，沒有親眼目睹過。

　　在野外，要看到青鸞是很困難的事。牠們非常警覺，只要發現有人靠近，便會消失在森林裡。二十世紀初期，美國的鳥類學家兼雉雞狂熱者威廉・畢比（William Beebe），是最早在野外看到青鸞求偶演示的科學家之一。他當時是紐約動物學會（New York Zoological Society）的博物館員，後來做了一件舉世聞名的事：搭乘探海球（bathysphere，一種原始簡陋、可以沉降至深海的球狀潛水艇）進入海洋。畢比頭一次親眼看到的青鸞是雄鳥，飄降在熱帶婆羅洲的河岸上，喝匯聚在野豬打滾的泥坑裡的雨水。畢比在一九二二年出版的《雉雞專論》

（*Monograph of the Pheasants*）一書中描述第一次見到青鸞的狂喜之情，字裡行間洋溢著賞鳥者的自負與美國殖民時期冒險者的勝利感：「看到的那一瞬間，我覺得自己遠遠超越了世界上其他地方的白種人，他們從來沒有在青鸞的原產地看過這種鳥類。」

青鸞如同其他在美學上走極端的物種，是一夫多妻制的，一隻雄鳥同時有數隻雌鳥配偶。不過，這種形式使得雄鳥之間必須為了吸引配偶而競爭。有些深具吸引力的雄鳥非常成功，其他的就是失敗者。這樣的結果使得發生在雌鳥偏好的演示特徵上，性擇影響非常強烈。雌鳥選擇了一隻雄鳥之後，雄鳥所負責的生殖任務到此完成，他不會參與配偶之後的生活，以及後代的生活。在地上築巢、把生下的兩個蛋孵化、保護幼鳥、在森林底層找果實和昆蟲給牠們吃等等，都由雌鳥獨自完成。雄鳥和雌鳥都很少飛行，遇到危險時，牠們靠雙腳跑開。在晚上，牠們會飛到低矮的樹枝上棲息，孵卵的雌鳥除外，她們會留在窩裡。

雄青鸞過著完全單身的日子。他會打造一個夠大、夠乾淨的舞台，做為他那誇張求偶演示的場地。他會清理出一塊約四到六公尺方圓的區域，裡面寸草不生，只會看見森林的泥地。選定的場所往往位於丘陵頂端或是山脊上，他會把這塊地所有的殘枝敗葉枯根通通都撿起，放到這個舞台的周圍地區。他也會如同整理庭院的人員，規律地搧動巨大的翅膀，就像是吹葉機，把舞台上所有垃圾吹得一乾二淨（但不必戴隔絕噪音的耳

一隻雄青鸞正在整理自己的求偶場地。

罩）。如果有樹苗萌發或是蔓藤伸了進來，他都會一一啄除。
當這座求偶舞台搭建完成之後，他要做的只剩雌鳥來訪。

　　雄青鸞會在清晨、傍晚，以及有月光照耀的夜晚，在自己
的求偶場地上發出叫聲，好吸引觀眾。他的叫聲很大，由兩個
短音節「誇—瓦」（kwao-waao）構成。在東南亞數種語言中，
這個叫聲成為青鸞名稱的由來，例如馬來語稱青鸞為「骷拗」
（kuau），蘇門答臘語是「骷瓦」（kuaow）。他的叫聲非常宏
亮，而且穿透力強，能傳得很遠。由於青鸞行蹤隱密，外來的

人類從野生的青鸞得到的體驗，可能就只有聽到他們的叫聲而已。

　　數年前，我在婆羅洲北部丹濃谷保護區（Danum Valley Conservation Area）一個研究工作站待了五天。有天傍晚，我在河邊的濃密樹林中沿著小徑漫步，聽到雄青鸞的「誇—瓦」叫聲，這聲音就和畢比描述的一模一樣。那聲音之大，讓我覺得他在小徑前轉個彎的地方附近，這讓我興奮到幾乎無法動彈。不過，我馬上就知道這個叫聲是從很遠的地方發出來的，實際上是在河的對岸。這隻雄鳥倘若持續鳴叫，要找到他也是天黑以後的事情了。就算我們運氣好，能夠接近他的求偶場地，在我們接近的時候，他也會馬上變得安靜無聲，隱沒到附近的森林裡，怎樣也找不到。所以我只能聽著那吊人胃口的叫聲，知道他的確存在而已，並且想像畢比看到這種驚人鳥類時的模樣。

　　我們在水蛭頻頻出沒的森林中賞鳥，太陽下山之前返回研究站。進到帳棚中，我遇到一位研究人員的藝術家男朋友，他是法國人，說是來這裡「描繪森林」。他若無其事地和我提起，上午在營地附近散步時看到的一種奇特鳥類，他不知道名字，問我是否曉得。他平靜地描述他看的那隻鳥，說大約兩公尺長，在離營區外約三百公尺的泥路上穿越而過。我在森林裡走了好幾天，連一眼都沒有瞧見這種鳥，他卻毫不費力就看到了，甚至還不知道牠的名字。對於他不可思議的飛來好運，我只能把嫉妒往肚裡吞。當我搔著水蛭咬出的傷口時，深深覺

雄青鸞趾高氣昂演示中。

得自己屬於被畢比「遠遠超越」的那一方，並且低聲抱怨賞鳥之神為何要詛咒我。

　　如果要在野外看見青鸞已經是非常不容易的事，那麼，想看見雄青鸞用巨大的翅膀和尾羽進行求偶演示，就需要做好萬全的準備，同時也有可能變成長時間的煎熬。畢比曾在求偶場地邊搭了一個小帳棚，躲在裡面觀察；也曾在求偶場地邊的樹上垂掛百葉窗簾，躲在後面觀察，但這兩種方法都失敗了。最後，他和助理在求偶場地邊拱起的樹根旁挖了個坑，他可以坐在洞裡，並且有樹枝遮掩。一個星期的時間，他幾乎每天都在洞中，最後終於觀察到雄青鸞對來訪雌鳥的完整求偶演出。畢

比並不清楚，他是如此輕易就完成了這個任務。五十年後，鳥類學家戴維森（G. W. H. Davison）於三年的光陰中花費一百九十一天，在馬來西亞觀察雄青鸞。[2]他在總計七百小時的觀察時間中，只見過一次雌鳥來訪。這相當於半年每星期四十小時的工作量。不消說，只有少數人具備從事這種工作的耐心，對於青鸞的觀察所得，絕大多數來自捕捉到的個體。[3]

　　以下是雌青鸞到了雄性的求偶區域後發生的事情。雄鳥一開始會進行初步的演示，包括如同進行儀式那樣啄地面，以及刻意用趾高氣昂的方式舉起紅色的腳步行。之後，他會繞著雌鳥奔跑，奔跑的圈子很大，這時翅膀會隆起，讓翅膀上側的表面暴露出來。接著，他突然跑到雌鳥幾十公分遠的地方，身體立刻轉變成完全不同的形狀，把將近一百二十公分長的翅羽張開，展露羽毛上難以想像的精細彩色花紋。生物學家將這樣的動作取名為「正面運動」（frontal movement），真是平淡到難以置信的說法。正面運動時，雄鳥會彎向雌鳥，把翅膀張開，那些細緻的羽毛頂端朝前，組成巨大的半圓形，如同碟子，他的頭在中間，而這個碟子罩著雌鳥的一側。一九二六年，荷蘭動物行為學先驅約翰・百靈斯・德哈恩（Johan Bierens de Haan）把這種形狀形容成像是被狂風吹翻的雨傘。[4]

　　擺出這個誇張的姿勢時，雄鳥會把頭塞在某一邊的翅膀底下，從翅膀「腕部」羽毛的間隙窺看雌鳥對於他演示的反應。雌鳥只能從彎曲翅膀的空隙中看到雄鳥小小的黑眼睛，以及眼睛周圍深藍色的皮膚。為了維持這個誇張的站姿，雄鳥如同短

雄青鸞做出「正面運動」。

跑運動員準備起跑那樣，一隻腳在前、另一隻腳在後。他對雌
鳥彎身的時候，尾部當然就舉起來了，長長的尾羽會翹起，讓
尾羽規律地上下擺動，雌鳥可以看到尾羽出現在翅膀羽毛組成
的錐形上方，或是透過左右翅膀之間偶爾出現的縫隙看到尾
羽。組成錐形的翅膀羽毛頂端會在雌鳥頭上飄動，像是個攜帶

式的迷你運動場頂罩。這樣的羽毛傘會擺動二到十五秒，然後雄鳥恢復成「正常」的鳥類姿勢，進行儀式般的啄地動作，數秒鐘後又擺出「正面運動」。*

　　到目前為止，我對雄鳥在舞台中姿勢的描述似乎很誇張，但是完全忽略了青鸞「正面運動」中最令人驚嘆的一部分：超乎尋常的羽毛花紋。雄鳥擺好了「吹翻雨傘」的姿勢時，翅膀羽毛的上表面會顯露出來，通常這一面在翅膀收攏時，大部分都隱藏起來了。這樣張開造成的變化，足以讓看的人目瞪口呆。雖然雄鳥翅膀羽毛上出現的顏色，是不甚明亮的黑色、深褐色、紅棕色、金銅色、古銅色、白色和灰色，但是這些顏色組成的花紋以及這些花紋的複雜程度，可能是地球上所有生物當中最為精細的。這些花紋中最小的是每根羽毛上次毫米（submillimeter）尺度以下的點，而用四十根一百二十公分長的羽毛翅膀組合起來的花傘，青鸞創造出來的花紋複雜程度是如此驚人，可以輕易超越孔雀尾巴羽毛（參見彩圖3）。據我所知，自然界還沒有其他花紋的設計如此繁瑣複雜。

　　青鸞翅膀羽毛每一根上頭呈現的複雜性，就超過了一頭斑馬、一頭花豹、熱帶珊瑚礁中的一條蝴蝶魚、一群蝴蝶、一束蘭花。整體的外觀就像是精心製作出來的波斯地毯。每一根羽毛密布各種形狀的彩色點線與波紋，變化多端，足以寫一篇文章專門討論。

---

* 譯注：上面這個過程，看影片比較清楚：https://youtu.be/3IrlBKv1sE0

比較短的主翅羽（primary wing feather）連接在翅膀上「手指」和「手掌」的部位，組成了羽毛傘的下半部。這些羽毛的羽軸是黑色，尾端是淡灰色，其他花紋有變化的部位主要是古銅色，上面有間隔排列棕色或紅棕色的圓點，包圍在細小的白色碎點中。次翅羽（secondary wing feather）上的彩色花紋才是比較有名的。這些羽毛長在翅膀的前半截（結構上相當於手腕）部位，組成了羽毛傘的上半部。每根次翅羽有將近九十公分長，頂端可以寬達十五公分，每根羽毛的羽軸是鮮明的白色，左右兩邊的彩色花紋截然不同。靠外面那一側上頭有扭曲的深褐色和淡古銅色粗條紋（收攏羽毛休息時有偽裝效果），這些條紋會漸漸轉變成古銅色和黑色的帶狀條紋，在最接近羽軸的區域有一排漂亮圓球，由金色和黃褐色組成，周圍都是深黑色（參見彩圖4）。這些圓球稱為「眼點」（ocelli），是青鸞名稱的由來。一七六六年，卡爾・林奈（Carl Linnaeus）以希臘神話中有一百個眼睛而能看見四面八方的巨人阿爾格斯（Argus Panoptes）為這種雉雞命名。實際上，青鸞具有的「眼睛」是百眼巨人的三倍！

每根次翅羽上，有十二到二十個這樣漂亮的金色圓球，從羽毛底部排列到頂端。我會說這些金黃色圓形圖案是「圓球」，在於它們顏色分布的精緻變化，就像是畫家精心繪製出來的，讓整個球形圖案出現了三度空間的立體感。圓球中的金褐色區域在有如睫毛膏刷出的黑色背景下特別明顯，讓下方的黑色出現陰影的感覺。圓球的另一側，金黃色區域慢慢延伸成

白色的半圓形，化為明亮的區域，像是蘋果表面的反光。如同
達爾文所說，每個圓球上顏色形成的明暗方向非常精準，所以
當這些次翅羽組成的羽毛傘罩在雌青鸞的上方和兩邊時，就會
營造出驚人的景象：金色的圓球像是三維物體飄在空中，光線
從上方打來，像是穿過樹冠層的陽光。當雄鳥在求偶演示時把
這些次翅羽豎起來的時候，營造出的立體感效果會更加明顯，
因為光線會穿過羽毛上那些沒有色素的白色明亮區域，使得圓
球閃閃發光。

　　翅膀的花紋還有另一個視覺幻覺。次翅羽上在底部的金色
圓球大小約一公分多，越往上越大，在頂端的金色圓球大小增
加到兩公分多，那些越大的圓球距離雌鳥的眼睛越遠，因此會

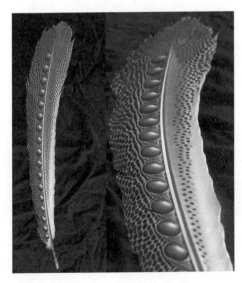

（左圖）青鸞次翅羽上「金
色圓球」的大小從底部到頂
端逐漸增大。
（右圖）雄鳥演示時，在雌
鳥觀看的角度所形成的強迫
透視（forced perspective）
中，這些圓球看起來幾乎一
樣大。

經由強迫透視形成假象——在雌鳥眼中,這些金色圓球看起來是一樣大的。

這些效果加總起來,讓雄鳥演示得以造成目眩神迷的感官體驗:由羽毛排列而成的半圓形上,有著斑點和漩渦組成的背景花紋,上面突然出現三百個閃亮的金色圓球,好像是受到來自上方光線的照耀而閃閃發亮。在演示中,這些金色圓球從中心輻射往外分布,在中心位置有雄鳥黑色的眼睛和藍色的臉朝外窺看,整個演示的效果壯觀華麗。

這些神奇的裝飾會讓雌鳥留下深刻的印象嗎?觀察過雌鳥反應的人全都留下相同的描述:雌鳥絲毫不為所動,甚至就像根本沒有察覺到。畢比寫道:「我心裡非常清楚,這些神奇的顏色、由眼點組成的精細圓球幻象,以及羽毛規律擺動而讓這些球浮動,的確是美麗的景象,但是對那隻冷靜的小母雞來說,一點效果都沒有。」[5]

畢比否定雌青鸞具有美學體驗的可能性,展現出他奇特的反擬人化觀念。如果我們人類覺得雄性的演示這麼精彩,那麼,那隻「小母雞」為什麼沒有出現更強烈而且可以觀察得到的反應呢?她的反應不是應該比人類更強烈嗎?這可能是因為畢比已經在叢林裡待了幾個月,許多時間都窩在各種隱藏身體的角落,為的就是想要看到雄鳥的演示,所以當他最後身在泥濘的地洞中看雄性的演示時,會預期雌青鸞多少該表現出興奮的樣子。對於雌鳥並沒有和他一樣地興奮,他懷疑雌鳥可能並不覺得雄鳥的演示有什麼好看的。不過,性擇理論指出,每個

吸引異性的精細裝飾，都是和同樣精密的美學判斷力共同演化出來的。極端的美學表現方式，來自在美學上極端的失敗率，也就是被潛在的配偶拒絕。雄青鸞會出現那麼極端的裝飾，就是因為絕大部分的雄鳥沒有被選為配偶。因此，雌青鸞平靜又冷漠的表現，才是我們應該預期的模樣，她就像是經驗豐富、教養良好的鑑賞家，正在評估一件她能夠仔細檢視的藝術品，這樣的藝術品之前已經見過許多，當然就不會如同博物學家出現那種一生僅見的興奮感。我看過一些雄鳥求偶儀式的影片，雌鳥的模樣就如同我所描述的：她用銳利的眼光，嚴峻且專注地看著雄鳥的演示。雌青鸞看雄鳥努力演示時可能無動於衷，但就是因為在數百萬年的演化過程中，她始終能冷靜地挑選配偶，使得雄青鸞才能共同演化出那些在空中閃耀晃動的金色圓球。

　　青鸞壯觀的羽毛和精細的表演，一直被當成我們了解自然美麗由來的主要證據，但是這個證據也讓思想家提出完全相反的結論。一八六七年，阿蓋爾公爵（Duke of Argyll）出版了反演化論的宣傳小冊《法律之治》（*The Reign of Law*），其中把青鸞翅膀羽毛上「圓球」圖樣，做為上帝創造萬物的證據。[6] 達爾文反對這個說法，他認為那體現了擇偶所推動的演化的美。他說：「這個驚人的事實無疑指出，雌鳥（青鸞）具備了幾乎和人類同等的品味。」[7]

　　在擇偶受到智識界忽視的那一百年中，生物學家難以解釋青鸞這類極端的美學表現，畢比說達爾文的理論的確很吸引

人：「我們人類的確會想要接受達爾文的想法。」[8]但終究缺乏說服力。畢比對雌青鸞的認知和美學能力，評價很低，因此也就無法接受性擇的觀念：「雖然我們很想相信性擇概念，但不能接受這個概念的程度也是相同的。就我個人來說，我理應願意打破成規，高高興興地承認牠們有美學心理的可能性，可是我辦不到。」[9]

那麼，畢比要如何解釋雄青鸞的演化呢？他也辦不到。最後他說：「對於這類的狀況，我們應該可以勇敢地說：『我不知道。』」這很矛盾，他花了許多年研究這種美麗生物的演示，以及其他許多種雉雞，卻「無法接受」達爾文的解釋。跟隨華萊士的腳步，打擊達爾文的擇偶理論，真是智識上的嚴重損失。

不過，現在所有生物學家都接受了擇偶的基本概念，也都同意青鸞裝飾華麗的羽毛和行為是出自雌性的偏好與慾求所演化出來的，這是性擇。我們現在都同意這種裝飾會演化出來，是因為個體有選擇配偶的能力和自由，會選擇裝飾符合自己喜好的個體為配偶。在這樣的選擇過程中，選擇者同時改變了牠們喜歡的對象，以及自身所喜歡的形式。這是美麗和慾求交織出來的共同演化之舞。

生物學家無法達成一致的地方，在於為了這些裝飾而演化出來的擇偶偏好，是因為這些裝飾代表了誠實無欺的訊息？代表了好基因？或是健康、活力、認知能力等有助於選擇者的特性？或只是共同演化造成的無意義且隨意（但華麗）的流行樣

式？實際上，大部分的生物學家認同前一個理論，但我不認同。更清楚地說，我認為適應性擇偶的確會發生，可是相當罕見；由達爾文與費雪所發想、蘭德和柯克派屈克建立模型的擇偶機制，才可能是最為普遍的。

但是，在達爾文的《人類原始》出版之後，「美麗有實用功能」的論點依然大獲全勝。這一章的目的便是要說明這種有缺陷的共識為什麼能持續至今。這個共識主要是由非科學的信念所支持：相信這個論點的結論最終是正確的。

一九九七年，我投了一篇論文到《美國博物學家》（American Naturalist），那是刊載一流的生態學與演化生物學的科學期刊。該篇論文的內容是藉由我對鳥類求偶行為的觀察結果，討論在演化中哪些行為是由擇偶的隨意機制抑或是誠實廣告機制所造成。[10] 在文章的某一節中，我描述嬌鶲一組特殊的演示行為（在第三、四、七章還會提到這種鳥）。我比較多種嬌鶲的演示行為，指出其中白喉嬌鶲（White-throated Manakin）演化出新的喙尖朝上的姿勢，取代以往的尾尖朝上姿勢，後者是標準演示節目中的一部分。這種改變就像是在這組行為中，演化拿了一個餅乾模子把某個舊姿勢給切下來，然後在行為順序的同一個位置貼上新的姿勢。我認為這樣的改變不可能演化得出來，因為如果改變姿勢更能彰顯自己身為配偶的品質，那麼所有的嬌鶲應該都會演化出這種姿勢的改變。所以，這比較可能是因應和擇偶偏好共同發展的隨意美學變化才演化出來的。

　　在科學界，期刊的編輯會把收到的論文寄給匿名的同儕加以審查，這些科學家通常包括了同一個研究領域的競爭者。編輯往往會引用審查者對該論文的意見決定是否刊登，同時指示作者修改方向。在我這篇論文投稿時，匿名的審查者恨透了論文中的那一節。他們認為，我不能把這種新的姿勢說成是因為隨意擇偶而演化出來的，因為我沒有反駁每一種他們能夠想到的適應性理論。例如，我沒有檢查喙尖朝上的白喉嬌鶲是否在表示牠們的體力或是抗病力比較強。我回應說，這種和其他動作相反的不動站姿，不太可能傳遞出其他關於體力或是遺傳品質的訊息，不然我們就得假設，早先的鳥擺出尾巴朝上的姿勢，為的是表明自己的尾巴部位沒有寄生蟲，喙尖朝上的姿勢則一定是因為近來演化史上才有的一些毛病而出現的，這些毛病可能是頸部有寄生蟲之類的。我覺得這些狀況都不太可能，但是審查者堅持我應該要負起舉證責任（burden of proof），證明這種演示是隨意的。當然，我無法「證明」我的論點。最後我把這一節刪除了，只有這樣才能讓論文順利發表。

　　一九九七年的那篇論文發表了之後，這樣的交流內容一直困擾著我。真不知道得檢驗多少這些各式各樣的適應性理論，才能提出結論：這些演示特徵是隨意的；這些特徵除了具備吸引力之外，沒有傳達任何其他資訊的意義。這樣艱鉅的工作要什麼時候才能結束？就算我可以檢驗他們想得到的每一種適應性理論，讓這群審查者滿意，也只是跨過第一道障礙而已。根據他們的思維模式，我還得檢驗另一批理論，好讓另一批抱持

懷疑的審查者滿意；接下來又是另一批，一直持續下去。這些審查者的豐富想像力沒有結束的一天，所以我要證明任何特徵是隨意的工作也不會結束。我陷入了困境。這樣普遍的舉證標準（standard of evidence），意味著我不可能斷定有任何特徵是因為隨意發生的美麗而演化出來。在現代，人們不可能真的成為達爾文主義者。

我了解到這是格拉分設下的舉證標準：「在缺乏大量證據的情況下就相信費雪—蘭德對於性擇過程的解釋，從方法學來看是邪惡的。」這讓我陷入了困境。

當然，格拉分不是第一個要求「大量證據」這種標準的人。在科學界，這種要求的歷史十分悠久。一九七〇年代，卡爾・薩根（Carl Sagan）曾對超自然心理學提出主張：「非常的宣稱需要非常的證據。」這個著名的「薩根標準」（Sagan Standard），其實可以回溯到法國的數學家皮耶—西蒙・拉普拉斯（Pierre-Simon Laplace），他寫道：「支持非常主張的證據，其分量要相稱於主張內容的奇特程度。」

所以，格拉分那種「大量證據」的標準，得視我們把達爾文—費雪的擇偶理論看得有多奇特而定。但是，一個理論的奇特程度要怎樣評定出來？我們可以讓由直覺所認定的合理運作方式，去掌控為了了解世界運作而進行的科學研究嗎？格拉分認為，能讓人安心的「合情合理」和扎哈維的缺陷理論，使得人們不得不拒絕極為奇特的隨意擇偶理論。

當然，想要相信宇宙以合理的方式有秩序地運作，是人類

的天性。沒有一個科學家比愛因斯坦更排拒量子力學了（雖然他為量子力學打下了許多基礎），因為量子力學給物理世界帶來了不確定性和不可預期性。他有一句名言：「上帝不擲骰子。」量子力學雖然如此奇特，但最後還是大獲全勝，因為量子力學的預測能力太強大了，不可能置之不理，從此之後我們對宇宙的理解大有進展。物理學強迫我們接受了一個更為奇特的宇宙。

很不幸地，在演化生物學界中，對「合情合理」的喜好始終難以排除。在動物的擇偶研究中，對「合情合理」的渴望使得我們只有一個破舊陳腐的理論，而這個理論無法解釋自然界中美麗是如何演化出來的。當前適應主義者的「共識」，建立在一碰就碎的基礎上。要了解這種錯誤的核心所在，我們必須先了解科學研究的基礎過程。

研究人員在檢驗一個科學假設是否正確時，必須把一個推測結果（例如推測某個特殊的機制和我們在這個世界得到的觀察結果有關），與另一個比較普通的推測結果加以比較，在不特殊和特殊的推測中，要有一個能夠解釋我們的觀察結果。在科學和統計學中，解釋「沒有特殊事件發生」的假設，稱為「虛無假設」（null hypothesis），也可以寫成「零模型」（null model）。有一個讓人高興的巧合（這個巧合不會影響我的論點成立與否）：虛無假設的概念，就是那個「脫韁野馬」的費雪在一九三五年提出來的。他發明了這個詞，並且加以描述：

「我們或許可以把這種假設稱為『虛無假設』，而且需要注意到的是，虛無假設並不需要證明為真，但是可以利用實驗去證明為誤。」[11]

　　所以，當我們要主張某些特殊的過程或關注的機制真的發生之前，先得否決沒有什麼特殊情況發生的虛無假設。有了能否決虛無假設的肯定結果，就表示有些特殊的事情確實發生了。不過，費雪了解虛無假設在知識上是不對稱的：我們可以找到否定虛無假設的證據，但是找不到能證明虛無假設為真的證據。換句話說，對於某個科學推論中的邏輯，我們有可能提出足夠的證據證明「特殊的事件」發生了，但是不可能百分之百證明沒有什麼特殊的事件發生。

　　當然，虛無假設並不只是我們在從事科學工作而暫時使用的知識工具，它能真真正正描述實際的狀況。有的時候實際狀況就是「沒有什麼特殊事件發生」。當「沒事發生」就是描述世界的正確方式時，這種描述的功用就是在阻止科學研究變成沒有證據、漫無邊際的幻想。虛無假設保護了科學，讓科學免於人類瘋狂的猜想以及從信仰生出的幻想。

　　不幸的是，人類（包括專業的科學家）偏向認為一定有特殊的事件發生，這有其根本原因。人類如果可以從持續湧來的感官訊息與認知細節中，發現到難以察覺的模式，將會有很大的回報。在事情還不明朗時就搞清楚將會發生的事情，可能是智能最大最基本的優勢。想想看這個例子：「我看到泥地上有水牛剛走過的蹄印，之前還注意到牠們每天早上都會來喝水。

如果明天早上來，躲在樹叢後面，我就能殺一頭水牛來吃。」可是，這種認知能力會把世界看成了其中充滿有意義與合理的因果關係。有時我們會因此提出錯誤的結論，在真的沒有什麼事件發生的時候，依然認為應該有特殊的事件發生。鬼故事、奇蹟、占星術、陰謀論、運動比賽連勝、幸運骰、隊伍魔咒等例子，全都來自人類對於「合情合理」解釋的無止盡欲望，不過這些解釋都沒有必要。

　　許多人受到非理性的欲望束縛，想要在這渾沌的世界中找尋具有意義的解釋，這個想法主流的程度，使人從來都沒有想要知道為什麼這個想法是恰當的。例如，商業新聞這個產業一直在解釋經濟市場將會發生哪些事件，事實上，大部分的情況是沒有什麼特別的事情發生。商業新聞頻道無止盡地報導全球財經市場的「事件」。這些媒體自信滿滿地解釋香港恆生指數上漲的原因，或是倫敦金融時報指數為什麼下滑了，以最新的失業報告、主權債務協商確定或當季獲利報告，好解釋紐約道瓊工業指數為什麼沒有變化。其實，關於市場的虛無假設是，這些活動是數百萬名個人獨立的行動集合而成的結果，這些人都像是約翰・凱恩斯（John Maynard Keynes）所說：「猜想眾人的行為好超越眾人的決定。」[12] 但是，在這樣的模型中，市場的起落如果缺乏共通或影響廣大的外來干擾因素，那麼商業新聞會缺乏娛樂性。所以說，商業新聞本身就是一種商業。誠實報導虛無假設的狀況，對他們來說是不可以超越的底線。觀眾不太可能把電視轉到播出這樣新聞的頻道：「華爾街今天發

生了一些隨機事件，二十分鐘後我們將會詳細報導！」商業新聞記者假設所有的事情都是「合情合理」造成的結果，而他們的工作便是把這些情理當成真的一樣報導出來，甚至不惜編造情理。

科學研究中，虛無假設是不可或缺的。有些虛無假設其實大錯特錯，但是在找尋推翻虛無假設的工作中，我們可以得到更深入的了解。例如，把「抽菸不會造成肺癌」當成虛無假設。根據這個虛無假設，肺癌有各式各樣的成因，而抽菸並不會影響罹患肺癌的風險。許多人抽菸，許多抽菸的人真的罹患了肺癌，但是根據設定的虛無假設，抽菸和肺癌之間並不具備因果關係。有意思的是，在一九五〇年代，費雪曾公開大力推動這個特殊又顯然有誤的虛無假設，後來當然證明這個假設是錯誤的。[13] 另一個更現代的虛無假設是，「全球暖化的原因不是人類活動釋放了溫室氣體到大氣中」。這時，科學家的工作便是收集必要的資料，證明虛無假設是錯誤的。換句話說，在科學界，舉證資料要由指出「有特殊事件發生」的人提出，而不是無特殊事件者的責任。

這些年來，我奮力想要達到格拉分的大量證據標準，後來了解到演化生物學界已經變成像是財經新聞界那種樣子了。演化生物學家相信隨時隨地都會有特殊的「合情合理」事件（也就是適應性擇偶）持續發生。他們怎能如此確信？如果你深入探究，會發現他們幾乎相信世界必須要這樣。還記得嗎？為了推翻達爾文的擇偶理論，華萊士宣稱「天擇作用的時間長久，

作用的範圍極廣」是一種原則。科學界到現在還常使用這個藉口。

雖然有許多人一直認為蘭德—柯克派屈克的性擇機制很奇特，但這個機制並不只是適應性擇偶之外的另一種假說，而是性別演示和擇偶偏好演化中恰當的零模型。[14]這個模型描述了在沒有特殊事件發生的狀況下擇偶演化的方式，也就是依照自己的偏好來選擇配偶。就這樣，沒別的了。由於需要發生遺傳變異，演化才能進行。蘭德—柯克派屈克的模型假設特徵和偏好上出現變異，但是並沒有假設配偶的品質也出現變化，也不假設演示特徵和品質有關，更沒有假設在天擇篩選的壓力下擇偶偏好會比較中意哪些特徵。所以，這個機制是零模型。[15]

蘭德—柯克派屈克機制適合作為特徵與偏好演化的零模型，因此這個機制是無法證明的。格拉分要求有「大量的證據」支持費雪—蘭德所提出的過程，這個要求如此具有說服力，就是因為這個要求是無法達成的。[16]「將軍！」我曾落入這個陷阱，知道自己不可能滿足那些審查者。這也是在《人類原始》出版一百五十年後、格拉分的論文發表二十五年後，都還沒有出現廣為接受、能納入教科書的隨意擇偶案例。事情就是這樣。格拉分在開局第一步就奠定勝利了。

當代對擇偶的科學研究，是一個很好的案例，說明了如果沒有納入虛無假設，就會落入智識的陷阱。適應性擇偶理論欠缺虛無假設，因此無法證明是假的，這並不符合科學，也注定要說明每個美麗的特徵關於演化和功能的問題。如果某個特徵

和好基因或直接利益有關，那麼，適應模型就會宣稱這個說法是正確的。如果沒有找到這種關聯，就會解釋成這次只是失敗了而已，好努力打造「適應模型正確」的看法。在這樣的架構下，每個年輕科學家或是研究生終極的研究目標，是用一些前人未曾想像、令人欣喜的意外新方式，證明每個人都已經知道的事實。因為這樣做便能沉浸在令人安心舒適的合情合理中，整個研究適應性選擇事業已經轉變成以信仰為基礎的經驗主義程序，產出用來確認已經廣受同意的真理。零模型的功能就在阻止這種以信仰基礎的「驗證主義」（confirmationism）掌控住科學。

「事情會發生」這句話聽起來好笑，甚至有些輕率，可是這種單純性卻真實捕捉到零模型的精髓。在擇偶推動演化的架構中，我們可以把「虛無」的狀況重新描述為「美麗會發生」（請記得，我們這裡說的美麗是動物感覺得到的美麗）。把「美麗會發生」這件事當成大自然美麗起源的零模型，能建立起對性別美麗演化方式的新觀點。我想，達爾文能夠了解並且願意接受這個口號。

這裡的重點是，我要再次強調，完整的擇偶美學理論包括兩種可能性：一種是隨意零模型（美麗會發生），一種是適應性擇偶模型（好基因與直接利益的誠實指標）。畢竟，瑪莎拉蒂跑車和勞力士錶不但外觀美麗討喜，也具有實用功能──一個可以開得像賽車那麼快，另一個能精確計時。因此，對於特

殊的演示特徵，美學觀點也許包含其他可能的解釋。相較之下，適應觀點就不允許費雪式的隨意擇偶出現，全然排除其他解釋。

那麼，擇偶的科學研究要如何展開呢？在看到某個性別裝飾或是演示行為時，我們得問一個基本問題：這個特徵得以演化出來，是因為它誠實傳達出好基因或直接的優點，或僅僅只是具備性吸引力？只有先證明零模型（「美麗會出現」）是錯誤的，科學研究才會有所進展。

擇偶的科學研究需要零模型革命。對適應現象有興趣而加入這個領域的研究人員，無法覺得這樣的訊息令人安心舒適，不過在演化生物學的其他領域中，的確有扎實的證據顯示，零模型革命不但成功，而且有利於研究，就連適應主義者也認同這點。一九七〇和八〇年代，零模型在分子演化學界引發了革命。現在，如果有人想主張DNA上的改變是適應的結果，就必須先推翻一個虛無假設：這樣的改變只是族群中因隨機漂移（random drift）而出現的中性變化而已。一九八〇與九〇年代的群落生態學（community ecology）領域中，零模型革命使得眾人都接納了群落結構的零模型。現在，如果要說生態群落的結構是競爭造成的結果，就得先要推翻隨機的群落組成零模型。在這兩個領域中，連最忠誠的天擇主義者最後也願意使用零模型和中性模型，因為這兩種模型讓他們檢測適應假說的能力增加，更容易得到支持這類假說的證據。演化學界現在需要接納性擇的零模型。

　　反對在演化生物學使用零模型和中性模型的人，通常抱怨那些提出的零模型「太複雜」，不是適當的零模型。對他們來說，零模型應該要比較單純、比較簡約。這其實誤會了零模型在研究上的功能。舉例來說，如果抽菸會引起肺癌，那麼肺癌的成因其實相當容易解釋：就是抽菸。如果抽菸不會引起肺癌這個虛無假設居然是正確的，那麼引起肺癌的原因就會更多樣、更個人化，也更為複雜。因此，零模型並非得是比較簡單的解釋不可。零模型這種假設中，並沒有說明成因普遍性機制。在演化中，說明原因的重要機制是天擇，正因為如此，「美麗會發生」的假說適合當作虛無假設。

　　在了解捨棄零模型會有多大的危險之後，我們便可以回頭討論青鸞。我們首先要有個概念：需要用演化解釋的整體美學複雜度到底有多高。以青鸞的性裝飾整體來說，包括雄性的領域、清潔場所的行為、整理場地、發出聲音，各種表演內容（包括動作）、臉部皮膚的顏色，以及每根羽毛的大小、形狀、花紋與顏色。青鸞的整體演出行為，就像是一齣歌劇或是百老匯音樂劇，涵蓋了音樂、舞蹈、細緻的服裝設計、燈光，甚至還有視幻覺法（trompe l'oeil），只不過這是一齣和觀眾親密接觸的獨角戲。

　　對這種美學複雜性的思考方式之一，是認為所有的細節設計都由演化「決定」。青鸞這般面面俱到的演出，需要做多少決定才能構成呢？我們從某根主翅羽的尖端開始：尖端比較

寬，這個部位是灰色而不是棕色，上面的大圓點是紅棕色而不是白色、古銅色或黑色。從尖端往根部延伸，顏色逐漸轉變成古銅色，但是圓點的顏色不變，只是變得比較小，而且圓點之間的距離也比較接近，最後匯集成蜂巢狀。每根羽毛上，這種細節都不同。事實上，世界上所有鳥類的羽毛花紋細節都是不一樣的。相信天擇主導種種演示特徵的演化生物學家，不但要描述這些裝飾為什麼能夠存在，還需要解釋每種特殊細節的起源以及維持下來的原因。以青鸞來說，各自獨立的美學面向可能有數百甚至數千個，複雜程度不可思議。

適應性擇偶典範堅稱，這些特徵全都是為了誠實傳達出好基因或是直接利益而特別演化出來。換句話說，每個細節演化出來，是因為該細節傳達個體品質的能力，好過其他的變化。大部分研究擇偶的科學家，認為自己的工作是說明這個論述有多麼正確，而不是檢驗這個說法是否正確。他們沒有零模型去反駁適應主義的解釋方式，因此他們沒有其他路可走。在任何一項研究中，科學家會測量雄性裝飾的多個面向，盡力把這些面向和可能傳達的健康與遺傳建立起關聯。但就算是在最好的狀況下，整套演示內容中的許多美學特徵，只有一個或數個才具備和雄性品質有關的跡象。生物學家使用資料中極為有限的子樣本（subsample），便想要推導出概括性的結論，說明這些特徵的誠實傳遞訊息功能在整個性擇過程中扮演的角色。大部分的資料最後都無法支持擇偶的適應性理論。因此，用適應理論來解釋擇偶的方式現在雖然占優勢，但是大部分的裝飾細節

都沒能得到解釋。

　　如果我們只研究那些符合研究者希望的方式而「運作」的資料，對演化的解釋便不可能令人滿意，因為這些研究無法確認那些被認為是失敗的裝飾，到底有什麼適應價值。被認為是失敗的裝飾，就算再怎麼努力研究，也無法顯示適應性擇偶是正確的，這樣的研究無法發表。現行的典範以這種方式讓我們看不到那些資料，那些資料是對這個世界的實際描述；也因此我們不知道描述中的狀況是如何出現的。事實上，這些描述符合「美麗會發生」模型。這些視而不見的狀況，使得我們無法「看清」青鸞。

　　很不幸，研究野生青鸞的求偶選擇超級困難。戴維森在三年間花了七百小時，只看見一次雌鳥前來雄鳥的求偶場所，而且沒有看到交配過程。或許有人能找到幾十個青鸞的巢穴，用DNA分析雛鳥好找出他們的父親。也有人能在多個雄鳥求偶場所安排許多隱藏式攝影機記錄雌鳥來訪的模式，以及雄鳥演示內容的各種變化──其中有成功也有失敗的。有人可能需要捉到這些雄鳥，記錄他們的健康狀況和遺傳變異。這些工作都需要耗費大量的心力和財力。

　　除了在野外收集這些資料極其困難外，我們來想想雌青鸞是否能因為進行擇偶而得到兩種適應性利益中的任何一種。最基本的利益是好基因，這種可以遺傳的變異能增加雌鳥後代（不論雌雄）的生存與生育利益。

　　雖然好基因假說在科學史上頗為成功，到現在也依然受到

歡迎，但從實際經驗來說，其實一直都非常艱辛。許多研究都無法把好基因和雌性性偏好的關聯建立起來。後設分析（meta-analysis）是一種整合許多獨立研究資料的大型統計研究。最近，一項納入多個物種的後設分析發現了支持隨意費雪式擇偶的重大證據，可是沒找到得以支持偏好提供好基因的雄性配偶證據。[17]這項分析根據的是科學論文，那些論文在發表時便帶著偏見，偏向支持好基因假說。如之前討論的，「負面」結果經常被當成科學研究上的失敗，被掃到垃圾堆中。因此，在後設分析中無法找到支持好基因理論的結果，可能只顯示了研究資料的冰山一角而已。有大量資料隱藏在表面之下，那些被個人隱藏起來、沒有發表的資料，可能是全然負面的。好基因假說是個吸引人的概念，不過現在越來越難在大自然找到支持這個概念的證據了。

雄青鸞可能提供給雌鳥的另一個適應性利益是，如果選了他們當配偶，能夠得到的直接利益就是增加雌鳥本身的生存與生育能力。在一夫一妻制的鳥類中，雄鳥和雌鳥會一起撫育幼鳥，因此，這種直接利益包括了可以保衛資源豐富的共有領域、分擔育幼工作、抵抗掠食者，以及其他有助於家庭生活的工作。可是，雄青鸞不會從事任何育幼工作，也不做其他生殖投資，就只是提供精子而已。雌鳥交配之後會馬上離開，獨自產卵並且養育幼鳥，所以雄鳥和雌鳥之間的互動，就只有雌鳥去找各個雄鳥以便選擇交配對象、確定了之後短暫交配而已。雌鳥能從雄鳥那裡得到的直接利益可能只有兩種。首先，受到

青睞的雄鳥所展示的訊息，應該要能讓雌鳥在選擇配偶時更有效率，縮減選擇時間並降低雌鳥來訪時遭受掠食的風險。然而，雌鳥拜訪雄鳥時，並沒有什麼可以讓效率大幅提升的方法，她們要長途跋涉數公里才能見到不同的雄鳥，還必須靠得非常近，才能詳細觀察雄鳥的演示。另一個可能性是，雄鳥的演示誠實地表現自己沒有性病。但這種可能性很低，如果是針對性病，那麼天擇應該會強力對抗一夫多妻制的生殖系統，因為這種系統容易讓性病傳遞，而不是篩選出共同演化的極端美學特徵與美學偏好。

總的來說，縱使沒有從野外收集到的資料，仍有好些理由讓我們認為青鸞的演化可以當作「美麗會發生」機制的案例。

對適應性擇偶來說，另一個困境是青鸞演示內容的複雜程度。根據缺陷理論，任何演示的誠實程度取決於個體對這個演示的投資高低，包括發展出演示的成本以及維持演示的成本。倘若要用適應來解釋青鸞眾多裝飾誠實地傳達投資高低時，還有另一件事情需要解釋。根據這個理論，每種裝飾都必須是提供品質資訊的獨立管道，傳遞使用了額外投資的訊息以示誠實。整個演示內容中，如果某些投資高昂的裝飾細節無法傳達關乎品質的個別訊息，那麼，這些裝飾細節要不是無法演化出來，就是會因為累贅或冗餘而被天擇剪除。若依照缺陷理論，許多演示特徵中的複雜美學內容在演化時會大受限制。可是，除了青鸞之外，大自然中還有許多生物具有美學上的複雜性。

　　當然，具有許多獨立裝飾的演示特徵，如果以「美麗會發生」的演化機制來解釋，便沒有什麼困難。在沒有限制的情況下，擇偶可能會讓演化如脫韁野馬，製造出成套的裝飾內容以及許多個別裝飾的複雜性。[18]

　　部分贊同誠實傳遞訊息的理論家認為，成套的複雜裝飾就像是多功（multi-modal）的演示。這種見解把青鸞所有的美學裝飾看成一把瑞士刀，整體演示中的每個層面就像是瑞士刀裡的某一種工具，設計成最適合進行某一種工作，各自誠實地傳達不同的內容，因此有吸引配偶的效果。每種演示都是獨立的溝通管道，傳遞不同的品質訊息，由特定形式的感官所接收。這種「多功」演示的概念，是想要把美學複雜性簡化成一組能夠進行研究的個別化合理工具。但是這個概念並無法避免要耗費重複冗餘所造成的成本。

　　在繼續討論下去之前，我們應該先提出一個問題：這有可能辦到嗎？有多少獨立的配偶品質資訊管道需要受到雌鳥的評估？這難以知曉，因為就所我知，之前沒有人研究這個問題。但是，我們能用一些相關的方式來思考這個問題。如果想要正確評估一個人的健康狀況和遺傳品質，該怎麼做？醫師在例行性檢查時，會想要知道這個問題的部分答案。從年度身體檢查報告中，有辦法知道一個人將來的健康狀況嗎？美國家庭醫師學會（American Academy of Family Physicians）最近認定，除了例行量測體重與血壓，其他定期健康檢查項目都欠缺支持它們在醫學上具有效用的證據。[19]除了評估體重和血壓，醫師無法

從其他的檢查項目獲取和未來健康狀況相關的資訊，並不足以讓年度健康檢查具備成本效益。當然，醫師在檢查時還會詢問許多專業的問題，也擁有諸如血液檢查之類的侵入性檢驗方法，這些是雌青鸞在評估潛在配偶時辦不到的。雌鳥並沒有血壓計、聽診器或心電圖儀器。在人類的例行性健康檢查中，雖然我們備妥各種器材，輔以先進的醫學知識進行詳細的身體檢查口頭諮詢，但這樣所得到的資訊讓我們對於未來健康的了解程度，都還不足以讓這些檢查值得進行。

　　就算有了先進的醫學知識與科學工具，要預測某個動物的遺傳品質，依舊非常困難，這就是事實。那麼，我們可以預期雌青鸞對評估潛在配偶身體健康的能力，能超過人類的醫師嗎？

　　且讓我們跨過家庭醫師的檢驗，想想能為每個病人的基因體定序，就可以從基因體得到關於健康風險的資訊嗎？由單一基因的突變而引起的疾病，例如囊腫性纖維化（cystic fibrosis）和泰薩二氏症（Tay-Sachs）等罕見疾病，的確可以由基因推估發病機率。但絕大部分引起死亡的疾病，病因複雜，例如心臟病、中風、癌症、阿茲海默症、身心症和藥物成癮等，幾乎都難以用基因體序列判斷風險。其實從二十一世紀以來，推動基因體醫學的強大動力受到了阻攔，因為基因體資料「無法」有效預測任何複雜的疾病。舉例來說，我們很容易就發現有幾十種遺傳變異和心臟病有密切的關係，可是除了在某些民族一些特有的罕見遺傳變異，那些遺傳變異加總起來產生的效應，也

只能解釋不到一成的遺傳性心臟病。就算有了完整的基因體資料，要藉此預測遺傳品質和未來的健康，依然極為困難。[20] 因此，美國食品與藥物管理局（Food and Drug Administration）於二〇一三年禁止「23andMe」這類為個人基因體定序的公司，在未經特別批准的情況下，宣傳能為客戶指出罹患疾病的遺傳風險。[21] 因為單一基因和疾病的關聯性，到目前為止，絕大部分都太過模糊與微弱，為客戶提供這類資訊，基本上會造成誤導。

所以，我們必須再次質疑，比起握有完整基因體資訊的科學家，雌青鸞評估起潛在配偶的遺傳適合度，會更有效嗎？當然，理論上這有可能，但這是個需要實際研究之後才能判定的議題，而且應該當成盲目的信仰。醫學界想把人類基因體當成預測複雜疾病的工具，結果失敗了，這個結果和好基因理論有密切的關聯，因為我們有更好的理由懷疑用每種裝飾評估配偶適應性價值的前景。

研究誠實訊息機制的領域有個惡名昭彰的例子，可以用來說明擇偶科學中有趣的社會現象。丹麥演化生物學家安德斯·穆勒（Anders Møller）在一九九〇年和一九九二年發表的論文裡，指出身體的對稱程度可以反映出個體的遺傳品質，身體左右對稱的演化是經由挑選高遺傳品質配偶的適應性擇偶所推動的。穆勒的資料顯示，雌性家燕（*Hirundo rustica*）偏好雄性有最長、最對稱的尾巴羽毛。為此，馬上就有許多人說，在許多

種生物身上都有證據支持基於身體對稱的擇偶。

　　諷刺的是，身體對稱代表誠實傳達遺傳品質的概念，就像是費雪式的脫韁野馬般毫不理性地受到歡迎，而且因為受歡迎而變得更加流行。一名受到這個概念激勵的科學家，想要在自己的研究中複製這樣的發現，卻悲慘地發現辦不到。《紐約客》（New Yorker）雜誌在二〇一〇年的一篇文章引用他說的話：「很不幸，我無法發現這種效應。更糟糕的是，當我把顯示沒有效應的結果投稿出去時，卻難被期刊接受而發表出來。學術期刊只想要確定的資料。這個概念讓人興奮到無法證明它是錯的，至少在當時是這樣的。」[22] 適應主義者的偏見又再次發功了。

　　不過，在一九九〇年代晚期，藉由身體對稱反映遺傳品質的概念，獲得的支持突然大幅減少，一些評論文章開始出現，之後越來越多。到了一九九九年，對許多資料進行的後設分析讓這些支持完全消散。[23]

　　當然，科學家不願承認自己和一般人那樣受制於流行，所以現在對動物擇偶的回顧文章，幾乎都沒有提到這段讓人羞愧的歷史。不過，對於藉由身體對稱反映遺傳品質的熱情，是科學研究內容也會興起流行風潮的重要例子，才會在《紐約客》雜誌的那篇文章特別提到，該文的主題是科學領域失敗案例的社會學。[24] 很不幸，在人類的性吸引力、神經科學和認知科學的適應性理論中，這樣的概念依然續存。你可能會想，幾十年後，這個概念崩潰與不可信的消息會傳到一直宣揚這個概念的

演化心理學家耳中。不過，「身體對稱反映遺傳品質」已然成為僵屍概念，雖然已經反覆證明這是錯的，可是它很有吸引力，因此得以續存。

　　不論如何，對稱假說完全無法解釋青鸞翅膀和尾部羽毛複雜裝飾的演化。就算可以稍微解釋、就算完美對稱訊息是由天擇而來，這也無法說明青鸞羽毛和演示上那麼多特殊又複雜的細節。

　　一個新出現的適應性配偶假說，引用了華萊士批評達爾文的說法。這個最近提出的假說是，雄性複雜的求偶動作是為了要展示自己的精力、能力和技巧，給預期中的配偶看。[25] 根據這個假設，雌性偏好這樣的動作，是因為雄性在表演時心跳增加、傾出全力，或是把身體的能力推到極限。只有最強壯的雄性才能展現最好的舞蹈。這個概念很受歡迎，但依然無法解釋青鸞具備的複雜演示內容中的特殊細節。我們可以想像，有許多演出方式會造成身體更大的負荷，而現在雄鳥的表演其實相當輕鬆。對雄鳥來說，為什麼沒有演化出更為嚴苛的檢驗方式？

　　當然，我知道有其他許多物種的雄性，表演內容真的需要消耗更多體能。但其實消耗大量體能並不意味這樣的投資能誠實地指出身體的品質。演示特徵演化時，會在天擇利益和性擇利益之間保持平衡，可能會遠離健康和生存的最佳狀態。展現美麗也是要花費成本的。[26]

　　問題在於，體能上的挑戰是否只是誇張表演或整個演出附帶的結果？打個比方，人們喜歡欣賞芭蕾舞，是因為舞者需要跳得高、轉圈多，以及展現人類其他生理與身體結構極限的演出嗎？還是因為舞者在表演的時候為了觀眾所享受的藝術，才需要挑戰這些生理上的限制？我們是因為他們展現的身體技術帶來的美學效應而讚美舞技，還是因為許多芭蕾舞者在台上展現舞技前需要受過痛苦的腳傷和腿傷？

　　我們沒有任何理由要相信，關於芭蕾舞或是其他任何人類藝術的喜愛，來自表演者為此付出的痛苦與代價。同樣地，也沒有理由要相信雌青鸞或是其他種類的雌性動物選擇某個雄性，是因為他在求偶表演中經歷了多少痛苦。在表演中，藝術才是最重要的，達成表演的身體需求只能排在第二位。如果不這樣想，便會混淆了演化上的因果關係。最後，就像是青鸞那般，我們可以想到更多耗費心血但不受歡迎的表演。用人類世界的比喻來說，二十世紀的無調音樂（Atonality），不論作曲者是貝爾格（Berg）還是布列茲（Boulez），對演出者來說，要演奏得好是無比困難，而且並不會因此讓聽眾喜歡這類音樂。[27]

　　想要了解達爾文和華萊士關於擇偶的爭議，有個有趣的方式，那就是比較美麗的價值與金錢的價值。在舊式的「金本位」（gold standard）制度中，一塊錢之所以有那樣的價值，在於這一塊錢能換回一小塊黃金。這一塊錢的價值是外加的，它之所以有價是因為代表了其他有價值的東西，也就是黃金。[28]

到了二十世紀中期，經濟學家和政府發現，錢幣價值僅僅是一種「社會發明」（social contrivance）。[29]現在錢幣的價值是內在的，一塊錢會有那個價值，是因為大家普遍認為有那個價值，並不是因為背後有黃金予以支撐。

　　適應主義者對美麗運作的概念，就像是金本位。根據這種說法，美麗本身並沒有價值，美麗的價值在於代表了其他外在事物的價值，例如好基因或是直接利益。相較之下，在達爾文／費雪式的觀念中，美麗發揮功能的方式就如同現代貨幣。美麗具有價值，是因為動物演化成認同美麗的價值。這種價值是內在的，本身就可以演化出來。美麗就像是金錢，是一種「社會發明」，蘭德—柯克派屈克的零模型便是用數學方式描述這個過程。

　　堅持推動回歸金本位的人，稱為「金甲蟲」（goldbugs）。他們依然相信拋棄了金本位是魯莽的，既不合乎道德也不合乎理性。新華萊士主義者就像是演化學中的金甲蟲，堅決認為在每個性裝飾背後都必須有一桶演化黃金，充滿了好基因或是直接利益，以供擇偶；他們還袒護這樣的觀點「合情合理」。新華萊士主義者就像金甲蟲那樣，很快就把其他觀點貼上「邪惡」的標籤。

　　這個類比也能讓我們了解，為什麼「美麗會發生」是適合說明性擇演化的零模型。想像下次你看到美麗彩虹的時候，有個身穿綠衣服的小妖精突然出現面前，向你保證在彩虹的一端有一桶黃金。[30]現在，你問問自己：「這裡的虛無假設是什

麼？」很明顯，這裡的虛無假設是彩虹美麗的價值是本身就具備的，彩虹的一端根本沒有黃金。我們得牢記在心：除非能在彩虹的一端找到黃金，否則無法推翻這個虛無假設。同樣地，適應性擇偶理論斷定，每個性裝飾後面都有一桶演化上的黃金：好基因和直接利益。那麼，這時的零假說是什麼？很明顯，就是除非你能證明有好基因和直接利益，否則就是沒有。舉證責任歸屬於相信適應性擇偶的人。[31] 有些性裝飾可能確實傳遞出關於品質的資訊，其他的（我相信占大部分）則否。我們對於演化小妖精的信賴，不應該超過那些綠衣服小妖精！

擇偶的科學和經濟學這個「死氣沉沉的科學」，還有其他相似之處。在這兩個領域中，對「經濟泡沫」的本質和重要性都吵得很凶。二十世紀最後幾十年間，一種新的美國式資本主義興起了，這種資本主義的特徵是納入越來越複雜的數學模型，用以計算投資風險，並且有系統地拆解用來限制金融機構從事更高風險活動的法規。結果理應可以讓全世界的經濟成長與繁榮到達前所未有的境界，但事實是在二〇〇八年發生了全球金融危機。很明顯，在這個本來預期足以避免這種不穩定的經濟模型中，出現了基本錯誤。經濟學家為什麼會犯下這種大錯呢？

犯下大錯的主因在於，經濟學家預先相信一個威力無窮的合理想法：效率市場假說（efficient market hypothesis），認為只要可以公開接觸到真實的資訊，自由市場必定會賦予資產真實且正確的價值。根據效率市場假說，經濟泡沫是不可能發生

的。這說法聽起來耳熟嗎？如同經濟學家保羅・克魯曼（Paul Krugman）總結的：「對效率市場假說的信仰，讓許多人以及大部分經濟學家瞎了眼，造成了史上最大的金融泡沫。」[32]

我認為大部分的演化生物學家也一樣眼瞎，所以看不到實際發生的隨意擇偶。

為了深入了解選擇配偶的科學和經濟循環之間相同的地方，我和我在耶魯大學的同事兼鄰居羅伯・席勒（Robert Shiller）一起吃午餐，他是諾貝爾經濟學獎得主與知名房市專家，提倡行為經濟學。《紐約時報》（New York Times）二〇〇五年的一篇文章稱他「泡沫先生」（Mr. Bubble）。在那篇文章中，他先知先覺地警告，在下一個世代，不動產的價格會下跌四成，這個預測只花了三年就成真了。

他在二〇〇〇年出版的書《非理性繁榮》（*Irrational Exuberance*），現在已經成為經典。書中，他闡述了人類心理活動在許多不穩定的經濟市場中扮演的角色。[33]他寫道，價格增加會使得投資人的信心跟著增加，讓他們預期未來的獲利也會增加，投機金融市場泡沫因而產生。這是一種正向回饋循環，每次資產價值增加，就會讓人的信心增強，預期心理增強、投資額度增強，推動價格上漲。這種經濟上的回饋循環，和「美麗會發生」機制中的一些動態變化相同。性演示和資產價格背後的驅動力就可能只有受歡迎而已，而和外在的價值脫鉤了。

我問席勒，關於總體經濟學和演化生物學的知識架構中可能有相似之處，他有什麼看法？他印象特別深刻的是，效率市

場經濟學家和適應主義演化學家進行討論的方式，有其類似的
地方。我完全認同他說的話：

> 對許多經濟學家而言，只要資產有個價格，就表示這
> 價格反映了這個資產的價值。這種論點就像是只要有棵樹
> 或是有隻鳥在某種環境裡，就代表了那棵樹或那隻鳥對於
> 生存所面臨的困境，已經具備了最佳解決方案，否則應該
> 會被環境中其他競爭者所取代。這兩類人會用能強化他們
> 這種觀點的方式，詮釋世界上發生的事情。[34]

　　在以經驗法則為基礎的知識領域中有這種思路，其結果便
是有更多的心力放在確認自己的世界觀上，而不是描繪出世界
的真實樣貌。

　　席勒和喬治・阿克洛夫（George Akerlof）在二〇〇九年出
版了一本討論行為經濟學的書，書名以凱恩斯所說的「動物本
能」（animal spirits）為標題。[35]凱恩斯用這個詞來形容影響人
類經濟決定的心理動機。他們所寫的這本書復興了凱恩斯的說
法。以往在經濟學領域並不鼓勵研究「動物本能」，因為這些
不理性的影響被視為在本質上不符合科學，不屬於能夠量化的
科學領域。席勒和阿克洛夫在書中描述了這方面的研究。諷刺
的是，我認為在演化生物學領域也有相同的運動：不去思考動
物的「動物本能」。適應性擇偶認定，性慾會一直處於終極理
性需求的嚴格限制之下，也就是需求外在價值高的配偶。這是

一種難以理解的反向擬人化：動物的激情如今看成比人類的激情還要理性。

　　我和席勒吃過午餐後的幾個星期，有群經濟學家發表了一項具有控制組的隨機試驗結果，試驗的是網際網路流行風潮的動態變化。[36]他們對一個大型新聞網站上的報導評論部分隨意按「讚」和「討厭」，結果顯示，流行可以光靠流行本身就流行起來，完全和評論內容扯不上關係。論文作者稱這種狀況為「正向羊群效應」（positive herding effect）。換句話說，網路上有東西大肆流行，只是因為這樣東西大肆流行而已。之後，我再次見到席勒時說，這個新的實驗強烈顯示回饋循環對隨意的流行泡沫發生的作用。他問道：「你該不會要在新寫的書中提到這個實驗吧？我也想把這個實驗加到我的新書裡。」誰會想到鳥類學家和經濟家會爭相報導同一個研究呢？

　　青鸞和書中提到的其他鳥類的誇張美麗，將會成為慣常適應演化理論無法解釋的難題。新華萊士式適應性擇偶可能現在很受歡迎，可是如果缺乏了達爾文涵蓋更廣的美學觀點，我們將無法解釋為何大自然中兩性之間能演化出那麼複雜、多樣的美麗。只有「美麗會發生」這個理論，才能真正完整說明性裝飾那爆炸般的多樣性。

　　不過，我絲毫不會懷疑，具有意義、能夠誠實傳遞配偶品質的有效訊息可以演化出來。的確有能讓擇偶偏好受天擇影響而出現的狀況。此外，也可能會有讓誠實訊息演化得非常穩固

的狀況，就算對美的慾望受非理性因素而繁榮起來，也無法予以侵蝕。倘若真實的狀況一定如此，那麼，我們將永遠無法真正了解大自然的多樣性。我們必須使用一個非適應的虛無假設，好讓適應性擇偶理論可以證明是錯誤的。否則，這個理論就不屬於科學理論。

我懷疑適應性擇偶，可是我並沒有宣稱「國王沒有穿衣服」，事實上，我相信「國王有繫裹腰布」。[37] 換句話說，我認為絕大部分兩性間的訊息只能用「美麗會發生」這種隨意演化來解釋。在所有兩性間的訊息中，適應性擇偶典範所能解釋的比例，就如同那塊裹腰布有辦法遮住的範圍。要如何才能知道這個想法是否正確？演化生物學家能做的事情，只有把「美麗會發生」機制當成擇偶演化的零模型，看看科學研究的結果會把我們帶到什麼地方。

第 三 章

嬌鶵之舞

在數百萬年間、各式各樣的鳥類之中，美麗是如何變化的？為何要變化呢？會讓某種鳥類覺得美麗的元素是什麼？簡單來說，鳥類之美的演化過程是怎樣進行的？

這些問題看起來不可能回答，但其實我們已經擁有許多科學工具，可以好好回答這些問題。要了解美麗的演化過程，其中一道難題是動物演示與擇偶偏好的複雜性。幸好我們並不需要跟隨潮流發明一個新的「系統科學」，就能研究美麗的種種複雜內容，因為自然史的科學已經提供了適當的工具：在自然的環境中觀察與描述生物的生活。自然史是達爾文使用的科學方法之一，到現在依然是許多演化生物學研究的基石。

我們收集到個別物種的資料之後，需要利用其他的科學方法比較與分析這些資料，找出其中複雜的演化歷史，這些歷史往往還有層級架構。讓我們能夠從事這方面研究的學門是親緣關係學（phylogenetics）。親緣關係（phylogeny）是生物之間演化關係的歷史，達爾文稱之為「巨大的生命之樹」（Great Tree of Life）。

達爾文認為，探究生命之樹應該成為演化生物學的重要工作。很可惜在二十世紀大部分時間中，多數演化生物學家對親緣關係研究都興趣缺缺。[1]不過，最近幾十年來，出現了重建與分析親緣關係的強大新工具，讓許多人對這個領域重燃興趣。目前研究美麗的演化有了兩個必要的學術工具：自然史與親緣關係學，想研究美麗以及對美麗的品味是如何演化出來的，現在是最佳時機。

這方面的研究有助於讓我們以新的方式了解演化輻射
（evolutionary radiation）：物種之中多樣性產生的過程。在演化
生物學領域，適應輻射（adaptive radiation）指的是一個共同祖
先經由天擇演化成在生態或結構上非常多樣的各個物種。加拉
巴哥群島（Galápagos Islands）上的達爾文雀（Geospizinae）的
多樣性非常高，是適應輻射的標準例子。不過在這一章中，將
會研究另一群鳥類：居住在新熱帶區（neotropical realm）的嬌
鶲（manakins），好說明另一種演化過程：美學輻射（aesthetic
radiation），這是一個共同祖先經由美學選擇機制而變得多樣且
精緻化的過程，其中最重要的機制是擇偶。美學輻射沒有妨礙
適應性擇偶的發生，可以僅由隨意篩選配偶的性別之美發生，
同時往往會伴隨共同演化而造成顯著的結果。[2]

　　研究關於美麗的科學，得要離開實驗室和博物館，親身到
野外當中。我年輕時代的賞鳥經驗，成為我在野外研究自然史
時的扎實基礎。在哈佛大學當大學生的時候，我發現了另一個
研究美麗演化的重要學問：親緣關係學。我自一九七九年秋天
專心沉浸於鳥類學的研究。在新生專題上，比較動物學博物館
（Museum of Comparative Zoology, MCZ）的鳥類管理員雷蒙‧
A‧潘特二世博士（Dr. Raymond A. Paynter Jr）教授了南美洲鳥
類課程，帶我一窺堂奧之美。在博物館五樓，有一大片區域屬
於鳥類收藏部門，許多房間裡收藏了成千上萬科學研究用的鳥
類標本，並且已經分門別類整理好了。讀大學時，比較動物學

博物館就是我吸收知識的殿堂，經常在那裡幫潘特整理歸類鳥類收藏、編寫目錄，身上總是帶著樟腦丸的味道。

潘特博士在學術研究上很保守又謹慎，所以對親緣關係學這個演化學的新領域興趣缺缺。但是我很快就發現，生物地理學和系統分類學（Systematics）討論群每個星期在樓下的羅默圖書館（Romer Library）有聚會。[3]回顧當時，在哈佛求學階段是親緣關係學的黃金時期。在羅默圖書館這個「演化學小房間」參與會議的眾多研究生，後來散布到世界各地，為這個領域做出了重大貢獻，讓親緣關係學重回演化生物學主流。

這些在一九八○年代初期的每週討論會，對我的研究有深遠的影響，我開始著迷於親緣關係學中的研究方法，並且非常想要重建鳥類的族譜。大學畢業專題我研究的是巨嘴鳥（toucan）和五色鳥（barbet）的親緣關係和地理分布。我在鳥類收藏區的五○七室工作，自己製作了工作檯，放在一張大桌子上，周圍堆滿了已滅絕的恐鳥（moa）骨骸。我興奮地仔細觀察巨嘴鳥的羽毛和骨骼特徵，建立起我的第一份親緣關係圖譜。[4]很慶幸從那個時候起就能一直接觸到世界級的鳥類科學收藏，只是現在我身上已經不會散發樟腦丸的味道了。[5]

隨著畢業腳步的接近，我也在盤算接下來要做的事情。我希望研究計畫可以結合我的賞鳥技巧，以及新近對鳥類親緣關係燃起的熱情。我更希望在上研究所之前到南美洲親眼看見更多鳥，而不是在比較動物學博物館的抽屜見到牠們。（當年熱帶鳥類的賞鳥手冊非常少，除了親眼去見真實的鳥兒之外，最

好的方法就是去研究博物館收藏品。）哈佛大學生強納森·柯丁頓（Jonathan Coddington）的研究計畫是利用蜘蛛的親緣關係去檢驗蜘蛛結圓網這種行為的演化。我覺得非常有趣，也想利用鳥類的親緣關係研究鳥類行為的演化。

　　大約在這個時期，我遇到了哈佛研究生柯特·費雷斯楚普（Kurt Fristrup），他之前研究了蓋亞那動冠傘鳥（*Rupicola rupicola*）的行為，這種屬於傘鳥科（Cotingidae）的鳥類有著豔黃色羽毛，是世界上最漂亮的鳥類之一（參見彩圖5）。他建議說：「你何不去蘇利南（Suriname）繪製嬌鶲的求偶場（lek）圖呢？」現在回想起來，這可是我一生當中研究成果最豐碩的專業建議之一。

　　在蘇利南的熱帶雨林裡，陽光點點灑落在林下植物上。有一隻雄金頭嬌鶲（*Ceratopipra erythrocephala*，參見彩圖6），停在大約八公尺高的細樹枝上。[6]這種渾身發亮、黑色羽毛的鳥類，有著金黃色的頭、紅寶石般的腳，眼睛周圍是白色的。大約只有十公克重，相當於一枚新台幣五十元硬幣，脖子和尾巴都短，讓身體看起來十分渾圓，但是在這圓滾滾的模樣之下，蘊藏著充沛的精力，鳴叫聲是「puuu」，從高音慢慢地下降，然後會專注探視四方，對周遭的事物非常警覺。過一會兒，鄰近樹上的另一隻雄金頭嬌鶲也會鳴叫，之後附近的第三隻會接力下去。雄鳥會馬上回應，顯然他們很注意周遭環境的狀況。最後總計，樹林裡一共有五隻雄鳥簇聚。濃密的樹葉讓他們無

法看見彼此，但是能聽見對方。

第一隻鳥回應其他雄鳥的方式，是把身體舉直，白色的喙朝上，整個身體擺出像是雕像般的莊重姿勢。接下來他會發出嘹亮、急躁的切分音：「puu-prrrrr-pt！」然後倏地飛到約二十五公尺外的樹枝上，停幾秒鐘，又馬上快速飛回原來停留的樹枝上。在飛回來的途中，會發出七個以上的「kew」音，而且調子會越來越高。飛行的路徑類似S形，先低於樹枝的高度，然後到樹枝高度之上，降落時會發出尖銳吵雜的「szzzkkkt！」聲。一旦降落，雄鳥會把頭壓低，身體和樹枝平行，讓尾巴抬高，腳部露出來，鮮紅的顏色背後襯著黑色的肚子，像是顯眼的馬褲。然後雄鳥會沿著樹枝倒退，步伐細碎，像是腳踏滾輪溜冰鞋跳優雅的「月球漫步」舞。[7]跳到一半的時候，他會把黑色的翅膀垂直舉起高過背部一會兒。在沿著樹枝「月球漫步」了約三十公分後，雄鳥尾巴會突然壓低並且拍打，接著又把翅膀舉直，恢復成最原先的姿勢。

過一會兒，第二隻雄金頭嬌鶲會飛過來，停到大約五公尺外的樹枝上。第一隻雄金頭嬌鶲會馬上飛到那根樹枝上，和第二隻雄金頭嬌鶲並立。他們背對背擺出誇張的直立姿勢，彼此激烈地較勁，但是在競爭過程中都非常有耐心。

這只是雄金頭嬌鶲求偶場的短暫片刻而已。求偶場是一個奇特的社交世界，是雄性聚集在一起展示自己的場所，這些進行求偶展示的雄性會保護這個領域，可是在這個領域內，除了雄性的精子外，並沒有雌性生育所需的資源：沒有食物、適合

雄金頭嬌鶲往後退，同時展示側面。

築巢的地點、築巢的材料，或是其他有助於雌性的物資。雄金
頭嬌鶲自身保護的領域大約五到十公尺寬，兩到五個這樣的領
域會集中在一處。對於雄金頭嬌鶲來說，求偶場是必備的，他
們得在求偶場中引誘雌鳥來交配。在整個交配季節期間，雌鳥
會前往一到數個求偶場，觀察雄鳥的演示並且加以評估，然後
選擇其中一隻作為交配對象。

　　求偶場行為的繁殖是一夫多妻制中的一型，由雌性選擇雄
性。[8]在求偶場繁殖系統中，雌性可以任意選擇雄性，而且幾

乎都偏好可供選擇的雄性之中少數的個體；也就是說，少數的雄性個體會和大部分的雌性個體交配。這種交配成功不均的狀況，很像是現代人類社會收入不均的狀況。最富性吸引力的雄性，在交配事業上也非常成功，往往包辦了一半以上的配對，而其他雄性在一整年當中幾乎沒有交配的機會。有些雄性一生都沒有交配過。

雌嬌鶲在交配之後會自己築巢，生下兩顆蛋，之後的孵蛋、育幼工作也一手包辦，直到雛鳥離巢，整個過程都不需要雄鳥幫助。在整個生育過程中，雄鳥的貢獻只有提供精子。由於其他的工作都是雌鳥完成的，她們不需要依賴雄鳥，這讓她們有幾乎完整的性自主權。擇偶的自由度讓極端的配偶偏好得以演化出來，她們只會選擇那些行為和外表特徵符合自己超高標準的少數雄性，其他雄性都是這場擇偶遊戲中的輸家。因此，雄嬌鶲極端的美學表現，是美學上極端失敗所造成的演化結果，是由強勢的擇偶性擇所導致。

大約在一千五百萬年前，雌嬌鶲就開始在求偶場挑選配偶了。這段期間，雌鳥的偏好造就了非常多樣的特徵與行為，使得從墨西哥南部到阿根廷北部這片區域中有五十四種嬌鶲。嬌鶲的求偶場是大自然最富創意與最極端的美學演化實驗室之一。對我而言，也是研究「美麗會發生」的絕佳場所。

柯丁頓的蜘蛛演化研究加上費雷斯楚普寶貴的建議，讓我在一九八二年秋天前往蘇利南，這個小國原先是荷蘭在南美洲

北部的殖民地，文化上接近加勒比海諸國。我在這裡花了五個月時間研究嬌鶲。我工作的地點是布朗山國家公園（Brownsber National Park），這是一片海拔五百公尺的高地，覆蓋著熱帶雨林，從首都巴拉馬利波（Paramaribo）出發往南，沿著紅泥路開車幾個小時便能抵達。在觀察金頭嬌鶲的頭幾天，我也看到了白鬚嬌鶲（*Manacus manacus*）。[9]那天早上，我在穿過森林的主要道路上走著，道路兩邊是年輕的次生林，聽到茂密的灌木叢中有尖銳短暫的鳴叫聲傳出，彷彿是玩具空氣槍還是小型鞭炮的聲音。路邊的樹叢上，我看到一隻大膽現身的雄白鬚嬌鶲。他的頭頂、背部和翅膀是黑色的，身體底側是白色的，這片白色延伸到後頸（參見彩圖7）。他停佇在離地約一公尺高的樹枝上，發出了「chee-poo」聲音，幾公尺外的另一隻雄鳥馬上就回應他。

與金頭嬌鶲不同，白鬚嬌鶲演示的區域靠近森林底層，雄鳥在只有幾公尺寬的演示領域中，彼此靠得很近。我耐心等待了幾分鐘，一陣演示行為突然爆發。第一隻雄鳥飛到求偶舞台：森林底部一片大約一公尺大小、沒有植物生長的泥地，這一小塊舞台周圍是樹木的幼苗，他在這些小樹苗之間快速來回飛動，每次飛行都會發出尖銳的「啪」聲，那是由翅膀的羽毛造成的聲音。雄鳥停在樹枝上時，身體姿勢出現了變化，原本平順的喉部羽毛會向前鼓起，變成像是一團膨鬆的鬍子，膨大的程度超越喙的尖端。之後，其他幾隻雄鳥同時用翅膀發出「啪」聲並且鳴叫起來。這些雄鳥停在樹枝上時，有的時候會

突然很快地發出一連串「啪」聲，就像是一起喝倒采時發出噓聲那樣。一波演示來得突然，結束得也突然。整個求偶場安靜下來，只剩零星的「chee-pooos」聲，下一場演示得等上好一陣子。

　　金頭嬌鶲在飛行和停在樹枝上的演示十分優雅，白鬚嬌鶲的演示就顯得吵鬧粗暴，那些雄鳥聚集在一起，活潑地跳來蹦去。雄白鬚嬌鶲像是熱愛運動的人，利用精確的肌肉控制展現短暫的飛行和跳躍。

　　比較這兩種嬌鶲的演示內容，就可以了解美學演化的核心矛盾：為什麼演化出如此不同的演示內容？在大約五十四種的嬌鶲當中，每種都演化出各自的羽毛顏色、演示行為和聲音訊息，這個狀況使得這個矛盾更為擴大了，因為這代表有五十四種不同的美麗「概念」。由於這一科的鳥類幾乎都有求偶場行為，我們可以有信心地說，他們都從一個有這種行為的共同祖先演化而來。[10]我們經由分子親緣關係譜系測定時間，推知這個共同祖先生活在一千五百萬年前。那麼，為何每一種嬌鶲的雌性會演化出那麼多樣的擇偶偏好呢？用達爾文的說法便是，「自己的美麗評斷標準」這樣的美學輻射是怎麼發生的？我們要探索生命之樹上頭關於美麗的歷史，才能夠得到答案。

　　嬌鶲適合做為研究美麗演化的例子，原因出自牠們的家庭生活。世界上的鳥類超過一萬種，九五％以上都是雙親專心一致、奮力工作來養育雛鳥。但嬌鶲不是。英國的鳥類學家與嬌鶲研究先驅大衛・史諾（David Snow）在他一九七六年出版的

一隻雄白鬚嬌鶲停在求偶舞台的小樹枝上，舉起喉部的羽毛。

迷人著作《適應之網》（ *The Web of Adaptation* ）中，最先對嬌鶲特殊的生育系統提出解釋。這本書介紹了他和妻子在千里達（Trinidad）、蓋亞那（Guyana）和哥斯大黎加研究具備求偶場行為的嬌鶲和傘鳥的紀錄。（我在高中時讀了這本書，非常興奮。我現在依然清楚記得，這就是費雷斯楚普建議我去研究蘇利南的嬌鶲時，我會馬上認同的原因。）史諾的假設是，由於嬌鶲的食物中有許多水果，使得牠們的家庭生活改變，深深影響了社會方面的演化。

　　想像一下，如果要靠吃昆蟲維生，你可能會認為這樣的日子不好過。確實如此。昆蟲本身的模樣就不容易被發現，而且往往多刺或是難以下嚥，味道不好，有的甚至有毒。靠吃昆蟲維生的日子十分艱困，根本的原因在於昆蟲自己不想被吃掉。所以，把昆蟲當主食的鳥類需要雌鳥與雄鳥彼此合作，才能夠成家育幼。

　　相較之下，以水果當成主食就像是夢境一般美妙了，有如在流著奶與蜜之地生活，因為水果長出來就是要被吃的。[11] 水果的熱量高，營養充足，植物長出果實是為了要吸引動物取食、運送，把種子散播到距離母株很遠的區域。水果是植物用來誘惑能移動的動物，好讓牠們把植物的下一代傳播出去。所以水果必須彰顯自己的存在，容易找到甚至容易處理，當然數量往往也很多。嬌鶲這樣的動物吃了水果之後，會把種子吐出或是排出，種子便跟隨動物的移動散播到整個森林中。

　　如果吃水果的動物可以生活得輕鬆自在，那麼雙親為什麼不合作，好生養更多小孩呢？關於這個問題，史諾提出的答案是掠食。一個巢中的雛鳥多，活動便多，更容易吸引掠食者前來把整窩雛鳥吃掉，這樣全軍覆沒的風險便增加了。史諾認為，把每窩產卵孵化幼雛的數量限制到兩隻，雌鳥便得以獨力扶養又能確保安全。由於嬌鶲主要的食物是水果，產量豐富，一隻雌鳥靠自己就足以築巢產卵，卵孵化之後也可以自己餵養雛鳥，直到牠們能夠飛行為止，同時減少掠食風險。

　　史諾的假設是，當嬌鶲的食物改變成為水果的時候，雄性

便「從親職中解放出來」了，這時，牠們開始演化出求偶場行為。雌鳥有能力在可供選擇的雄鳥中挑選配偶，這使得雄鳥的演示行為變得美麗複雜，而且多樣性大為提升。[12] 當然，史諾的這個想法並不完整，因為他不了解性擇。我們現在知道，在擇偶的機會多到沒有限制，便會演化出選擇性配偶偏好，也就是吹毛求疵。

在本書中，進行求偶場行為的鳥類占據了許多篇幅，因為求偶場繁殖系統產生了自然界最強大的性擇壓力，同時造就了美學上最極端的兩性溝通形式，這些溝通形式往往也是最迷人的。[13]

在布朗山國家公園看到金頭嬌鶲和白鬚嬌鶲讓我大為興奮，我便聽從費雷斯楚普的建議，開始繪製雄鳥的求偶場領域。不過，比起雄鳥領域的空間分布狀態，更讓我感興趣的是牠們的舞蹈。還有，史諾和艾倫・李爾（Alan Lill）已經對這兩種常見且分布範圍廣泛的嬌鶲發表了許多論文，我希望把心力集中在那些研究得沒那麼詳細的嬌鶲。[14]

我的研究目標是找尋實際上鮮為人知的白喉嬌鶲（*Corapipo gutturalis*）和白額嬌鶲（*Lepidothrix serena*），根據報導，在布朗山國家公園內有這兩種嬌鶲。雄白喉嬌鶲有著閃閃發光的藍黑色羽毛，喉嚨部位的優雅白色羽毛延伸到胸前，形成 V 字形（參見彩圖 8）。人們對這種鳥類的認識很少，因此，弗朗索瓦・哈弗史密德（François Haverschmidt）在一九六八年出版的

《蘇利南鳥誌》（*Birds of Surinam*）中，甚至沒有收錄白喉嬌
鶲，不過，最近賞鳥人回報在布朗山國家公園看到了這種鳥。
[15] 相較之下，白額嬌鶲有一身黑色天鵝絨般的羽毛，尾部是寶
藍色，腹部是香蕉黃，額部當然是雪白的，在黑色的胸部上有
橘黃色圓點（參見彩圖9）。當時人們對這種鳥類在野外的狀
況幾乎都不清楚。

　　熱帶雨林裡有數百種鳥類棲息，要找出某一種特殊的鳥，
實屬艱鉅挑戰。當時，科學家還沒有描述過白額嬌鶲和白喉嬌
鶲的鳴叫聲，也沒有錄音可以參考，要找到這些鳥，唯一的方
式便是持續觀察，看能不能發現牠們。這種方法需要每天外
出，聆聽之前沒聽過的鳥叫聲，找到發出這種聲音的鳥類、認
識牠們，然後把這些鳥類加到心中逐漸擴充的鳥類鳴叫聲目錄
中，分門別類，讓自己知道這種鳴叫聲不屬於我要找的嬌鶲。
當然，這種工作依然非常刺激，因為幾乎所有鳥類我之前都未
曾親眼見過，我也因此找到了一些著名的新熱帶區鳥類，例如
飾冠鷹鵰（*Spizaetus ornatus*）、赤叉尾蜂鳥（*Topaza pella*）、雜
色蟻八色鶇（*Grallaria varia*）、尖喙鳥（*Oxyruncus cristatus*）、黑
頭紅錫嘴雀（*Periporphyrus erythromelas*）以及藍背唐納雀
（*Cyanicterus cyanicterus*）。在布朗山國家公園鳥類名錄中，計有
超過三百種鳥類，如果要我找出那兩種嬌鶲，應該還是辦得到
的。

　　我在布朗山國家公園第一週的最後一天，在高原的路邊首
次看到在其領域範圍的白額嬌鶲。這種鳥類高唱的鳴叫聲，在

所有嬌鶲中算是最不起眼的,聽起來就像是警笛發出連續短促的青蛙叫聲,每個音都是簡單的「whreeep」。在第一天發現白額嬌鶲時,我在筆記本上記錄的叫聲是:「短促、分散的排氣鳴聲。」白額嬌鶲的演示內容也相當簡單,在嬌鶲的美學多樣世界中偏向單調的那一端。主要的演示活動包括在離地六十公分高的位置來回飛行,每次來回都會穿過約一公尺寬、周遭豎立小樹枝的表演「場地」。

白額嬌鶲的飛行演示有兩種。有些是在小樹枝之間的「直線」飛行,進行這種飛行時,鳥在半空中會迴轉,所以落在樹枝上時,頭會朝著「場地」,也就是飛回去的方向。這種直線飛行會持續約二十秒。在這樣的演示之間,雄鳥有時會暫時停留在樹枝上,大膽展露自己的寶藍色尾巴和白色額頭。另一種演示是「蜂鳥飛行」,雄鳥會在兩根樹枝之間來回飛行,一落到樹枝上就會立刻直直飛起,停留在空中,翅膀快速鼓動,身體幾乎保持垂直,這個詭異的樣子看起來就像是在樹枝之間、膝蓋高的位置上,有一顆彩色的球飄在空中。

多日的觀察中,我看到兩隻雌鳥狀似來訪。會說「狀似」,是因為年輕雄白額嬌鶲都有一身綠色的羽毛,長得像是雌鳥。這兩隻鳥來訪,我都沒有觀察到交配行為,因此無法確定性別。馬克・特希(Marc Théry)後來在法屬蓋亞那也觀察到這種鳥,他看到雌鳥跟著雄鳥在場地一起來回飛行數次,然後降落在場地邊的水平樹枝上,雄鳥飛起來壓到雌鳥的背上交配。[16]

　　開始研究白額嬌鶲之後，我每天早上的行程改為一天觀察牠們的求偶場行為，另一天研究公園裡其他種類的嬌鶲。我很快就發現到一隻雄白冠嬌鶲（*Dixiphia pipra*），這種鳥渾身漆黑，只有頭頂是白色的，有一對紅眼睛。我觀察這隻鳥好幾天。我花了比較長的時間才找到小霸嬌鶲（*Tyranneutes virescens*），這種鳥體形嬌小，大約只有七公克重，相當於一又三分之二茶匙的食鹽那麼重而已，身體是單調無趣的橄欖綠，頭部中央的黃色冠羽通常會隱藏起來。這隻鳥棲息在大約三到五公尺高的細樹枝上，發出像是打嗝般的細微鳴叫聲。我頭一次聽到這隻雄鳥叫時，他動也不動，身體也缺乏引人注目的花紋，因此雖然就在眼前，我也花了十分鐘才找到他。

　　看到這些鳥當然讓人高興，不過史諾在一九六○年代初期就已經詳細描述過白冠嬌鶲和小霸嬌鶲的演示行為，所以我還是一心一意去尋找神祕的白喉嬌鶲。[17]

　　我們只能在一九四九年英國鳥類學期刊《鶺》（Ibis）的一篇短文上，看到白喉嬌鶲求偶行為的描述，這是由戴維斯（T. A. W. Davis）當成趣聞所記載下來的。[18]他在英屬蓋亞那的某天早晨，看到一群雄鳥和「雌鳥」聚集在一起。（戴維斯沒有想到這些綠色的「雌鳥」中是否有年輕的雄鳥。）他觀察到特別的雄鳥演示，甚至還看到有一對鳥兒在林地間長滿青苔的木頭上交配。雄鳥演示的動作包括鳥喙朝上的姿勢，如此一來他的白色喉部會展露出來。其他的姿勢還有展開雙翅，在木頭上「像波浪一樣慢慢爬行」。在其他種類的嬌鶲中，沒有人報告過

或觀察到類似的行為，所以我很想親眼見一見。

十月中旬的某一天，我沿著山路往下到低海拔的樹林。這條山路因為通往美麗的艾琳瀑布（Irene Waterfall）而稱作艾琳谷道（Irene Val Trail）。那是個鳥兒興奮活躍的熱帶雨林之晨，我忽然聽到嘶嘶聲從頭頂上傳了過來，起先我以為是蜂鳥從上面俯衝而下，當我抬起頭看，卻是一隻雄白喉嬌鶲就停在橫過小道的樹枝上，我發現我正踏在一根橫倒在小道的巨大枯木上。我想我可能打斷了牠的演示，於是退開，躲到樹林間暫時隱藏起來。那隻雄白喉嬌鶲馬上就飛回到小道的枯木上，快速地鼓動翅膀，來回跳躍，發出細微的噪音和嗯嗯叫聲。馬上有其他兩隻成年的雄鳥和兩隻未成年的雄鳥加入，未成年的雄鳥幾乎全身都是綠色的，而且臉部有蒙面俠蘇洛面具那樣的花紋，這些類似雌鳥的特徵都可以指出牠們是還沒有成熟的雄鳥。幾分鐘的時間內，我觀察到白喉嬌鶲演示內容就比戴維斯在一九四九年看到的還要多，我知道我遇上了一個千載難逢的科學研究機會。接下來幾個月，我花了幾十天時間觀察白喉嬌鶲，完全沉迷在研究求偶場行為之中。

雖然嬌鶲的演示內容通常充滿戲劇性，但是白喉嬌鶲表演的複雜程度，我從來沒見過，其中包含非常豐富的行為元素。他彰顯自己存在的鳴叫聲是又高又薄的「seeu-seee-ee-ee-ee」，有如哨聲，有的時候是則比較短的「seeu-seee」聲。他棲息在二到六公尺高的樹枝上，平靜地發出鳴叫聲，一分鐘最多只有幾次。在他的表演內容中，最驚人的聲音與動作特技出現在降

落在枯木上的飛行過程。雄鳥從五到十公尺高的樹枝上往下飛行，途中會發出三到五個急切的「seee」聲。距離枯木約三十公分高時，雄鳥會突然拍動翅膀，產生尖銳的啪聲，並且造成失速，掉落在枯木上。他一著地馬上就會彈回空中，在飛行途中翻身，發出短促、刺耳、焦躁的「tickee-yeah」聲，接著在原先著陸的位置下方約四十五公分的枯木上降落，降落後馬上定住不動，擺出蹲伏的姿勢，鳥喙朝上，讓雪白的 V 型喉部顯露出來。我也觀察到另一種降落表演：「蛾狀飛行」。雄鳥拍著翅膀，飛行路線忽高忽低，落到枯木上，途中費力且誇張地鼓動翅膀，降落時身體是垂直的。

一旦降落在枯木上，一身藍黑色光亮羽毛的雄鳥會有其他的演示。有的時候他會蹲下來，鳥喙朝向枯木，把翅膀稍微舉起高過背部，在枯木上來回跑動。在這個「翅膀抖動」演示中，雄鳥會讓身體保持水平，左右翅膀輪流快速打開，亮出翅膀收起時隱藏起來的白色羽毛。在左右翅膀輪流打開時，雄鳥會用張開翅膀同側的腳跳躍，沿著枯木倒退走。戴維斯稱這種動作為「像波浪一樣慢慢爬行」。

演示場地約有二十公尺寬，每隻雄鳥會在場地中的數個枯木上演示。當流動的雄鳥群來到這個場地時，演示活動會變得更加熱鬧。這種流動的雄鳥群通常有二到六隻鳥，年齡有大有小，會和領地擁有者一起演示。雄鳥群中的成年雄鳥可能自己有領地，只是暫時加入這個流動表演的群體而已，從未成年雄鳥的羽毛判斷，他們可能處於青春期的各個階段，顯然還沒有

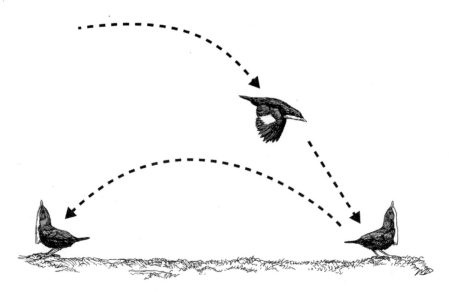

白喉嬌鶲降落到枯木上的演示。

自己的領域。這些由群體演出的表演內容並沒有彼此協調好，更像是相互激烈競爭，發表引起暴動的演說。雄鳥之間會針鋒相對，好占據同一截表演用的枯木，也會一個接一個熱烈地進行降落到枯木上的演示，並且經常把枯木上其他的雄鳥趕跑。競爭枯木的掌控權時，雄鳥會彼此進行「低空轟炸」（strafe）：在枯木上飛行，降到最低時剛好位於枯木的雄鳥頂上，並且發出「啵」的聲音。這使得不同的雄鳥常此起彼落地發出「啵」聲和降落到枯木上的鳴叫聲：「POP-tickee-yeah—POP—POP-tickee-yeah—POP！」

在觀察白喉嬌鶲使用枯木的幾個月內，我只見到兩隻雌鳥

來訪。有一、兩隻綠色羽毛的白喉嬌鶲停在一截枯木上，仔細觀察另一隻正在演示的雄鳥做出降落枯木或翅膀抖動的動作。有趣的是，雄鳥對雌鳥做出抖動翅膀的動作時，會背對雌鳥，倒退著往雌鳥的方向前進。就算是在展現白色喉嚨的點鳥喙姿勢中，還是背對雌鳥。在把鳥喙舉高的姿勢中，他則會緊張兮兮地觀察來訪雌鳥對他演出的反應。我沒有親眼見到交配過程。不過，戴維斯在一九四〇年代於英屬蓋亞那以及多年後特希在法屬蓋亞那都觀察到，一連串表演之後，雄鳥和雌鳥會在枯木上交配，雄鳥會使用降落枯木的方式騎到雌鳥背上。[19]

　　一九八二年十一月，一位非比尋常的超級天才賞鳥人來到了布朗山國家公園。湯姆·戴維斯（Tom Davis）這位傳奇的紐約賞鳥人是電話公司的工程師，住在皇后區的伍海文（Woodhaven），身高六呎八吋，體形修長、語言粗鄙，他辨識鳥類的技術非常高超，而且是錄製野外鳥鳴聲的發燒友。他放假時來蘇利南賞鳥幾次，成了當地的鳥類專家。湯姆抵達後告

雄白喉嬌鶲的點鳥喙和聳翅膀演示。

訴我，多年來他習慣坐在一張長椅上，從上方看林谷中的鳥類，去年他在那裡發現白喉嬌鶲在樹冠層上的驚人飛行演示。[20]

我們一起到野外的頭一天，湯姆便帶我到能看見新奇飛行演示的地點，這種飛行演示會在森林裡最高樹木上方約十五到三十公尺高的空中進行。大約等了三十分鐘，我看到一隻雄白喉嬌鶲發出一連串鮮明有力的「SEEEE……SEEEEE……SEEEEE」聲，朝上飛去，這個聲音比我聽到白喉嬌鶲降落在枯木上所發出的還要大、還要劇烈、還要有力。往上飛行的雄鳥羽毛鬆了開來，看起來像是一團黑白夾雜的棉花球。雄鳥飛到最高的時候，突然朝森林直墜。去年，湯姆還看到更有趣的現象：有些在樹冠層上進行飛行演示的雄鳥在落回森林、消失蹤影後，會發出很大的「啵」聲。

幾個星期後，我拼湊出整個演示過程。有一天，我在觀察枯木上的演示，聽見頭頂上傳來特別強烈的「SEEEE」聲，那是一隻雄鳥發出的，接著馬上看到他從樹冠層的縫隙中翻倒直落下來，接著表演完整的「降落枯木」演示。這時我才明白，我應該往上看才對。幾天之後，我便多次觀察到雄鳥在樹冠層上演示飛行之後，直落下來到枯木上。

因為我所有的時間都待在森林裡，觀察發生在枯木上的演示，若是光靠我自己，絕對無法發現那種飛行演示。幸虧有湯姆‧戴維斯了不起的觀察經驗，才能得到完整的演示過程。這種超誇張的行為足以讓廣大森林裡的雌鳥注意到演示的雄鳥嗎？這依然還是個謎。

　　到蘇利南觀察鳥類的壯遊之旅改變了我，也改變了我的學術研究。我遠離大學，到世界上偏遠的地區，有了豐富的發現。在那裡的五個月內，我利用自身觀察鳥類的技巧看到了數百種鳥類。我得到獨特的科學觀察結果，看到之前沒有人知道的求偶場行為，這些結果足以讓我發表最初一些科學論文。[21]幾年後，我的確在權威的鳥類期刊《海雀》（Auk）和《鸝》發表這些觀察結果。我的博士論文計畫研究嬌鶲行為的演化，這方面也有很大的進展。

　　隔年，由於擔任普林斯頓研究生妮娜・皮爾彭（Nina Pierpont）的野外助理，我又回到了南美洲。她的研究對象是科恰卡修（Cocha Cashu）的爬木雀（woodcreeper）生態。科恰卡修是一座位於祕魯南部、亞馬遜河流域的田野工作站。我在科恰卡修的研究工作改變了我的一生，因為我在那裡遇到了安・強生（Ann Johnson），她是鮑登學院（Bowdoin College）的學生，當時在工作站擔任普林斯頓大學生珍妮・普萊斯（Jenny Price）的助理。在那個夏天，我們相戀，然後成為伴侶。安現在是自然與科學電視節目的製作人與攝影師，我們有三個兒子。

　　一九八四年秋天，我開始在密西根大學念研究所，從事演化生物學研究。蘇利南嬌鶲複雜又多樣的演示內容帶給我靈感，我提出的博士論文內容是對整個嬌鶲科的行為演化進行大規模比較分析。我利用嬌鶲的譜系研究牠們的求偶場演示行為。有一個新興的領域，結合了親緣關係和行為學（ethology），

成為譜系行為學（phylogenetic ethology），目標是利用比較親緣歷史的方式研究動物行為的演化。雖然那時候我還不知道，但這是我研究美學輻射的第一步。

我念研究所的第一年，同實驗室的瑞貝卡・歐文（Rebecca Irwin）介紹我認識了費雪的經典研究，以及蘭德和柯克派屈克對擇偶提出的革命性新論文。這是我首度接觸到擇偶的科學，以及頭一次了解美學／達爾文主義和適應主義世界觀兩個學派之間的衝突。當時我就感覺到，比起誠實訊號理論，具有開放與隨意特性的費雪理論更接近大自然運作的方式。

我很希望能重回南美洲，繼續進行嬌鶲的田野調查。我不清楚要去哪個地方，不過一直有去安地斯山的念頭，在那裡應該會得到許多精彩的賞鳥體驗。所以，我打算在研究所的第一個暑假，也就是一九八五年的夏天，和安一起到厄瓜多的安地斯山區進行田野調查，目的是想發現金翅嬌鶲（*Masius chrysopterus*，一種幾近神祕的嬌鶲）的求偶場演示行為。除了科學界對牠幾乎一無所知外，我找不到其他能說明研究這種嬌鶲的理由。我當然不會告訴我的指導教授和研究資金提供者說，我之所以選擇這種鳥，是因為牠生得漂亮，而且剛好又棲息在安地斯山區，對賞鳥者而言，去那裡找這種鳥會非常好玩還能大有斬獲。不過，由於我之前發表了嬌鶲演示的新紀錄，能爭取到一小筆經費，讓我進行這個不容易成功的計畫。安娜堡（Ann Arbor）當地的露營設備專賣店「野營器材」（Bivouac）同意補貼我們進行野外研究所需露營器材的費用，讓我們拮据

的經費可以花得更久一些。

　　不論從任何角度來看，金翅嬌鶲都非常漂亮（參見彩圖10）。雄鳥的羽毛幾乎是天鵝絨般的黑色，鮮黃色的毛茸茸冠羽如彎曲的刷子往前延伸，有點像是一九五〇年代流行的飛機頭。分布在安地斯山東側山坡的族群，頭後側的羽毛是鮮紅色，分布在西側的族群則是紅棕色。雄鳥冠羽的左右側各有一根黑色的小羽毛突出來，像是角一樣。不過，雄鳥羽毛真正驚人的特徵，往往會謹慎地隱藏起來。雄鳥棲息的時候，翅膀和尾巴看起來是一整個黑，可是在飛行時，翅膀內側的羽毛會露出來，那是和冠羽一樣的鮮黃色。我們後來發現，雄鳥飛行時突然把黃色羽毛顯露出來，是他求偶演示的主要特徵，這種突如其來的視覺效果讓人驚嘆不已。

　　安和我抵達厄瓜多時，對這種鳥類的認識完全來自博物館中五十年歷史的老舊標本。一九八五年，當時的康乃爾大學鳥類學實驗室（Cornell Lab of Ornithology）和英國野生動物聲音檔案室（British Library of Wildlife Sounds）都沒有收錄金翅嬌鶲的聲音，所以我們並不清楚牠們的叫聲。牠們在什麼季節繁殖，我們也一無所知，這同樣屬於金翅嬌鶲眾多未知的事物之一。

　　我們從敏多（Mindo）開始尋找，這是位於首都基多（Quito）西方的一個小鎮，處於安地斯山西部山坡上，海拔一千六百公尺。現在，敏多已經成為熱鬧的生態觀光據點，不過

在一九八五年時還只是個懶洋洋的小村落，泥巴路邊有著幾十棟房子而已。敏多周圍的森林充滿了各式各樣的鳥類，看到金翅嬌鶲和一群漂亮的唐加拉雀（Tangara）一起找尋果實，真是令人震撼。不過我們沒有找到占有領地的雄鳥，也沒有找到任何歌唱或演示活動的證據。好奇的當地人問我們有沒有找到那些鳥，我們得解釋：「現在的季節不對。」當然，我們也不知道什麼時候才是正確的季節。

在敏多的一個月時間一無所獲。這時，我們遇到了常居海外的美國鳥類學家兼畫家保羅・葛林菲爾德（Paul Greenfield），他後來和羅伯特・雷德利（Robert Ridgely）合撰傑出的《厄瓜多鳥誌》（*Birds of Ecuador*）。他給了我們一個重大的線索。當時他從安地斯山區北邊的小鎮伊瓦拉（Ibarra）出發，沿著與哥倫比亞邊境平行的小型鐵路南下，一路賞鳥，最後抵達位於太平洋海岸的聖羅倫斯（San Lorenzo），途中在艾爾普雷瑟（El Placer）這個小地方稍作停留，那裡周圍是雲霧森林，他在林中見到了許多金翅嬌鶲。他說，如果我們到其他具備不同地理環境、海拔和天氣特性的區域，那裡的金翅嬌鶲可能處於繁殖季節，說不定就可以見到我們一直想尋找的雄鳥演示行為。

我們拔營前往艾爾普雷瑟（就字面上來說，這個地名是「愉快」的意思），搭乘的是只有一節車廂的火車，像是乘坐在窄軌上行駛的城中巴士。這班單節車廂的火車每天只有一班，前往海岸然後返回。那個艾爾普雷瑟「小鎮」，其實只是幾十棟粗製濫造的鐵皮屋頂木屋集合在一起而已，住在那裡的只有

維修鐵路的工人和他們的家人。除了這些住家之外,艾爾普雷瑟就只有一間空蕩蕩的學校,以及兼具商店功能的鐵路公司辦公處,周遭的森林裡有一些泥濘的小路。

艾爾普雷瑟可能是地球上最多雨的地區之一。我們待在那裡的六個星期時間,不是下大雨就是下小雨。即使在五百到六百公尺這樣低海拔的森林中,溫度還是非常低,到處長滿青苔。這片森林是次生雲霧林,數十年前才開始從鐵路公司的建設工程中重新生長回來。頭一天早上,我們就發現了許多美麗的鳥類,包括金翅嬌鶲。

在濃密的苔蘚森林中,我們最先見到的金翅嬌鶲靜靜地棲息在約兩公尺高的樹枝上。光線陰暗,他天鵝絨般的黑色羽毛像是輕飄飄的海綿,但金黃色的冠羽極為醒目。他每分鐘發出三次低沉短促又急躁的「nurrt」聲,有如青蛙叫。這個聲音實在是太低調了,我們可能當作青蛙或昆蟲的叫聲而輕易地忽略。金翅嬌鶲在演示活動之間,就像是慵懶的工人在慢慢等待下一個無聊的工作。這隻雄鳥安逸又懶散的態度清楚點出這裡是他的領域。過了一會兒,在小路另一側約二十公尺外,我聽到另一隻雄鳥的鳴叫聲,讓我確定這個直覺是正確的。在敏多數星期徒勞無功之後,我們終於發現了一個有眾多雄鳥加入的求偶場。

野生鳥類的行為無法預測,在第一次進行觀察時,你永遠不知道那會是你觀察活動的結尾,或是接下來幾個月研究活動的開始。所以說,當你第一次見到要研究的行為時,必須當成

唯一一次的觀察機會。我們馬上拿出錄音機和筆記本，記錄這兩隻雄金翅嬌鶲的行為和鳴叫聲，註明叫聲的特色、兩隻雄鳥彼此發出對抗鳴叫（counter-singing）的速度，以及他們發出鳴叫時棲息的樹枝模樣。

差不多一個小時後，我在最初聽見雄鳥鳴叫的地區聽到了非常類似的鳴叫聲，這個聲音一開始又高又細，然後逐漸下降，最後速度越來越快，像是反覆的切分音：「seeeeeeeeeeeeeeeeeee-tseet-tseee-nurrrt！」我馬上就想起蘇利南的白喉嬌鶲降落到枯木上所發出的鳴叫。兩者的聲音太過相似，讓我搞混了。怎麼會這樣呢？我們距離白喉嬌鶲居住的南美洲東北方有數千公里之遙！這個難題的答案很快就浮現，但卻出乎意料且難以想像，我的內心深處依然深深抗拒這個答案。

我回去找最先遇到的那隻在自己領域的金翅嬌鶲，接下來幾分鐘見到的事情，讓我大為驚訝，可以說帶來了科學上的啟發。這隻雄鳥持續發出對抗鳴叫，和隔壁的雄鳥輪流發出「nurrt」聲，不過後來他離開自己棲息的樹枝，飛到森林深處。過一會兒，我聽到空中持續傳來綿長細微的高音「seeeeeeeeeeeee」，同時聲音逐漸下降，接著這隻雄金翅嬌鶲很快降落在我眼前一棵大樹的樹根上。他一著陸就馬上彈回空中，在飛行途中亮出他翅膀的金黃色部位，之後又落回先前在樹根上著陸的位置，只不過這次臉是朝相反方向。這次一著陸，他維持拉直尾巴的姿勢，鳥喙頂住樹根表面，身上的羽毛收攏得光滑明亮，尾巴朝天舉起約四十五到六十度。

　　就像是腦部把一個之前認不出內容的幻象瞬間轉換成新的影像那麼快，我馬上了解到這一連串影像包含的豐富科學細節。金翅嬌鶲降落時演示的鳴叫聲和白喉嬌鶲非常相似。這兩種不同鳥類的演示行為有非常多相似之處，這些相似的行為遺傳自兩者久遠前的共同祖先，沒有人曾設想過的共同祖先，因為這兩種鳥的外觀完全不同，而且分屬兩個不同的屬，沒有人假設過牠們之間的親緣關係非常接近。不過，我看到牠們的演示行為之後，便立刻了解到白喉嬌鶲和其他同為 *Corapipo* 屬的嬌鶲，是和金翅嬌鶲親緣關係最接近的鳥類。[22]

　　這個發現所帶來的震驚之情令我難以言喻。我一生都在賞鳥，在學校研讀鳥類學和相關學科好幾年，先前在蘇利南進行

金翅嬌鶲降落在木頭上的演示。

五個月田野工作，花九個月時間策劃這趟安地斯山之旅，而在前幾個星期的研究都徒勞無功，這個結果真有如來自上天的啟示。之前的種種努力在這個時刻集中起來，匯聚成意料之外的結果。在規劃這次安地斯山找尋金翅嬌鶲之旅期間，我從來沒有料想到會有這種事情發生：我居然重新改寫了嬌鶲科的演化譜系！這連作夢都沒有想到。

這次探險能有驚人的發現，對我個人來說，證明了仔細聽從發自內心的鳥類學直覺，是可以有所斬獲的。當然也需要點運氣，如果我之前沒有觀察到白喉嬌鶲，也就不會得到這樣的結論，那種鳥可沒有多少人親眼見過。我在蘇利南觀察到白喉嬌鶲，對於了解在艾爾普雷瑟的觀察結果所具備的演化內涵，是獨特且必要的準備工作。除此之外，這個新發現的演化模式，也指出了擇偶造成的性擇過程中一些基礎，以及裝飾特徵和引誘訊號組合而成的複雜演出內容。三十年後，這些發現依然影響了我的研究工作。

接下來幾個星期，安和我花了一百五十多個小時觀察金翅嬌鶲的行為，並且錄影與錄音。我們還需要做更多分析，才能重建這些鳥類從共同祖先演化出來後共有的種種相似行為。顯然久遠之前的那個共同祖先，就已經演化出獨特的演示內容，其中一些元素也遺傳到了現在的金翅嬌鶲和白喉嬌鶲。

另一件明顯的事情，則是那些演示內容也出現了分化並有了改變，每種嬌鶲有自己獨特的演示元素。我發現了許多這樣

的差異。舉例來說，在降落到枯木上時，金翅嬌鶲不會如同白喉嬌鶲那樣擺出鳥喙指出的姿勢，也不會前後移動。金翅嬌鶲的翅膀上縱使具有鮮豔的黃色部位，在飛行演示時也會顯現出來，但是牠們不會做出任何類似抖動翅膀的演示。雄金翅嬌鶲同樣具備自己獨特的演出內容。雄鳥降落在木頭上時，會表演複雜的「左右鞠躬演示」。在這種演示中，雄鳥會把身體的羽毛鬆開，稍微翹起尾部，把金色羽冠兩邊像是角一樣的黑色小羽毛豎起，接著進入祈禱一般的恍神狀態，做出像是發條玩具般的規律動作：向前彎到鳥喙幾乎要碰到枯木，然後起身，往一側移動幾步，稍微轉身，又前彎，然後走幾步回到原來的地方，再度前彎，如此持續下去。我們看到雄鳥持續這種演示十到六十秒，沒有中斷。白喉嬌鶲和其他任何嬌鶲都不曾展示這樣的行為。

這些驚人的發現讓我們更為了解嬌鶲的美學演出內容，這種演出內容有著複雜的結構。嬌鶲演示出來的視覺與聲音效果，以及雜技般的動作，其中的行為元素有些是從古老的共同祖先遺傳下來的，有些則是每種嬌鶲日後獨自演化出來的。光從現在的環境與族群背景，是無法了解嬌鶲之美的，非得要納入親緣歷史才行。要把親緣關係納入考量，才能完全了解美麗的演化史。美麗的歷史就像是一棵樹。

我得要找到第三種嬌鶲，能夠和金翅嬌鶲和白喉嬌鶲加以比較，這些在譜系分開後的演化過程中出現的行為細節才會更清楚。只比較兩個物種所得到的結論，難以重建演化史的細

節，這就像是需要超過兩個資料數據才有辦法描述統計上的趨
勢。舉例來說，蜘蛛猴有尾巴，人類沒有。由於這兩個物種具
有共同祖先，顯然這個尾巴在演化過程中有了變化——是什麼
變化呢？是蜘蛛猴演化出了尾巴？還是人類的尾巴消失了？這
時，只能夠研究第三個血緣關係更遙遠的物種，例如狐猴、樹
獺或是狗，才得以推論人類祖先是從和蜘蛛猴的共同祖先分開
後，在演化過程中失去了尾巴。

　　所以，用來重建金翅嬌鶲和白喉嬌鶲演化歷史的第三種
鳥，該是什麼鳥呢？和金翅嬌鶲與白喉嬌鶲親緣關係接近的鳥
會比較好。（繼續利用上面提到的例子：把靈長類和海星、線
蟲或是水母加以比較，對於了解尾巴的演化來說並沒有幫
助。）幸好在一九八五年我從厄瓜多回國之後不久，史諾夫婦
（Barbara and David Snow）就發表了論文，仔細描述了在巴西東

雄金翅嬌鶲的尾尖朝上（左）和左右鞠躬（右）演示。

南部的山地森林中，針尾嬌鶲（*Ilicura militaris*）鮮為人知的求偶演示行為。[23] 雄針尾嬌鶲全身羽毛呈現的花紋，色彩鮮明而且大膽，就像是玩具兵，這也是牠們的種名 *militaris* 的由來（參見彩圖11）。雄鳥的肚子是灰色，背部和尾部是黑色，翅膀是綠色，背部後方是紅色，前額有一抹亮紅色。尾部中央的黑色羽毛尾端縮窄，長度是其他尾羽的兩倍。雌鳥的背部是橄欖綠，腹部是暗沉的灰綠色，尾巴中央的羽毛比較長一些。

　　由於雄針尾嬌鶲、雄金翅嬌鶲與雄白喉嬌鶲的長相完全不同，從來沒有人假設牠們的親緣關係非常接近。不過，我讀了史諾夫婦對針尾嬌鶲演示內容的描述之後，發現其中有許多元素與金翅嬌鶲和白喉嬌鶲的行為相近，我確信針尾嬌鶲、金翅嬌鶲以及白喉嬌鶲的親緣關係很密切。我把針尾嬌鶲納入我的分析中，藉此解決金翅嬌鶲與白喉嬌鶲演示行為演化中許多重要的問題。比較這三個物種，我可以找出哪些演示行為來自三者共同的祖先、哪些創新的行為只來自金翅嬌鶲與白喉嬌鶲共同的祖先，又有哪些行為元素是這三種鳥類各自獨立演化出來的。

　　舉例來說，我首先想到的是雄鳥演示地點的演化。大部分嬌鶲科的雄鳥演示地點在細樹枝上，只有金翅嬌鶲與白喉嬌鶲在森林底部長滿苔蘚的傾倒枯木上演示。針尾嬌鶲演示的地點則是在粗大水平樹枝的表面，基本上像是還連在樹上的枯木段。看來，在粗樹枝上演示可能演化自這三種嬌鶲的共同祖先，這個祖先最早是在細樹枝上演示的。接下來，只有金翅嬌

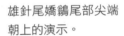

雄針尾嬌鶲尾部尖端
朝上的演示。

鶲與白喉嬌鶲的共同祖先演化出在林底枯木或是樹根上的演示
行為。

　　我檢查的另一個特徵是尾部舉起的姿勢。針尾嬌鶲在粗大
的樹枝上演示時，尾巴的姿勢與金翅嬌鶲相似，可是和白喉嬌
鶲不同，因此我認為，三種嬌鶲的共同祖先原本就有這種尾部
舉起的姿勢，但是在白喉嬌鶲的演化譜系中，這個姿勢消失
了，取而代之的是新的鳥喙舉起姿勢。

　　整個比較過這三個物種的行為之後，我對這群鳥類的行為
分化歷史建立出完整的假設。[24] 每種嬌鶲的演出內容都包含了
身體、聲音和演示元素，並且演化出許多創新的內容：把新的
元素加入表演內容，精心修改現有的元素，把不同的元素結合
起來，或是刪除一些祖傳元素。針對嬌鶲美麗的共同演化歷
史，我提出了全新的架構。

　　我在博士論文中更進一步使用了嬌鶲的解剖學資料，建立

起整個嬌鶲科合理、完整而且詳細的親緣關係圖譜。[25] 這項研究中，我還採用了數百份嬌鶲鳴管（鳥類用於發聲的小器官）的解剖資料。接著，我使用這份演化樹來檢驗我對行為同源性（behavioral homology）的假設。舉例來說，我發現針尾嬌鶲、金翅嬌鶲和白喉嬌鶲的鳴管有共同的特徵，確認了這三種嬌鶲有獨特共同祖先的假說。我也基於演示行為中的特徵，假設金翅嬌鶲和白喉嬌鶲之間的親緣關係，要比牠們兩者任何之一和針尾嬌鶲之間的親緣關係要更為接近。

如今，我們經由嬌鶲的美學輻射，深入了解生命在演化過

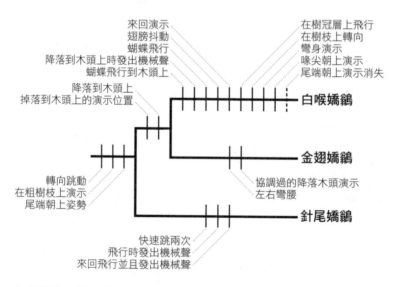

白喉嬌鶲、金翅嬌鶲和針尾嬌鶲的譜系圖，說明這三種鳥類的演化起源，以及每種嬌鶲的演示內容中，有哪些行為遺傳自共同祖先、哪些是新發明的，又有哪些從祖先遺傳來的行為後來消失了。

程中「美麗會發生」是怎麼出現的。我們知道了嬌鶲的美學演出內容裡，包含許多比個別種類的嬌鶲還要古老的元素。我們能知道每種嬌鶲的演出內容，是融合了這個物種繼承的演化遺產（各個祖先遺傳下來的），以及個別物種獨自演化出的許多新元素（更精緻的美學展示、創新，或不再使用祖傳的元素）。

　　我們從某個演出內容在漫長時間中形成的過程，看到美學演化過程的本質是如此充滿意外好運以及不可預測性。親緣關係相近的物種會演化出許多不同且難以預料的美學方向。經由美學擇偶的方法也會造就新的美學機會，讓演化級聯效應發揮出來，造成的結果包括演化出更為極端與複雜的美學表現。根據「美麗會發生」理論，具有共同祖先遺傳下來演出內容的不同物種，演化方向差異會越來越大，也會越來越隨意。特別是當性擇壓力強大的狀況下，例如嬌鶲和其他有求偶場行為的鳥類，在長時間的演化尺度下，美麗會發生，美學輻射會如同爆炸般拓展開來。

　　直到今日，我都還走在一九八二年蘇利南田野工作所開啟的研究道路上（不過，近幾十年由於聽力嚴重流失，使得研究能力大不如前）。在這幾十年內，我帶領十二個新熱帶地區國家的鳥類學研究，有幸在野外親眼看到將近四十種嬌鶲（我依然努力想要看到其他種類的嬌鶲）。我花費數小時、數天、甚至數個月時間觀察其中一些鳥種，好了解牠們的習性、生活作息的節奏，描述牠們求偶時發出的歌唱和演示的舞蹈，並且繪製牠們社會關係的圖譜。經由這些研究，我建立了豐富的自然

史資料庫，其中包含嬌鶲行為的複雜性以及美學的多樣性。

　　我對嬌鶲多樣性的知識持續增加，這讓我去探尋更大、更基礎的問題：關於自然世界演化運作方式的問題。以前，我只把嬌鶲當成色彩豐富、具有奇特演示與社會行為的鳥類。後來我設想到，嬌鶲是一個好例子，能夠解釋物種之間擇偶影響行為演化的複雜機制。最近，我認為嬌鶲是說明美學輻射的最佳例子之一。本書後面還會繼續討論到嬌鶲（第七章），我們將會看到雌嬌鶲不只改變了雄鳥的演出內容，也改變了雄鳥的社會關係本質。這是另一個彰顯雌性擇偶力量之大的驚人故事。

　　嬌鶲只是眾多美麗鳥類中的一小部分，全世界有超過一萬種鳥，有燕子那樣顏色最為樸實的鳥，也有嬌鶲這樣最精緻的鳥。由於每一種鳥都具備了一些特殊的性裝飾，在求偶與擇偶時發揮作用，那麼，顯然鳥類擇偶的能力源自所有鳥類的共同祖先，或許能回溯到侏羅紀時期具有羽毛的獸足類（theropod）恐龍。美學特徵和擇偶偏好，兩者彼此持續共同演化與輻射演化，造就了現在數千種各自不同的美麗鳥類。不同的譜系分支在不同的時間，發生的共同演化速度可能會減緩或是增加，因為新的生態環境會影響繁殖系統以及親鳥養育雛鳥的方式，這會反過來讓擇偶造就的性擇在本質上與力道上都產生很多變化。因此，在鳥類的各個分支中，配偶偏好持續演化，有的同時發生在兩個性別上，有時只發生在雌性，也會只發生在雄性上（不過，這樣的情況罕見得多），兩性的美學演示內容也跟著共同演化。每支譜系和物種都沿著獨特且無法預測的美學軌

跡演化。這樣的過程開花結果，成為上萬個不同的美學世界，各自有著共同演化而產生的演示與喜好。

在整個生物的演化樹中，有許多不同分支中的生物特性可以彼此比較。不論是箭毒蛙、變色龍、孔雀蜘蛛（peacock spider）和舞虻（balloon fly），只要在社會互動中存有機會，並且具備了擇偶所需的感覺與認知能力，美學演化的過程便會發生。在整個生命的歷程中，這種美學演化過程已經發生過數百甚至數千次了，連植物也演化出具備各種不同形狀、大小、顏色和氣味的花朵，只為了引誘傳粉動物前來，讓（在花粉中的）配子散播到其他等待受精的花朵上。

在整個生命世界中，只要有機會，動物的主觀經驗和認知選擇就會從美學的方向改變生物多樣性的演化。自然界美麗發展的歷史不但龐大，而且從未結束。

第 四 章

美麗的創新與衰落

　　厄瓜多的安地斯山西部雲霧森林底層，長滿了苔蘚，一隻額頭有紅色羽毛的咖啡色小鳥棲息在細長的樹枝上，發出「Bip-Bip-WANNGG！」的聲音。這個聲音像是小精靈在演奏電吉他所產生的回受聲（feedback）。聲音所及的範圍內，另外三隻雄鳥很快發出回應的聲音，並且越來越興奮。這些在領域中的雄梅花翅嬌鶲（*Machaeropterus deliciosus*）正在進行求偶場演示，好吸引雌鳥。牠們發出那樣奇特的聲音時，還伴隨著更為奇特的動作。牠們沒有張嘴發出電吉他般的聲音，而是翅膀張開並且抖動，發出「Bips」聲，然後猛然拉到背後，讓翅膀內側脹大扭曲的羽毛快速地震動，發出非比尋常的「WANNGG」聲（參見彩圖12）。這些雄梅花翅嬌鶲是用翅膀發出鳴唱聲。

　　之前提到，許多其他種嬌鶲在求偶演示時，會用翅膀發出「pop」聲或是「snap」聲。白喉嬌鶲在演示枯木上飛行失速時，會用翅膀發出巨大的「pop」聲。白鬚嬌鶲在求偶場地周圍的小樹枝上跳來跳去時，會發出爆炸般的「snap」聲，棲息在求偶場的樹枝上時，也會發出一連串浮誇的「snap」聲，像是隆隆巨響。這些「snap」聲、「crackle」聲和「pop」聲，都是嬌鶲用翅膀發出來的。

　　這種非喉部發出的溝通聲為何存在，實在是演化上的難題，因為所有的嬌鶲都有好歌喉，而且這些鳥鳴聲是牠們美學演出內容中的重要部分。七千萬年來，傳統鳴唱一直都功效卓著，為什麼會有鳥類演化出全新的鳴唱方式？更別說還有其他許多種鳥也會用翅膀發出聲音。

雄白鬚嬌鶲會把翅膀高舉
到背上快速拍擊，發出隆
隆聲。

　　嬌鶲發出的機械性聲音，也如同眼睛、肢體和羽毛，是演
化創新的例子。[1]這些全新的生物特徵並不源自祖先的特徵，
之前也沒有發生過。演化創新吸引科學家的注意，是因為它
們不是單純由數量增加所造成的變化，也不是「演化修補」
（evolutionary tinkering）的結果。創新需要演化出全新的現象與
特徵，也就是演化中新出現的事物。

　　眼睛、肢體和羽毛的演化，是演化生物學中的重要課題。
事實上，我花了很多心力研究羽毛的起源。不過，嬌鶲發出的
機械發聲和這些演化創新截然不同，因為這是由擇偶造就的美
學創新。美學創新讓我們得以從中窺見性共同演化運作的方
式，以及演化創新產生的過程。最近幾年，生物學家發現適應
並不能完全說明演化創新的過程。[2]我希望在這裡所研究的美

學創新，能讓我們了解到適應性擇偶並不足以解釋生物裝飾的起源與多樣變化。

那麼，嬌鶲的創新機械發聲是怎樣演化出來的呢？最好的假設是，嬌鶲在演示的時候剛好產生了一些噪音，翅膀抖動時發出了一些聲音，就像人類在奔跑或是舞蹈時腳著地也會發出聲音。[3]不過，在美學共同演化時，這些意外發出的聲音和演示的其他部分，都成了雌性偏好的內容。最後，對這種聲音的個別偏好便演化出來，並且變得多樣，那些聲音於是成為這種嬌鶲美學演示內容的獨特部分，就如同踢踏舞成為一類獨特的舞蹈。對翅膀發出機械聲的擇偶偏好，可能演化自早期對喉部鳴唱聲的偏好，之後在長時間裡演化成新的獨特偏好。

梅花翅嬌鶲則做出了一個大發明。大部分的嬌鶲就像是一般的踢踏舞者，只要能發出各種不同的踏步聲就滿意了。可是，梅花翅嬌鶲真的是用機械聲鳴唱，而且用翅膀鳴唱的功力可能要比用翅膀飛行的能力還強。我之後會說明，梅花翅嬌鶲不但是美學創新的案例，也向我們展示了適應性篩選和美學篩選彼此的方向可能會不一致，而頹廢的美學能占有優勢。

我頭一次聽到梅花翅嬌鶲的翅膀鳴唱，是一九八五年在艾爾普雷瑟的頭一天早晨，我和安意外發現金翅嬌鶲在枯木上跳著舞，模樣非常可愛。[4]這天早晨有各種喧鬧的聲音從苔蘚森林裡傳出來，我一開始認為這種奇特的電子聲可能是哪隻鸚鵡有感而發所製造出的音樂。那片段的聲音我沒能好好聽完，是

細微而且充滿變化的鳴叫聲，一群鸚鵡如果緊密棲息在一起，彼此就會發出這種鳴叫聲。這天稍晚，我才驚訝地發現這個聲音來自森林底層，而且是由傳說中鮮為人所知的梅花翅嬌鶲發出來的。接下來的這個星期，我們除了研究其他金翅嬌鶲領域外，在同一座森林中也發現了一些梅花翅嬌鶲的求偶場。我拚命觀察牠們，並且把牠們聲音扭曲的演出錄下來。這種嬌鶲的翅膀鳴唱，是牠們求偶場演示行為的主要內容。[5]事實上，雄梅花翅嬌鶲喉部發聲的表演變得非常少，也沒有用喉部發出表現自己的鳴叫聲，只有在蹲伏演示的時候會用喉部發出一連串簡單又尖銳的「keah」聲。

在艾爾普雷瑟，我會裝設鳥網捕捉金翅嬌鶲，好為牠們繫上色環。我也用這種鳥網捕捉梅花翅嬌鶲。雌梅花翅嬌鶲翅膀的羽毛怎麼看都很普通，但是成年的雄梅花翅嬌鶲內側的次級飛羽就真的很奇怪了，這些羽毛排列在前翅尺骨的部位。一八六○年，英國鳥類學家菲利浦・斯克萊特（Philip Lutley Sclater）在描述這種鳥的時候，就把牠們的特殊羽毛畫了下來。[6]達爾文在《人類原始》一書中關於鳥類演奏音樂的章節，重製了斯克萊特的繪圖。達爾文假設，嬌鶲和其他鳥類發出的機械聲，是因擇偶造成的演化結果。特別是梅花翅嬌鶲的第五、六、七根次級飛羽（從腕部內側數來），變得非常厚，中軸膨大。第六、七根次級飛羽頂端變成扭曲的瘤狀物，形狀像是手杖的握把，也像是歪曲的甜筒。相較之下，第五根次級飛羽的尖端部位，就往身體的方向彎了四十五度，

雄梅花翅嬌鶲的次級飛
羽（左）。從下方看這羽
毛的模樣（左下）。第六
根次級飛羽末端一整排
都膨大起來（右下）。
Bostwick and Prum (2005)

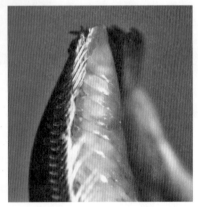

　　當我第一次看到雄梅花翅嬌鶲發出聲音，就算知道他有些
羽毛變得堅硬且扭曲，卻怎樣都想不出這些羽毛是如何發出聲
音的。這個謎過了二十年才解開。花了這麼久的時間是有原因
的。首先是技術問題，我們必須先等到高速攝影器材發明出
來，並且牢靠到能在雲霧森林中使用。其次是人才問題。到了

一九九〇年代後期，我才幸運收到一位積極進取、野心勃勃的研究生金柏莉・波維克（Kimberly Bostwick）。她在康乃爾大學念書時的研究工作，便用到當時才新出現、可以在野外使用的高速攝影機。[7] 不過，最重要的阻礙可能一如既往，是在見識上跨越不過去。一九八五年，我在艾爾普雷瑟第一次見到梅花翅嬌鶲時，就設想了這種鳥的發聲機制，由於這個機制實在是太古怪，所以我馬上就自我否決了。幸好波維克堅持不懈，找到了答案並且讓我相信當初的否決是錯的。

　　波維克開創性的博士研究，是從「容易進行研究」的嬌鶲開始，研究牠們的翅膀與發聲相關的形態。例如，她利用高速攝影機拍攝白鬚嬌鶲和白領嬌鶲（*Manacus candei*）翅膀上表面在背部上方相擊發出的聲音。對其他雄鳥發出的噓聲，也是由快速連續的這種動作產生出來的。[8]

　　白鬚嬌鶲和白領嬌鶲用翅膀發出聲音，當然是行為上的創新，不過發聲機制相當簡單，就是把羽毛當成敲擊樂器，發出各種聲音，這類隨著動作而突然發出的聲音都很尖銳短促。可是，梅花翅嬌鶲用翅膀發出的聲音卻像鳴唱一般，非常獨特，如同小提琴聲或電話鈴聲那樣，有著固定的頻率、音高和音色，最長音可以持續三分之一秒。

　　二〇〇二年，波維克前往厄瓜多西北部進行數週的野外研究，最後終於用高速攝影機拍攝到雄梅花翅嬌鶲用翅膀鳴唱的絕佳畫面。高速攝影每秒拍攝五百到一千幀影像，從這些畫面中，可以看到雄梅花翅嬌鶲左右翅膀舉直到背上，翅膀尾端快

速地左右移動，幅度很小，羽毛也就跟著振動。左邊翅膀和右
邊翅膀的飛羽會同步朝內與朝外振動。朝內振動時，左邊翅膀
和右邊翅膀上膨大的羽毛會在雄鳥背部正中央上方撞在一起，
然後彈開。羽毛會這樣快速地振動，每秒約一百次，持續約三
分之一秒。翅膀腕部細微地鼓動，是目前在脊椎動物中觀察到
最快速的肌肉運動之一。[9]

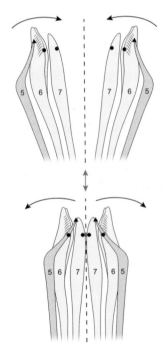

雄梅花翅嬌鶲用次級飛羽發出聲音的圖解模型。次級飛羽在背上以每秒
一百次的頻率朝內（上圖）和朝外（下圖）來回振動時，第五根次級飛
羽的頂端會和第六根次級飛羽膨大的末端摩擦，發出的聲音頻率是一千
五百赫茲。

　　波維克優秀的攝影解決了許多問題，但也引發出新的疑問。翅膀振動的頻率是每秒百次，可是翅膀鳴唱出的聲音頻率卻是每秒一千五百次，這個音高大約是高音的升F和G，也就是比高音C（鋼琴上第七十或七十一個琴鍵）還要高四個音。換句話說，聲音的頻率是翅膀羽毛振動頻率的十五倍。翅膀運動的頻率怎麼會增加那麼多倍，成為我們聽到聲音的頻率？這是怎麼辦到的？

　　波維克後來了解到，羽毛之間的交互作用才是製造出聲音的關鍵，並且也說服了我。在每次振動的時候，第五根次級飛羽彎曲的尾端會和第六根次級飛羽末端膨大的瘤狀結構來回摩擦。第六根次級飛羽膨大的部位上有許多細微的突起，會和第五根次級飛羽的末端接觸。第五根次級飛羽彎曲的末端就像是拉小提琴的弓，或是撥弄梳齒的手指，把一連串脈動傳遞到第六根次級飛羽上，這讓第六根與第七根次級飛羽出現強烈的共振，產生了音高在F／G之間的聲音。

　　這種產生聲音的機制，稱為摩擦發音（stridulation），蟋蟀、螽斯和蟬都是這樣發出鳴叫聲的。我在二十年前看到這種鳥的時候，就想到了摩擦發音機制，但是我覺得不可能，所以沒有深入研究。我的科學直覺也就只有這個程度而已。

　　小提琴弦發出的音高，取決於弦的長度、質量與張力。任何共鳴發聲器所產生的頻率，都取決於這些物理特性。一九八五年，我無法想像羽毛會是高效能的共振發聲器，就算梅花翅嬌鶲的第六根次級飛羽加粗了也想像不到。然而，就如同利用

高速攝影做出的分析結果，波維克和其他合作的研究人員後來
證明了，梅花翅嬌鶲的第五、六、七根次級飛羽所具備的共振
特性，的確就是每秒振動一千五百次，一般嬌鶲的羽毛並不具
備這樣的特性。[10]除此之外，次級飛羽之間的共振耦合在一
起，能讓音量放大。這些連接在雄鳥尺骨部位的羽毛，讓發出
的聲音具備了獨特的共鳴特性，有小提琴聲一般綿長的音樂特
徵。波維克的分析結果指出了，鳥類的美麗可以來自於創新與
幾近離譜的複雜結構。

　　適應性擇偶很難解釋梅花翅嬌鶲的美學創新。嬌鶲用翅膀
鳴唱，可能和雄鳥的品質高下有關，但是用喉部鳴唱一樣也被
認為和品質有關。如果喉部的鳴唱已經能夠清楚表示品質的高
低，那麼，為何會有一種嬌鶲拋棄了這種演化完善的誠實指
標，偏好使用另一種全新而且沒有經過證明能誠實指出品質的
聲音產生技術？[11]適應性擇偶提出的解釋，往往類似魯德亞
德·吉卜林（Rudyard Kipling）的《原來如此故事集》（*Just So
Stories*），在這些故事中會出現動物超乎尋常的特徵，例如長頸
鹿的脖子、大象的身軀、花豹的斑點，然後用一連串古怪荒謬
的事件解釋這些特徵從何而來。不過，在梅花翅嬌鶲這個案例
中，「原來如此的故事」對於喉部鳴唱和翅膀鳴唱的解釋彼此
衝突，兩者不可能都是正確的。

　　如果從另一個角度思考，美麗的確會發生，隨意的擇偶演
示與偏好可以在沒有天擇壓力的狀況下共同演化，和品質資訊

或交配效率沒有一丁點關係。根據這個理論，梅花翅嬌鶲的翅膀摩擦發音所產生的鳴唱，只不過是嬌鶲神奇的美學輻射中，另一種可愛又無法預測出的特徵而已。

如果美麗的確會發生，那麼性展示顯露的特徵便不會有助於生存，而會往相反的方向演化，可能會消耗個體許多成本。我們可以預期，每種演示特徵都是該特徵帶來的性利益與消耗的生存成本之間達成的平衡狀態，而這種平衡狀態可能距離對於雄性生存和生育的最佳狀態遠得要命，後者才是天擇偏好的。吸引配偶的性優勢足以壓過適應良好的生存優勢。換句話說，年輕魯莽、如同電影明星詹姆士・狄恩（James Dean）般的早逝帥哥，留下的後代可能要多過活到七老八十的安靜圖書館員。

那麼，生物之美以及對這種美麗的偏好，可以帶來多大的性優勢？答案是非常大！關於這個永恆的科學問題，波維克對梅花翅嬌鶲的後續研究提供了決定性的答案。[12]她證明了美麗其實並不膚淺，她的發現讓我們深入了解美學演化的運作方式。

以翅膀發出鳴唱聲這種非比尋常的事情，不只需要非比尋常的羽毛與運動翅膀的方式。翅膀骨骼的形狀與組成，以及翅膀肌肉的大小與附著在骨骼上的位置，在演化的過程中也發生了很大的改變。鳥類翅膀骨骼和肌肉的變化往往非常小，飛行這件事使得世界各地的鳥類在進行翅膀精細結構的演化時，可以改動的地方非常少。在一億三千五百萬年前，中生代的鳥類

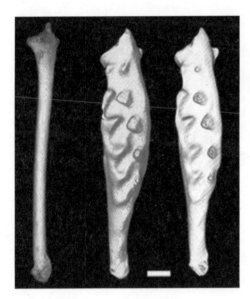

X光斷層攝影對雄白冠嬌鶲
尺骨（左）、雄梅花翅嬌鶲
尺骨（中）、雌梅花翅嬌鶲
尺骨（右）的拍攝結果。
白線段的長度為二毫米。

首度像現代鳥類這樣飛行時，翅膀的設計就已經趨於完善，之後的鳥類只能稍作修改。[13]

　　波維克比較了梅花翅嬌鶲和其他嬌鶲的翅膀構造，發現梅花翅嬌鶲的翅膀真的很奇特。其他嬌鶲的尺骨只是一根單純的中空管子，可是雄梅花翅嬌鶲的尺骨構造非常特殊，完全看不出來是相同的骨頭。它是其他嬌鶲尺骨的四倍粗，體積是三倍大，但是比較短。雄梅花翅嬌鶲的尺骨上表面有明顯的凹槽和凸起，那是韌帶連接的位置，這些韌帶的另一端會連到參與共振的次級飛羽。世界上沒有其他的鳥有這樣的結構。更令人驚訝的還在後面。雄梅花翅嬌鶲的尺骨是實心的，鈣密度是其他嬌鶲翅膀骨骼的兩到三倍。相較之下，其他嬌鶲尺骨內

部有一半以上的體積是空的。事實上，地球上其他所有鳥類的尺骨都是中空的。就算是霸王龍（ *Tyrannosaurus rex* ）和伶盜龍（ *Velociraptor* ）等獸足類恐龍，尺骨也是中空的。所以說，梅花翅嬌鶲為了用羽毛鳴唱，大幅改變了一億五千萬年來都持續不變的翅膀結構。這些創新翅膀鳴唱的性擇，迫使雄梅花翅嬌鶲放棄了在鳥類還沒有飛行之前就出現的前肢骨骼結構。

　　波維克的理論是，這些尺骨是實心的且比較粗，加上用於連接羽毛韌帶的複雜表面結構，因而有兩個功能：一是讓羽毛的基部更為穩固、摩擦發出的聲音變得更大，二是增加次級飛羽之間的共振與耦合。

　　雄梅花翅嬌鶲的翅膀顯然演化成要執行兩個截然不同的功能：飛行和發出鳴唱聲。如果是傳統的翅膀結構，當然沒辦法把這兩件事情做得一樣好，因為其他鳥類共有的傳統結構適用於飛行（不會飛的祖先也有相同的結構）。所以，雄梅花翅嬌鶲翅膀的結構必須有所妥協。不過，這種為了讓翅膀鳴唱而在形態上出現的妥協，會消耗雄鳥額外的生存與能量成本。在野外，很容易就看到雄梅花翅嬌鶲以笨拙的姿態飛行。現在還沒有資料顯示這種奇特的尺骨如何影響雄梅花翅嬌鶲的飛行動力和能量運用。[14]但是我們不難想像，飛羽、翅膀骨骼和肌肉的結構因為要發出鳴唱聲所產生的變化，幾乎不可能沒有影響到雄鳥的飛行能力、機動能力、飛行演出，以及能量使用的效率。

　　各種能夠飛翔的鳥類，翅膀的結構都非常相近，在在證明

了是天擇讓鳥類的翅膀長成這種樣子。雄梅花翅嬌鶲翅膀演化成的形態，則遠離了天擇篩選出的最佳飛行效率結構。如果說這些衍伸出來的結構特徵不會損耗雄性梅花翅嬌鶲的其他功能或是生存成本，那麼我們可以推想其他許多鳥類翅膀的形態應該也會演化成類似的形態，但事實上並沒有。

雄梅花翅嬌鶲用翅膀發出鳴唱這件事，可以當成演化衰落的鐵證：擇偶使得一個族群整體的生存與生育能力下降了。這種演化衰落的狀況，對適應主義造成威脅的嚴重性，讓適應主義者把「方法上的邪惡」的標籤貼在證據並不豐富的隨意性擇之上。根據適應性擇偶理論的說法，這些耗費成本的翅膀骨骼解釋了富有吸引力的雄鳥，就算身負這樣額外的生理負擔與功能不便，依然優秀到得以生存下來。回顧在第一章提到扎哈維最早提出的缺陷理論（盛美家理論），實際上並不合理。如果這些裝飾的成本和造成的利益有直接的關聯，那就得不到回報。修改缺陷理論的唯一方式，就是打破缺陷理論。我們可以這樣假設：比較好的雄性必須耍詐，對每種增進利益的品質投入比較少的成本。可是，所有生物都不會出現這樣的成本投入，當然也包括了梅花翅嬌鶲。我認為，雄梅花翅嬌鶲翅膀結構為了因應美學而改變，是一個優秀的證據，能說服我們在自然界的確有為了性吸引力而使功能衰落的演化出現，不過這些案例由於缺乏生理學證據，因此還算不上是決定性的證據。為了打開僵局，我們必須更深入研究。

最近，我開始尋找雌梅花翅嬌鶲因為擇偶偏好而產生適應不良與衰落演化的結果。梅花翅嬌鶲翅膀骨骼變得奇形怪狀，很可能不利於飛行。但是，雌梅花翅嬌鶲的翅膀骨骼有什麼改變嗎？這種鳥很罕見，以致於在與自然史相關的博物館都沒有牠們的骨骼標本。不過，利用Ｘ光和電腦斷層掃描研究牠們的皮膚，我發現雌梅花翅嬌鶲的尺骨一樣變得奇形怪狀，就如同雄性那樣。只不過雌鳥的尺骨並不是實心，而是空心的。

為什麼會這樣？雄鳥用翅膀鳴唱的能力，顯然是擇偶的結果，因此，梅花翅嬌鶲在演化的過程中，雌鳥不但改變了雄鳥翅膀的形態，也改變了雌鳥自身翅膀的形態。再強調一次，我們還沒有證據指出這些形態上的改變影響了雌鳥的飛行能力與能量利用。由於其他所有鳥類翅膀的骨骼都沒有什麼變化，這種現象最好的解釋是，天擇維持了這種骨頭中空、長管狀的構造，因為這種構造功能最佳、最有利於發揮飛行的功能。換句話說，鳥類翅膀骨骼的一致性可以證明其他翅膀骨骼的變化都比較糟，會浪費生存與生育所需的成本。[15] 雖然雌梅花翅嬌鶲並不會利用翅膀鳴唱，但顯然雄鳥那極端奇特的翅膀構造改變殃及了雌鳥，讓她們也為了那富有吸引力的鳴唱而犧牲了一些功能。雌鳥的骨骼並沒有像雄鳥那般全都變成實心，中間還有一些沒有骨質的部位，從這點看來，雄梅花翅嬌鶲長出極端形狀尺骨所招致的犧牲，雌鳥多少避免了一些。

雌鳥進行的擇偶，使得雄梅花翅嬌鶲翅膀的飛行功能與效率下降了，這點還是可以解釋成雄性品質的誠實資訊。但雌梅

花翅嬌鶲翅膀的飛行功能與效率也下降了。[16]這種偏好雄性特殊翅膀鳴唱造成的結果，只能說是功能的衰落。

有趣的是，雌鳥雖然偏好這種用極端奇怪翅膀鳴唱出的吸引異性的歌曲，可是這樣的偏好不會損及自己的生存與生育能力。[17]相反地，雌鳥偏好有適應不良翅膀骨骼的雄鳥，所付出的遺傳代價是間接的，因為她們的後代可能會遺傳到更為奇形怪狀的翅膀骨骼，這種骨骼可能會影響到她們的後代中雌性的生存與生育能力。不過，後代中的雄鳥如果因此更具性吸引力，這種同時發生的間接遺傳利益，便能超過擇偶付出的間接遺傳代價。由於對配偶極端的美學選擇所消耗的適應不良成本來自選擇者的下一代，因此整個族群會一代接一代朝功能衰落與喪失的方向持續變化。族群將無法免於由天擇造成的衰落，因為適應不良的功能將會造成間接的犧牲，就算得到了美麗且性感的後代，也無法彌補這種損失。不論如何，整個族群適應不良的程度會每況愈下，因為個體適應環境的能力會隨著時間而減低。整個族群裡的個體，不論雌雄，其生存與生育能力最後都受到了影響。

在梅花翅嬌鶲中，翅膀骨骼的衰落演化顯然受到鳥類生物特性的推波助瀾。在鳥類的胚胎發育過程中，翅膀很早就出現了：大約是在孵卵開始之後六天，這時候胚胎的性別尚未開始分化出來。[18]換句話說，六天大的鳥類胚胎並沒有雌雄可言。因此，改變雄鳥翅膀骨骼形狀的演化篩選，會影響到雌鳥的骨骼。雌鳥的選擇偏好改變了雄鳥的美學表現，也讓整個物種往

衰落的方向前進。不過，當胚胎的性別出現之後，雄性和雌性就有機會朝不同的方向發育。之後才出現的發育過程（例如在翅膀骨骼中長滿骨質），可以依照性別的不同而有差異，所以雌梅花翅嬌鶲的翅膀骨骼和雄鳥的不同，是中空的。

　　梅花翅嬌鶲用翅膀摩擦發出鳴唱聲，並不只是鳥類鳴唱的怪異創新方式，這個現象再次指出了天擇不是演化中無所不包且具有決定性的力量。在大自然中，有些性慾望和性選擇造成的演化後果和適應沒有關聯，有些結果的確是讓功能衰敗。天擇不是大自然生物設計的唯一來源。

　　這樣衰敗的程度會有多糟呢？我的實驗室發展的新理論模型顯示，經由擇偶偏好造成的間接犧牲，的確可以讓衰敗的現象演化出來。類似演化過程的數學遺傳模型更進一步指出，演示特徵造成了衰敗，這種犧牲可以導致整個族群或是物種滅絕。[19]種種結果指出，性擇的角色除了促進新種的演化之外，我們同樣該了解到性擇也可能把物種推向沒落和滅絕。世界上許多最為精細漂亮、在美學上走極端的生物是如此罕見，這也沒什麼好驚訝的吧？但我不這樣認為。

　　一旦確認了這種可能性，我們就能發現，演化衰落的現象或許並不稀少也並非不尋常。還有其他許多例子足以說明雌性擇偶的結果造成了雌性本身具有類似雄性的演示裝飾，而這種裝飾對她們一點用處都沒有。[20]達爾文和華萊士就曾針對鳥類雌雄羽毛的差異進行過激烈的爭辯。從現代的角度來看，他們

對這個議題的火熱討論其實一點建設性都沒有，因為兩人都沒有詳細說明遺傳的機制，可是討論的激烈程度則指出了，在「擇偶造成的演化是否為重要的適應性過程」爭論中，鳥類雌雄羽毛的差異依然是重要的案例，華萊士堅持這個問題的答案是肯定的。

雌性具備無用裝飾的狀況，威脅到誠實傳遞訊息的邏輯與可能性。如果雄性形成與維持性裝飾需要耗費成本，而且還要背負這種缺陷生存下去，凡此種種犧牲的重點在於確保裝飾得以傳遞誠實的訊息，那麼，為什麼雌性會做出這種得不到好處的犧牲？反過來說，如果有這些裝飾對雌性來說，並沒有犧牲掉成長和生存的能力，那怎麼能說這些裝飾能清楚又確實地指出雄性的品質呢？這是適應性擇偶得要處理的大問題，可以證明這個問題的證據相當多，但大多都受到忽視。

這類現象當中一些最明顯的例子，就和梅花翅嬌鶲扭曲的骨骼一樣，是在發育的早期階段出現的。舉例來說，棲息在新幾內亞西部的威爾森氏麗色天堂鳥（*Cicinnurus respublica*），雄鳥頭頂上有鮮明的藍色，其間有很短的黑羽毛構成的十字形花紋（參見彩圖13）。在雄威爾森氏麗色天堂鳥奇特的求偶演出中，這樣奇特的藍色平頭只是十幾種羽毛彩飾中的一種，雌鳥會在非常近的距離觀察這些裝飾。雄威爾森氏麗色天堂鳥的展示場所是森林底下幾乎沒有草木生長的泥地，他會停在泥地周圍小樹的樹幹上演示，當雌鳥從上方接近，雄鳥便展現胸前深綠色的閃亮羽毛，翹起紅色的尾部，讓一對綠色漩渦狀尾羽舉

起。他還會拉起頭部，讓亮藍色的頭頂顯露出來。雌威爾森氏麗色天堂鳥頭部的模樣也類似雄鳥，只是藍色比較深一些，但這些裝飾完全沒有演示的功用。

斗篷雀（*Perissocephalus tricolor*）是棲息在南美洲的傘鳥科（Cotingidae）鳥類，和嬌鶲的親緣關係相近，也有求偶場行為。這種鳥的雄性和雌性頭頂都沒有羽毛，反而呈現裝飾用的藍色，但是雌鳥從來都不用這些裝飾進行演示。

鳥類要演化出沒有羽毛、用於裝飾的皮膚，需要改變的是皮膚上羽毛毛囊的分布範圍，這種改變也出現在性別尚未出現的胚胎早期，和嬌鶲的翅膀骨骼一樣。[21] 威爾森氏麗色天堂鳥和斗篷雀的頭頂要長不出羽毛來，需要在胚胎時期就抑制這些區域皮膚的羽毛毛囊發育。因此，雌鳥選擇了具有性感藍色光頭的配偶，造成的演化結果是雌鳥的頭部也沒有羽毛，這種裝飾並沒有用處，可以算得上是一種衰落了。

藍色的頭冠是否會對威爾森氏麗色天堂鳥或斗篷雀雌鳥的生存造成不利呢？事實上，當雌鳥獨自在開放的鳥巢中孵卵時，亮藍色的頭頂對避免受到掠食並沒有幫助。因此，這個藍色頭頂就雌鳥的生存和生育而言，很可能都一無是處。不論如何，這種特徵都不能說是適應的結果，因為它無法促進雌鳥和環境間相合的程度。

另一個明顯的例子，出現在蓋亞那動冠傘鳥（Guianan Cock-of-the-Rock）的雄鳥身上（參見彩圖14），他們有亮橘色

的「摩霍克」（Mohawk）＊冠羽。一般來說，鳥類頭部的羽毛從
毛囊長出來的方向是朝尾部的，這樣羽毛會平貼著頭部，讓整
層羽毛外表平順光滑。可是，蓋亞那動冠傘鳥的雄鳥頭冠部位
兩側的羽毛生長方向，是朝著頭冠中線，因此形成優美的「摩
霍克」髮型。這些羽毛本身並沒有彎曲，而是頭冠右側毛囊的
方向順時針轉了九十度，左側毛囊的方向逆時針轉了九十度，
於是冠羽就朝內生長了，真是非常神奇！[22]這種奇特的毛囊方
向變化，如同翅膀骨骼和沒有羽毛的頭，是在胚胎發育第七或
第八天就確定了，這時胚胎還沒有性別。[23]所以，這次我們可
以預期，如果仔細觀察一身灰褐色的雌蓋亞那動冠傘鳥，就會
發現她細緻的棕色頭冠羽毛也是各轉九十度朝向頭冠中線，造
成了一簇小小的隆起，看起來很樸素。當然，這個樸素的隆起
對雌鳥是毫無用處的。

　　還有其他許許多多的例子。在一夫多妻制的鳥類中，雌鳥
具有誇張的裝飾或是無用的非裝飾特徵，這樣的例子很常見。
這些特徵都可以證明美麗會發生之後造成的衰落結果。

　　如果你受過的教育告訴你，演化等同於天擇造成的適應，
並且讓物種持續改進，那麼，美學衰落的演化可能會讓你感到
困惑。只要想想人類本身的非理性與不實際的慾望，可能就有

＊ 譯注：一種剃光兩側只留下中間部分的髮型，源於紐約州北部莫霍克谷的原
　住民。

助於我們重新審視這個過度簡化的觀點。動物會比人類更理性嗎？

就如同美國爵士時代（Jazz Age）的詩人埃德娜・聖文森・米萊（Edna St. Vincent Millay）所寫的詩〈第一顆無花果〉（First Fig）：

> 我的蠟燭兩頭燃燒；
> 將無法持續整夜；
> 但我的敵人與朋友——
> 那是如此燦爛光輝！

達爾文和米萊都了解，如果性成功的定義是「受到配偶的選擇」，那麼生存就不是生命中最優先的事物。可以用生存與生育能力交換性成功，也就是以性擇交換天擇，而這種交換經常出現的結果便是演化衰落，讓生物和環境之間適應契合的程度下降。有許多物種就如同梅花翅嬌鶲那樣，為了性成功而付出了高昂的代價，連雌鳥都把生存與生育能力給賠了上去，使得適應性每況愈下，這都得怪牠們極端的性別美學慾望所造成的演化。不過，掙脫了為了適應而產生的限制，在演化上的衰落有可能促進了美學創新，讓鳥類的美麗如此多采多姿。

二〇〇七年某天早上，耶魯大學的古生物學教授德瑞克・布立格茲（Derek Briggs）和他的研究生傑可・溫塞爾（Jakob

Vinther）走進我位於紐海文（New Haven）的辦公室。他們拿著溫塞爾拍攝的照片給我看，那是一張掃描式電子顯微鏡影像，其中是放大了兩萬倍的羽毛。在這灰色的照片中，有幾十個像是小熱狗的東西，彼此大致平行排列著。他們說：「你覺得這些看起來像是什麼？」我回答：「看起來像黑素體（melanosome）。」溫塞爾得意地對布立格茲說：「我就說吧！」顯然我的回答是某件重要事情的成敗關鍵。

　　黑素體要用顯微鏡才看得到，由黑色素（melanin）聚集而成，羽毛的黑色、灰色和棕色都是由黑素體造成的。布立格茲和溫塞爾在讓我看電子顯微鏡照片之前，並沒有告訴我這根羽毛來自丹麥富爾島的早期始新世地層（Early Eocene Fur Formation）出土的鳥類化石。如果這真的是黑素體，那麼它們已經有五千五百萬年的歷史了。

　　羽毛中的黑色素是由專門製造黑色素的細胞所合成，這些黑色素會包進有膜的胞器黑素體中。人類的頭髮也有類似的色素沉著現象。鳥類羽毛發育過程中，製造黑色素的細胞會把完整的黑素體傳送到個別的羽毛細胞中。羽毛細胞成熟之後，黑素體外面會由羽毛中堅固的 β 角質蛋白（beta-keratin protein）包裹起來，讓成熟的羽毛呈現特定顏色。黑色素是古老的色素，幾乎所有動物都能製造。黑色素有數種化學結構。例如短嘴鴉（*Corvus brachyrhynchos*）羽毛的黑色和人類頭髮的黑色，都是由真黑色素（eumelanin）分子造成的。[24]黃褐森鶇（*Hylocichla mustelina*）羽毛的紅褐色和人類頭髮的紅色，則是由

另一種分子褐黑色素（pheomelanin）造成。

　　古生物學家早在一九八〇年代就利用掃描式電子顯微鏡研究羽毛化石，當時他們也觀察到了這種桿狀物，甚至確認這些東西的成分是含碳的有機分子，而不是周圍的礦物質。可是，絕大部分的古生物學家食「骨」不化，傳統上，他們不會多往細胞生物學的方向思考。他們基於這些物體的形狀和大小，認定這些結構來自羽毛形成化石的過程中，那些來吃羽毛的細菌，這些細菌後來也成了化石。古生物學家對各種不同化石形成的特殊機制非常有興趣，細菌化石被視為重要的發現。不過，他們提出的各種理論都沒有什麼道理。舉例來說，最常發現這些細菌的地方是乾燥且幾乎無法消化的羽毛，身體其他多汁又好吃的部位卻沒有細菌留下？不論如何，古生物學界把細菌學說當成既定的事實，所以溫塞爾的發現其實是挑戰這項準則的大好機會。

　　為了要確定這個化石中的顯微結構到底是細菌還是黑素體，我們需要一個黑色素分布狀況保存良好的羽毛化石，當成不會受到質疑的樣本。幸好，布立格茲對世界各地博物館中保存狀況極佳的化石瞭如指掌。他記得英國萊斯特大學（University of Leicester）地質博物館中有一根來自巴西克拉托地層（Crato Formation）的羽毛，上面有漂亮的橫紋，約有一億八百萬年的歷史。這根羽毛結構完整地保留下來，連羽小枝（barbule）上最細微的絲狀結構都保存良好。除此之外，羽毛上的帶狀花紋代表了色素原本的分布狀況，不會因為化石細菌

而受到混淆。

　　我們利用電子顯微鏡，確認了羽毛上黑色條紋的部位含有大量的細小「熱狗」，長度為數微米，寬度是一百到兩百奈米，這和現存鳥類羽毛中的真黑素小體（eumelanosome）非常

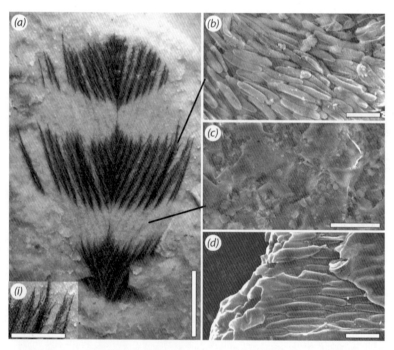

現存鳥類和化石鳥類的黑色素沉著。(a)巴西克拉托地層的白堊紀早期化石，有黑白相間的花紋。(b)黑色的部位中含有黑素體。(c)白色的部位只有礦物結構。(d)現生鳥類紅翅黑鸝（*Agelaius phoeniceus*）翅膀的黑素體，幾乎和化石中的黑素體一模一樣。各照片中的參考用白線長度：(a)三毫米，嵌入照片中的是一毫米。(b)一微米。(c)十微米。(d)一微米。*From Vinther et al. (2008)*

類似。[25]相較之下，化石羽毛白色部位就完全沒有這樣的構造。對於這樣的顯微結構，最好的解釋便是羽毛中原始的黑素體保留至今。這些黑素體在適當的狀況下完整變成了化石，並且經歷了上億年不壞，保留了這些古代生物原始的花紋。

我們發現到的黑素體化石，引發了全新的脊椎動物化石顏色研究熱潮，研究的目標包括動物的羽毛、毛髮、皮膚、鱗片、指甲，甚至還有視網膜。當然，在這個古生物顏色學中最讓人興奮的問題，可能就是恐龍的顏色了。有了我們的發現之後，這個問題不再只是科幻小說的材料，而是完全能夠實際研究的問題了。羽毛最早是從雙足步行的肉食性獸足類恐龍中的一支演化出來，那時鳥類還沒有出現，牠們也還不會飛行。[26]我們的發現顯示，理論上科學家可以重建這些無飛行能力恐龍羽毛中由黑色素造成的顏色。事實上，那根巴西斑紋羽毛化石的年代之古老，可能過去就長在一隻沒有飛行能力的恐龍身上。我們要做的就是取一小塊恐龍化石羽毛的樣本，放在電子顯微鏡下觀察。這些有羽毛的恐龍化石，絕大部分來自中國東北方遼寧省的白堊紀早期和侏羅紀晚期地層。這些化石本身就是上個世紀引發古生物學革命的最重大發現，然而能重建牠們羽毛的顏色，讓重要性又完全提升到一個新的層次！

接下來幾年，我們擴大研究團隊，開始研究一份侏羅紀晚期、長相類似盜龍的赫氏近鳥龍（*Anchiornis huxleyi*）化石，這份化石來自中國東北方的遼寧地層，保存在北京自然博物館。[27]近鳥龍是一種小型的雙足步行獸足類恐龍，長尾巴中有骨骼，

牙齒細小，在前肢和後肢上都有飛羽狀的長羽毛。近鳥龍屬於
充滿謎團的「兩對翅膀」恐龍，這類恐龍和盜龍（raptor
dinosaur，例如電影《侏羅紀公園》在廚房裡追著小孩跑的伶
盜龍）的親緣關係非常接近，也和最早發現的鳥類化石始祖鳥
（*Archaeopteryx lithographica*）的親緣關係很近，也和所有現存鳥
類祖先的親緣關係密切。

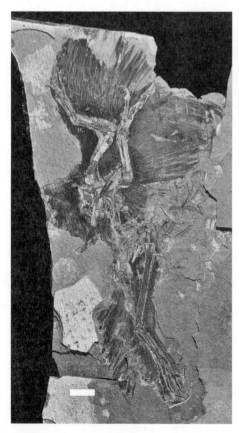

北京自然博物館中的獸足類
恐龍赫氏近鳥龍化石（標本
編號：BMNHC PH828）。
白色短線的長度是兩公分。

　　雖然遼寧地層以化石保存狀況精美而出名，可是這份特別的近鳥龍化石保存狀況不是很好，事實上，這很像是在侏羅紀時代發生的動物路殺事件，牠的身體受到嚴重損傷，頭掉了下來，保存在另一片岩板中，四肢朝不同方向展開，但是骨骼周圍確確實實有厚厚的黑色羽毛包圍著。我們最後從身體周圍區域取得三十多個芥末子大小的樣本，供電子顯微鏡觀察之用。由於這份化石保存的狀況並不好，我們只期待若能找到黑素體就很滿意了。

　　回到紐海文，我們用電子顯微鏡觀察這些取自不同部位的樣本，發現了部分保存狀況良好的黑素體、部分保存不良的黑素體，而有些樣本中完全沒有黑素體保存下來。接下來，新的研究是比較近鳥龍和現存鳥類黑素體的大小、形狀和密度。黑色羽毛和灰色羽毛中的真黑素小體是長熱狗狀，而紅褐色羽毛中的褐黑素小體（pheomelanosome）則比較短，像是豆子。比較近鳥龍和現存鳥類的黑素體數據，我們可以判斷化石羽毛的顏色。由於我們取樣的範圍遍布整個化石樣本，因此能夠重建幾乎全身完整羽毛的顏色。

　　我的科學研究生涯中最讓人興奮的時刻之一，便是利用新發現的羽毛顏色繪製近鳥龍的模樣。我們取的樣本都有編號，足以對應回近鳥龍化石羽毛原來的位置，顯示出黑色、灰色、紅褐色和白色的部位，最後繪製出來的結果讓人震撼，遠遠超乎我們的想像。

　　給赫氏近鳥龍羽毛上色的過程，像是在撰寫《侏羅紀恐龍

野外觀察手冊》第一章。我還小的時候，受到野外觀察手冊的激發，進入大自然研究鳥類。現在我是科學家，我有了全新的方式重新建立鳥類的形象。

赫氏近鳥龍長什麼模樣？牠身上的羽毛大部分是深灰色，前肢的羽毛是黑色，頭頂上有紅褐色的長羽毛，排列成弧形（參見彩圖15）。最讓人驚訝的是，前肢和後肢的長羽毛中間是白色，頂端部位是黑色，很像是現代培育出來的斑點漢堡雞（Spangled Hamburg chicken）。這些四肢羽毛上的黑色斑點在羽毛的尾端飄動，也會在翅膀上形成黑色的帶狀條紋，全都非常顯眼。

還有一個有趣的地方。近鳥龍肢體上的長羽毛，形狀是左右不對稱的，這很像是現代鳥類的飛羽，我們現在還不清楚近鳥龍是否把前肢當成滑翔「翼」。除此之外，近鳥龍的羽毛覆蓋範圍很廣，一直往下延伸到腳趾部位，大部分現存鳥類的腳和爪部位並沒有羽毛，而是由鱗片覆蓋。

找出恐龍身體的顏色並不是為了好玩，許多關乎恐龍生物學和鳥類起源生物學的基本問題因此一一出現。近鳥龍身上羽毛形成的圖樣複雜又鮮明，顯然是為了吸引異性或是具備社會溝通功能。所以，羽毛美學裝飾並不是從鳥類才開始有的，可以回溯到在陸地上活動的獸足類恐龍。恐龍某一個特別的支系演化成有辦法飛行的鳥類，可是在此之前，恐龍也因為共同演化而變得美麗——恐龍自覺這樣是美麗的。鳥類美學的歷史多采多姿，而這個歷史可以追溯到牠們在侏羅紀時代的獸足類恐

龍祖先。

　　更重要的是，美麗的演化有可能影響羽毛本身的演化嗎？從一九九〇年代晚期開始，我集中精神研究一個之前毫不相干的領域：羽毛的演化起源和多樣化過程。一九九九年，藉由羽毛生長的過程，我提出了羽毛演化階段的模型。[28] 這個涉及廣泛的領域稱為發育演化學（developmental evolution），或是演化發育學（evo-devo）。從那時候起，羽毛演化的演化發育理論有獸足類恐龍羽毛化石的古生物學證據支持，也有來自羽毛發育的分子生物學機制相關實驗的證據。[29]

　　用最簡短的方式來說，我的羽毛起源的演化發育理論指出，最原始的羽毛只是簡單的管子──想像一下，皮膚上長出了細細的空心義大利管麵。在下一個演化階段中，這根管子分了許多岔，變成一撮毛茸茸的構造。直到下一個階段，羽毛才有扁平的部位，稱為羽面（feather vane），這時鳥類才演化出利用身體力量飛行的能力。

　　羽毛演化的演化發育理論，指出了在鳥類出現之前、在飛行出現之前，羽毛就已經出現，而且業已具備幾乎所有的複雜形態了。因此，在獸足類恐龍身上演化出的片狀羽毛，其實有其他的功能，只是在後來某一個恐龍分支中，這些羽毛多了個幫助飛行的功能，這個恐龍分支就是現代鳥類的祖先。羽毛起源的演化發育理論，加上在古生物學領域中找到了帶有羽毛的恐龍，兩者聯手推翻了古老的羽毛演化理論，這個理論有百年

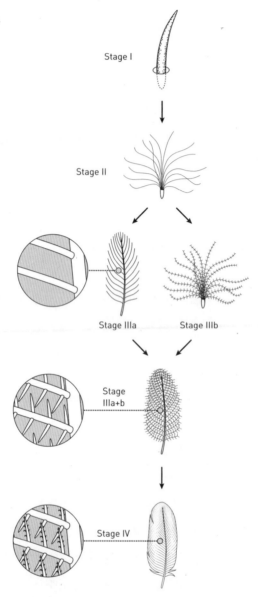

Stage I

Stage II

Stage IIIa   Stage IIIb

Stage
IIIa+b

Stage IV

從羽毛發育過程推演羽毛演化過程的各個階段。羽毛是經由一連串發育創新而演化出來的。最早是中空的管子（第一階段），之後長出絨毛（第二階段）。後來結構變得越來越複雜。密緻的片狀羽毛（第四階段）最初演化出來，也許是羽毛中的色素能夠展現複雜花紋的平面，這些花紋的功能具有傳遞社會訊息與性吸引力的美學功能。

以上的歷史，認為羽毛是因為具有空氣動力學的特性，能夠幫助飛行和滑翔才受到天擇青睞而演化出來。說羽毛是為了飛行才演化出來，就像是說手指是為了彈鋼琴而演化出來。事實上，只有最先進的結構才具備如此複雜的能力。

　　羽毛起源的空氣動力學理論，只是適應主義者對創新起源看法的一個例子。不過，這個在二十世紀大為流行的理論並不正確。數百年來，每個人都確信羽毛是經由天擇而演化出來的，選擇的標的是有助於飛行的程度，可是我們其實都不知道羽毛真正的演化過程。我們必須將「每個創新功能都是因為天擇而出現」這樣的念頭放在一邊，研究羽毛發育的細節，從中取得羽毛演化相關的證據和預測，對羽毛創新的演化過程才能了解得更詳細。這種演化發育學的研究方式，優點在於我們會先了解羽毛演化的過程，之後才研究羽毛出現的原因。[30]

　　一旦了解羽毛演化的過程，我們便可以回頭研究羽毛演化各個階段所具備的篩選優勢。最早期的管狀羽毛和後來的簇狀羽毛最受到認同的假說，是演化來調節體溫和防水。不過，從簇狀絨毛（第二階段）演化到片狀羽毛（第三階段a到第四階段），就沒有廣為接受的理論了。在飛行尚未演化出來之前，扁平的片狀羽毛所具備的演化利益是什麼？羽毛中的絨毛結構功用很明顯，能夠保持溫暖，或是防水，這有助於體溫的調節，現代的小雞就是這樣。小鴨全身就是絨狀羽毛，既能保暖，又能維持乾燥。

　　那麼，片狀羽毛最初的篩選優勢會不會是美學上的呢？絨

狀羽毛看起來毛茸茸的。雖然毛茸茸的小雞很可愛，但是這樣毛茸茸的羽毛呈現的彩色花紋，在美學變化上是有所限制的。絨狀羽毛就像是頭髮，不同的頭髮可以有不同的顏色，倘若要讓絨狀羽毛的頂端和基部有不同的顏色，那就不容易了，實情就是如此。假如有片狀羽毛，就等於有了一個確實的平面。每根羽毛上的二度空間是全新的世界，能出現複雜的彩色花紋。許多片狀羽毛加起來能讓全身的羽毛呈現複雜的圖案，並且有著流線平滑的外型。

換句話說，平面羽毛可能是經由美學篩選而演化出來的。羽毛像是一張二次元的畫布，可以產生複雜的色素花紋，包括點、線、條紋等。片狀羽毛這樣重要的創新得以演化出來，可能是因為它提供了展現美麗的全新方式。

這的確是個大事件，因為鳥類後來演化到能使用這種片狀羽毛產生飛行所需的空氣動力。羽毛不是為了飛行而演化出來的，而是飛行從羽毛演化出來。有很多好的理論解釋了鳥類飛上青天的關鍵創新從何而來，其中最好的是對美麗的慾望。

鳥類具備的精緻美麗，並不只是生物物種強烈鮮明的特徵而已，經由共同演化出來對於美麗的慾望，是讓鳥類演化出來的第一步。

這樣的事情出現當然很了不起，但是影響所及不只如此。約在六千六百萬年前，一顆巨大的隕石撞擊地球，造成了一個直徑將近一百八十公里的大坑，那就是現在位於墨西哥猶加敦（Yucatán）的奇虛樂隕石坑（Chicxulub）。撞擊後引發的一連

串環境與生態改變，導致地球上陸地與海洋中的生物大量滅絕，其中最著名的生物是恐龍。當然，我們現在知道恐龍並沒有滅絕，有三個支系的恐龍熬過了在白堊紀發生的大滅絕，牠們是現存三大鳥類支系的祖先。[31] 這三個支系後來繁衍、種類增加（其中一支的種類暴增），成為這個行星上頭超過萬種的鳥類。

為什麼鳥類有辦法熬過白堊紀和古第三紀（Paleogene）間的滅絕事件？其他的恐龍卻沒有？這是個難以回答的問題，不過我們可以確定，只有羽毛是不夠的，因為獸足類恐龍中還有其他許多分支都具有羽毛，牠們都沒有活到古第三紀，這些恐龍包括全身披滿羽毛的盜龍，例如伶盜龍、似鳥龍（ornithomimid）和傷齒龍（troodontid）。實際的狀況是，能熬過白堊紀和古第三紀滅絕事件的恐龍分支，只有可以利用羽毛飛行的物種。可能是因為飛行能力讓這些鳥得以逃離奇虛樂隕石坑撞擊事件帶來的極度惡劣的生態變化，或是很快地分散開來，在生態系一片混亂的狀況下找到暫時的庇護場所。這點我們無法確定。不論如何，如果不是因為具備了飛行能力，現代鳥類的祖先可能和其他的恐龍一樣滅絕了。所以，可能是為了美麗而出現的片狀羽毛推動了飛行的演化，使得具有飛行能力的恐龍在白堊紀和古第三紀間的滅絕事件生存下來。更難想像的是，在地球生命的歷史上，其他對於美麗的慾望還可能造成更大的影響嗎？

在這本書中，我一直主張自然界那麼豐富的種種美麗，絕

大部分可能是無意義和隨意出現的，呈現給選擇者看，只不過是希望得到喜愛和偏好而已。然而在研究美麗的複雜、創新與衰落的演化時，卻指出了這樣的觀點並不是把大自然的美麗看成是蒼白、瑣碎和虛無的特徵。從美學的觀點出發，越深入研究大自然，便越會發現和美麗共同演化對於生物多樣性的變化與形式，有著強烈且具有決定性的影響，能夠造就出創新。當擇偶偏好不只能提供適應性利益這樣狹隘的工作，美麗和慾望還能夠自由拓展與創新，並且改變了自然世界。也因此，現在才有了鳥類。

第 五 章

讓開，讓鴨子做愛

　　好幾年前，我和妻子安在紐海文一起參加了鄰居的宴會，和其他四對夫妻共進晚餐。鋪著漂亮布巾的餐桌上，放著水晶玻璃杯、具有分量的家傳銀製餐具，燭光照射在美味佳餚上。許多小孩子在另一個房間邊看卡通邊吃飯。我們大多數人是初次見面，就依照常禮介紹自己，聊些不痛不癢的閒話。

　　用餐之後不久，一位母親在餐桌的一邊對我說話了，她有好幾個小孩在另外那個房間裡吃義大利麵。她說：「噢，你是鳥類學家！我剛好有個問題想問你。」之前我已經遇到過無數這樣的人，提出的問題都是曾見到的某種鳥是什麼鳥。但是，她的問題刺激多了。她說：「有一天，我讀《讓路給小鴨子》（*Make Way for Ducklings*）給我的孩子聽。」[1]我點頭稱是。我還是小孩子時，就聽人家唸這本羅伯特・麥克羅斯基（Robert McCloskey）寫的繪本，後來我也唸給三個兒子聽過許多次，所以記得全部內容。她繼續說：「你知道的，馬拉德夫婦終於安定下來築巢，太太生了蛋對吧？他們似乎要一起建立美好家庭，但是丈夫卻在這時候飛走了？這是為什麼？」

　　在我還沒能吸一口氣的時間裡，坐在桌子對面的安就露出緊張的表情——在家裡，我通常稱這種表情為「白眼」。她低聲提出口頭警告：「別多嘴。」所有人的注意力馬上集中到我們這邊，全都想知道我不該說的內容是什麼。安似乎想警告所有關注這個話題的人，於是問那個好奇發問的母親：「你沒有問我老公鴨子的性生活問題，對吧？」

　　從偶然提出的鴨子家庭生活問題，我們的對話轉移到我最

深入了解的領域，這點超出大家的預期。這都多虧了派翠西亞・布瑞南（Patricia Brennan）博士，二〇〇五到二〇一〇年，她在我耶魯大學的實驗室擔任博士後研究員，得到了豐碩的成果。在那幾年中，我的研究方向又意外轉了個彎，朝向探索雁形目的性行為與生殖器官構造。就如同我妻子所擔心的，鴨子奇特又扭曲的性生活，成為那天晚上的熱門話題。

　　鴨子的性生活可以是精細美麗，或者是極端暴力又非常麻煩，但的確是個能引人入勝的領域。對於在晚餐時剛認識的人來說，這可能不是最恰當的話題，我也可能不會再遇到那位提出這個問題的女士。不過，在深入了解鴨子性生活中引人困擾的細節之後，牠們的性生活讓我們重新實際了解到兩性之間的關係、慾望的本質、雌性特有的構造，以及自然界中美麗的演化過程。

　　鴨子性生活的戲劇性，讓人聯想到古希臘神話中「麗達與天鵝」（Leda and the Swan）的故事。在這個神話裡，宙斯化為天鵝的模樣，和年輕美麗的少女麗達發生了性關係。從古希臘時期開始，這神祕的一幕引來了許多藝術家，包括達文西和葉慈。雖然那一幕經常被說成是「侵犯麗達」，可是實際描繪出的景象在性關係方面總是模稜兩可，具備了彼此的慾望，又混入了突然發生的行為。可能希臘人憑直覺知道雁形目鳥類的性生活十分有趣。若是如此，希臘人就對了，因為我們現在才開始了解鴨子性生活的複雜性，以及所帶來的意義。

　　一九七三年，我十二歲，在某個陰沉的冬日，我出發前往海邊，那是我最早幾次海濱之旅中的某一次。我站在麻州的梅里馬克河（Merrimack River）岸邊，這條河在紐伯里波特（Newburyport）流入海灣，我所在之處剛好位於變寬的河口前。我用送報和割草賺的錢買了生平第一架單筒賞鳥望遠鏡，能用來觀察遠方的鳥。在這個著名的賞鳥地點，我興奮地用望遠鏡觀察鴨子、海鷗、潛鳥（loon），以及其他水鳥。那是一個寒冷的二月天，河堤上還有殘留的冰雪，一些冰在緩緩流動的河水中漂動，但是我陷入狂喜──我看到了幾群鴨子密密擠在一起，在洶湧的波浪中奮力游動。

　　我第一次用望遠鏡看去，就找到了生涯新鳥種：一群幾十隻的鵲鴨（Bucephala clangula）。雄鵲鴨的背部是鮮亮的黑色，側面、前胸和腹部是雪白色，頭冠是發出虹彩的綠色，發亮的綠色臉頰上有個大型白圓斑。鵲鴨的英文名字是「普通金眼」（Common Goldeneye），牠的確有一對明亮的金色眼睛。雌鵲鴨顏色比較黯淡，身體兩側和脖子是灰色，頭是棕色，但一樣有金黃色的眼睛。

　　不知道為什麼，那群鵲鴨中雄鳥數量要遠超過雌鳥（許多年後我才知道原因）。雄鵲鴨大約有二十多隻，雌鵲鴨只有五、六隻。我盡情欣賞牠們，看著牠們潛到水中捕食，然後又彈回水面上。突然間，有一隻雄鵲鴨把頭朝上伸，然後往尾部靠去，這個演示稱為「頭部投動」（head throw）。在這個奇特的姿勢中，他朝天的喙部會暫時打開，之後會恢復正常姿勢，

同時稍微左右搖動一下。很快地，其他雄鵲鴨也都加入了，一起這樣鬧烘烘地動了起來，睜大眼睛找尋靠近雌鵲鴨周圍的位置，並且彼此驅逐。如果那一天我再靠近一些，就能聽到雄鵲鴨在頭部投動演示時發出的刺耳雙音節叫聲。雄鵲鴨還會做出其他演示動作，這些動作都以適切的航海術語來命名，例如「船首斜桅」（bowsprit）和「桅頂」（masthead）。在「船首斜桅」的演示動作中，雄鵲鴨游動時頭朝上、喙打開；「桅頂」的演示動作是頭先抬起來，然後低下去伸到水面上。雖然氣候嚴寒，不過這群鵲鴨聚集在一起展開求偶演示。雄鵲鴨整個冬天會持續做出各種演示，向雌鵲鴨求愛，之後牠們會飛到北加

雄鵲鴨「頭部投動」演示的動作順序。

拿大在森林中的湖泊築巢。

　　這次出外賞鳥的經驗讓我印象深刻，從此開始了解鴨子複雜的社會。在整個雁形目中，雄鳥都會從事這類浮誇的求愛行為。各個種類的演示變化多端，但通常都是一連串特殊的姿勢與動作，每個只會持續幾秒鐘。雄鳥可能會重複每個動作，不過這些動作的基本元素都相當簡單。由於幾乎所有雁形目鳥類都在水上從事演示，所以動作中總是有大量攪水、游動等。

　　有些種類的鴨子，演示內容誇張到古怪滑稽。例如棕硬尾鴨（*Oxyura jamaicensis*）會做出一種令人印象深刻的泡泡演示：他的尾巴翹直朝著天空，食道左右邊的特殊小囊會灌入空氣，讓脖子和胸部膨脹起來，接著，雄鴨低下頭來，用藍色的鴨喙快速敲打紅褐色的胸部，發出低沉的「pop」聲。在進行這個動作時，他胸部的羽毛會在周圍的水面製造出許多泡泡。這種敲打的聲音會越來越大，像是逐漸大聲的連續擊鼓，大約有十到十二下，最後是爆氣噴出的叫聲，像是發條玩具彈簧斷裂的聲音。羽毛、姿勢、敲打、聲音和那些泡沫，組合成一個足以吸引大量注意的演出。

　　鴨類種種的演示行為中，另一個特別極端的例子，出現在可愛小巧、分布在歐亞大陸的鴛鴦（*Aix galericulata*）身上。許多鴨類會做出假裝理毛（sham preening）演示，在這種演示中，雄性會刻意整理背部的羽毛。[2]但是雄鴛鴦把假裝理毛和喝水演示兩者結合在一起，這樣看起來不像是求偶演示，因為喝水演示的動作誇張，會有許多水從口中流出來。由於雄鴛鴦

雄鴛鴦「假裝理毛」的演示像是在捉迷藏。

的體形特殊，而且翅膀內側的羽毛是鮮豔的紅棕色，豎立在背部兩側，使得鴛鴦的假裝理毛演示更為戲劇性。這些奇特羽毛的「目的」在雄鴛鴦做出假裝理毛演示時才顯現出來，因為他的頭這時會轉朝背部（以面朝雌鴛鴦的方向轉），把粉紅色的明亮鳥喙插在豎直的片狀羽毛後面，眼睛會露出來讓雌鴛鴦看得見，像是忸怩作態的捉迷藏，或者我們可以說「啄」迷藏。

　　我可以繼續舉出許多例子。所有的雁形目鳥類會有這樣豐富又複雜的求偶行為，是由雌鳥的擇偶而演化出來的。雌鳥非常挑剔，所以雄鳥只好透過這些誇張賣弄的動作，好獲得雌鳥的青睞。雌鳥會藉由觀察雄鳥的演示，挑選出要結合的配偶。在許多鴨類中，例如鵲鴨，雌鳥會在避冬地區挑選雄鳥，選好了之後，剩下的冬季時間都會在一起，可是在這段期間牠們並

不會交配，因為雌雄雙方都還沒準備好。鳥類的性激素在一年當中依照季節的循環變化非常劇烈，有如雲霄飛車。在非生育季節的冬季，鳥類是無性的，要等數個月之後春天來臨，交配的時間到了，生殖腺才會成長為數千倍大。當交配季節來臨，成對的雌雄鳥會一起遷徙到繁殖地。在繁殖地，雄鳥會持續演示，並且驅逐其他雄鳥、保護自己的雌鳥。在演示之後，雌雄鳥會在水上交配。這時雌鳥會做出明顯引誘的演示。她的脖子會朝前伸出，讓身體變得水平，尾部翹起。

為什麼雌性鴨類可以這樣嚴格地挑配偶呢？因為她們辦得到。記得我第一次看到鵲鴨時，大批雄鴨包圍著少數雌鴨嗎？在大部分的雁形目種類中，雌雄比例嚴重失調，雄鳥的數量很多，所以雌鳥有很多雄鳥可以選。就是因為選擇很多，雌性鴨類演化出許多細微的擇偶偏好，包括雄性的羽毛、極端誇張的演示，以及複雜又怪異的聲音。另外，由於許多鴨類在春季抵達繁殖地的前幾個月就求愛了，因此雌鴨有很多機會讓雄鴨接受考驗，之後才做決定。

這聽起來對雌鴨很棒，但不幸的是，鴨類的性生活中有其黑暗的一面。

雖然雁形目中有些種類，例如加拿大雁（*Branta canadensis*）、小天鵝（*Cygnus columbianus*）和丑鴨（*Histrionicus histrionicus*），可以形成持久的配對，雙親會一起保衛築巢的領域，並且共同扶養幼鳥。不過大部分的種類都像那位晚餐客人提到的馬拉德那樣，並不會有長久的配偶關係。牠們和結伴鴨類之間的差

異,在於沒有領域性。牠們築巢的地點食物供應非常豐富,因此族群密度也很大,光靠一對雌雄鳥根本無法保護獨占的領域。因為牠們沒有領域,性關係和社會關係就和有領域的種類出現很大的區別。

這些非領域性的鴨類配偶抵達生育地之後,雄鴨主要的工作是和雌鴨交配,然後在她要產卵的十到十五天中,保護她免於被其他雄鴨性侵。他這麼做當然有著強烈的演化動機,因為他要確定自己的父權。可是,當蛋產下之後,雄鴨就沒有什麼要做的事情了。鴨媽媽不再需要他了,因為她光靠自己就能築巢、孵蛋。小鴨也不需要爸爸,因為牠們孵化出來之後馬上就會自己找東西吃。如果雌鴨不需要抵抗其他動物、保衛自己的領土,或是餵養小鴨,那麼雁形目物種的親職主要是保護小鴨不被吃掉。這項工作由雙親之一來做,其實會比兩個一起來得好,因為活動越多便越容易引來掠食者,而雄性光彩亮麗的羽毛很容易吸引掠食者。因此,就如同麥克羅斯基在《讓路給小鴨子》中描述的,許多非領域性雁形目鳥類的雄鳥在雌鳥開始孵蛋時,便會捨棄配偶而去。從這個觀點來看,他已經確定自己是父親了,保護配偶在演化上得不到好處,就算留下來,雌鴨也得不到好處。晚餐同桌客人問「這是為什麼?」以上就是答案。

接下來要提的是鴨類性生活中讓人震驚的部分,麥克羅斯基的書中並沒有描述這個部分,那本童書對鴨類生活的其他描述,在科學上都是正確的,也很少有人去探究那部分的內容。

麥克羅斯基沒有提到鴨爸爸負擔的保衛配偶工作有多麼艱鉅，也沒有提到如果他失敗了配偶的命運會如何？以及雄鴨離開之後去了哪兒？從這裡開始，雌鴨世界的恐怖故事將要展開。

像這樣，許多鴨子聚集在小區域，例如非領域性的水鴨在高密度的生態系統裡，彼此之間就有很多社會互動的機會。對雄鴨來說，這些社會互動的機會也是發生性關係的機會。由於族群中雄鴨的數量過多，許多雄鴨沒有配偶，這些沒有配偶的雄鴨現在有兩個生殖機會：等到明年看看運氣會不會比較好，或是硬上不甘願的雌鴨。因此，強迫與雌鴨交配是雄鴨的另一種生殖策略。配偶已經在孵蛋的雄鴨，當他離開配偶之後，還會找尋別的雌鴨強迫與他交配的機會，所以在《讓路給小鴨子》中，馬拉德爸爸離開之後所做的事，其實比離開這件事本身還要黑暗。

現在，鳥類學家和演化生物學家使用「強迫性交」（forced copulation）來指稱鳥類以及其他動物群體中的強暴事件。之前動物學界已經用「強暴」（rape）這個詞一百多年了，但是在一九七〇年代，由於女性主義者多方批判，才改成強迫交配一詞。蘇珊·布朗米勒（Susan Brownmiller）在《非我等所願》（*Against Our Will*）這本書中提出強力論證，說明了在人類社會中，強暴和強暴的威脅本身是壓迫女性社會和政治地位的手段。[3]她的論點影響深遠，人類的強暴行為具有巨大的象徵意義和社會影響力，的確不適合置入非人類動物的情境之中。如同鳥類學家佩娣·哥瓦蒂（Patty Gowaty）所寫：「由於強暴和

強迫交配之間有重大的差異，所以我們這些研究動物行為的人多年前同意，在非人類動物上使用『強迫性交』，而不採取用在人類身上的『強暴』。」[4]

我了解這些考量，也完全同意。但可惜，我認為在生物學使用「強迫性交」這個詞，讓我們對動物行為中性暴力具備的社會與演化影響不再那麼敏銳，也讓我們不容易察覺到事實上強迫交配是一種高壓性的性暴力，損及許多雌性動物的利益。[5]因此，改變說法可能會阻礙我們對性暴力演化過程的了解。（在第十章，我會進一步說明，這種改變阻礙了我們深入研究與了解人類演化的過程中，性暴力所造成的影響。）

雖然我並不認為我們在動物學領域需要完全恢復使用「強暴」這個詞，但是我認為，用「強制性交」這個詞在學術研究上其實會幫倒忙，讓我們較不容易了解非人類動物中的性暴力。當然，在雌鴨這個例子中，性高壓和性強迫的確違背了她們的意志，這個認知在科學上是很重要的。

在雁形目的許多物種中，強迫性交的情況相當普遍，我們或許可以認定這屬於經常性事件，但是這種事件非常暴力、可憎、危險，甚至會造成死亡。雌鴨顯然會抵抗這種暴力行為，而且會想要飛離或是游離攻擊者。如果沒能逃開，雌鴨會激烈掙扎，好擊退攻擊者，不過通常難以成功，因為在許多鴨類當中，這樣的強迫性交行為是有組織的。成群的雄鴨會一起行動，聯合攻擊單一母鴨，也就是集體強暴。比起單獨行動，雄鴨聯合攻擊雌鴨，可以讓其中一隻雄鴨攻克雌鴨、擊倒保護她

配偶的機會增加。

在強迫性交的過程中，雌鴨付出的代價非常高，通常會受傷，死亡比較少見。[6]那麼，為什麼雌鴨要那樣劇烈抵抗呢？雌鴨如果順從、不抵抗強迫性交，身體受到的直接傷害會少很多，所以從演化的角度，很難解釋她們激烈的抵抗行為。對於把基因傳遞下去這件事，死亡是最大的威脅，那麼，雌鴨為何要冒著死亡的危險而掙扎抵抗呢？

這個問題讓我們一窺複雜交互關係的重點所在：雌鴨按照自己對美麗的慾望行動，挑選配偶，雄鴨則用性暴力對抗雌鴨挑選配偶的能力。更要緊的是，這些強迫受精的企圖，不只讓雌鴨直接犧牲了健康與安樂，還讓雌鴨付出了間接的遺傳代價，這對雌鴨本身可能更為重要。為什麼會這樣？因為和雄鴨成功配對的雌鴨，產下的後代很可能具備了她們自己偏好的演示特徵，其他雌鴨可能也喜歡這樣的演示特徵，這些雌鴨的後代因此更具有性吸引力，所得到的後代也就越多。由擇偶得到的間接遺傳利益，強力驅動了美學共同演化。如果雌鴨被強迫受精，提供精子的雄鴨具備的演示特徵往往是沒有經過挑選的，或是因為不符合雌鴨的美學標準而遭受排拒。不管怎樣，結果都是後代不太可能遺傳到與受雌性偏好的雄性裝飾特徵，因此對其他雌性的性吸引力也跟著降低，損及了得到配偶的機會，這樣那隻雌鴨的後代數量便跟著降低。這便是雄鴨性暴力造成的間接遺傳損失。

　　鴨類的繁殖生物學會如此複雜，重點在於雄鴨和雌鴨之間有性衝突，兩者爭奪對後代生育血統的掌控權。雌鴨的掌控權來自擇偶，選擇的標準是雄鴨共同演化出來的羽毛、歌聲和演示。雄鴨的掌控權來自高壓暴力造成的強迫性交。到底是哪一方掌控呢？一九七九年，傑佛瑞‧帕克（Geoffrey Parker）把性衝突定義為：在生殖相關的情況下，不同性別的個體因為演化利益而造成的衝突。[7]性衝突可以發生在生殖的各個層面，包括誰能得到配偶、性行為發生的頻率、親職分工中的投資與責任等。其中一項衝突來源對性別之美的演化至關重要：爭奪受精控制權所造成的衝突，控制權掌握在精子提供者上，還是卵子管理者。

　　鴨類的性生活是爭奪受精控制權而產生衝突的絕佳例子，也能讓我們深入研究，達爾文所說「對美麗的品味」提供了什麼樣的機會，讓性自主進一步演化。[8]最重要的見解是在雁形目中，性擇的兩個最基本的機制同時發生了，而且在演化上這兩個機制站在對立的方向。一個機制是雌性對雄性的演示有美學偏好，並且基於這個偏好選擇配偶。另一個機制是雄性之間彼此競爭受精控制權。

　　從這個角度觀察到的結果破壞力十足。之前提過，自從達爾文出版了《人類原始》之後，位於主流的華萊士式適應主義者就認為，任何形式的性擇只是天擇的某一種形式。在這個觀點中，不論是海象或是天堂鳥，只有客觀上「最佳」的雄性能夠成功找到配偶。但是，當雌性的擇偶和雄性之間的競爭同時

出現，而且兩者顯然朝不同的方向前進（例如在雁形目物種當中的狀況），會造成什麼結果呢？在這兩者截然不同的競爭下，勝利者不可能是「最佳」的。如果在性上面最具攻擊性的雄鴨實際上是最佳的，那麼雌鴨為什麼不偏好這些雄鴨呢？擇偶中的勝利者，和雄性之間的競爭得勝者，顯然不是同樣的個體。

除此之外，性暴力是雄性自私的演化策略，並不符合雌性受害者的演化利益，可能也不符合整個物種的演化利益。性暴力會讓雌性受傷甚至死亡，這使得族群中雌性個體的數量減少，同時也進一步擴大性別比例差異，還使得性衝突更為激烈，因為在擇偶競爭中失敗的雄性增加了，失敗者會採取性暴力這種適得其反的策略。因此，鴨類的性衝突再次顯示了達爾文的遠見：性擇並不等同於天擇。

鴨類的性生活會如此超乎尋常，原因之一在於牠們和其他九七％的鳥類不同：雄鴨依然保有陰莖。鳥類的陰莖跟哺乳動物與爬行動物的陰莖是同源的，但是大部分鳥類的祖先在演化的過程中，陰莖消失了（這點本章稍後會詳細說明）。雁形目和其他具有陰莖的鳥類，屬於鳥類譜系中最古老的分支，這些鳥類包括了不會飛行的鴕鳥、鴯鶓（emu）、鶴鴕（cassowary）、鷸鴕（kiwi）、美洲鴕（rhea），以及和牠們親緣關係相近、但是會飛行的鷸（tinamous）。就陰莖長度和身體大小的比例來說，鴨類稱得上天賦異稟。事實上，有一種鴨類的陰莖與身體

的比例，是所有脊椎動物之最。二〇〇一年，在聲譽卓著的期刊《自然》上，鳥類學家凱文・麥克拉肯（Kevin McCracken）和同事發表一篇論文，描述了身材小巧的南美硬尾鴨（*Oxyura vittata*）的陰莖。[9]這種鴨子大約只有三十公分長，體重約半公斤，陰莖卻有四十二公分長。這篇後來收進《金氏世界紀錄》

南美硬尾鴨創紀錄的四十二公分長陰莖。

的論文標題是〈公鴨炫耀讓母鴨印象深刻嗎？〉（Are Ducks Impressed by Drakes' Display?）。麥克拉肯假設，雌鴨可能基於陰莖的尺寸選擇配偶。畢竟，還有其他更好的解釋足以說明此等超長的性徵嗎？

然而我們現在知道，幾乎在所有鴨類之中，陰莖尺寸就擇偶而言一點都不重要。信不信由你，鴨類依照季節變化的生殖循環過程，意味著在雌鴨選找配偶的求偶季節時，鴨類超長的陰莖根本還不存在。每年交配季節來臨時，陰莖才重新增長，交配季過了之後，陰莖便開始縮小，最後的尺寸只有最長時期的十分之一。

麥克拉肯還提出了另一個假設：雄鴨用這種超長的陰莖移除雌鴨生殖道裡其他競爭雄鴨的精子。這篇論文再次證明了每個科學發現往往引出其他未解之謎。在論文最後，作者提出問題：「雄鴨陰莖真正插入的長度是多少？雌鴨的生殖道結構真的那麼難以讓精液進入嗎？」

二〇〇五年，這個問題引起我的新同事布瑞南的興趣。布瑞南是哥倫比亞人，不過她住在美國已經超過十五年了。她活力充沛、充滿熱情，而且在科學研究上勇猛精進。對鳥類的性生活，她完全不會羞於研究與討論。她有兩個小孩，頭髮也有些灰白了，但仍保持當年在康乃爾大學念研究所時兼差當有氧教練的身材。她也是出色的騷莎舞者，非常的哥倫比亞。她的博士論文研究的是鵐由雄性顧巢的生育系統，這一科的鳥身形類似恐龍。布瑞南在哥斯大黎加的熱帶雨林研究這種極為害

羞、雞一般大小的鳥，成為世界上最了解鶂的人。

　　布瑞南觀察鶂交配時，赫然發現雄鶂的泄殖腔部位有一條螺旋狀的肉條伸了出來。泄殖腔（cloaca）一詞來自拉丁文「陰溝」（sewer），這是一個位於鳥類肛門內的中空結構，同時具備了尾部的各個功能：排出糞便與尿液，同時也是生殖腔。沒有陰莖的鳥類，是以「泄殖腔親吻」（cloacal kiss）的方式注入精液的，這種文雅詩意的說法，其實就是雄鳥和雌鳥的肛門彼此接觸，雄鳥釋放精液、雌鳥吸收。雄鳥不會進入雌鳥，因為他根本沒有什麼器官可以進入雌鳥。維多利亞時代的解剖學家曾經解剖過自然博物館中的鶂標本，描述了這種鳥類具有陰莖，但是這些解剖學專論並沒有引發足夠的科學熱度，成為活躍的領域。所以一百多年來，幾乎無人理會鶂有陰莖這件事。所以，當布瑞南觀察到性交後的雄性鶂泄殖腔外有突起物時，一整個驚呆了。她可能是首次觀察到鶂陰莖在活動的人。

　　二○○五年，布瑞南剛到我的實驗室，想繼續研究鶂陰莖的構造與功能。不過鶂味道鮮美，在原產地受到獵捕的情況很嚴重，而且牠們還是世界上最害羞的鳥類之一，因此很難在野外研究牠們。鴨子也有陰莖，相較之下就容易研究得多，所以布瑞南認為，以鴨子為對象比較容易研究鳥類的性器官與功能演化的過程。

　　這份興趣最後讓布瑞南在二○○九年造訪了位於加州中央谷地的一座養鴨場。乍看之下，養鴨場不像是演化學研究的新領域，但是布瑞南造訪的這座養鴨場有一些非常特別的鴨子。

這些公鴨受過訓練，能夠射精到小玻璃瓶子裡。這不是為了滿足公鴨某種偏斜的性趣，而是鴨農希望能培育出雜交種：公的疣鼻棲鴨（*Cairina moschata*，俗稱番鴨）與雌的北京鴨（綠頭鴨〔Mallard〕的飼育種）雜交生下的品種。這種雜交種在圈養的環境裡可以保持健壯且生長快速，這兩種特性深受鴨農喜愛。可是，疣鼻棲鴨和北京鴨彼此看不上對方，如果只是養在一起，隨牠們自己的意願而交配產下後代的速度並無法應付商業需求。現代農業對這個問題的解決方式便是人工受精，這就得要收集精液了，因此會用到小玻璃瓶。[10]

　　所以，養鴨廠中負責收集精液並且進行人工受精的拉丁美洲工人，在那天看到了一位可愛聰慧、教養良好、愛說俏皮話的拉丁美洲女性，帶著高速攝影機來到農場。影片顯示，雄疣鼻棲鴨會聽命行事——即便射在小玻璃瓶裡、即便在攝影機的拍攝之下、即便被強烈的燈光照射。

　　人工受精的基本過程是這樣的：雄疣鼻棲鴨和雌疣鼻棲鴨關在不同的籠子裡，好增加牠們的性衝動。要收集精子時，一對疣鼻棲鴨會放進窄小的籠子中，尾部面對籠子打開的那一面。雄鴨很快就爬到雌鴨背上準備交配，雌鴨也準備好要性交，這個時候她擺出了交媾前的姿勢：脖子向前伸、頭壓低、尾部抬高、泄殖腔膨大擴張，並且分泌大量黏液。雄鴨開始壓向雌鴨已經做好準備的尾部。接著，事情就發生了。

　　通常雄鴨的勃起會發生在雌鴨的生殖道，不過在收集精液時，農場工人會阻止雄鴨進入雌鴨身體，在時機剛好之時，把

像是小牛奶瓶的容器罩在雄鴨的泄殖腔上，接著雄鴨會勃起，將精液射到玻璃瓶裡。這堆不顯眼的精液會經由一扇小窗傳到隔壁房間其他工人的手上，他們已經準備好要為房間裡的雌北京鴨受精了。布瑞南也觀察到，農場工人會阻止雄鴨進入雌鴨，不過會讓雄鴨勃起並且射精到空中，或是射到特別的玻璃容器裡，這些容器是布瑞南之後去農場時特別帶上的（晚點會說明）。

雖然鴨子的陰莖和人類的陰莖在演化上具有相同的古老來源，但是現在已經非常不同了。鴨子的陰莖類似爬行動物的，沒有顯露在外，而是自外側內縮，收在泄殖腔裡，只有在交配的時候才會從泄殖腔伸出來。另一個差異在於，鴨子的陰莖與爬行動物及哺乳動物的陰莖都不同。鴨子的陰莖不是因為血管系統充血勃起，而是靠淋巴系統。雄鴨泄殖腔的左右側各有一個由肌肉組成的囊，稱為淋巴囊（lymphatic bulb）。淋巴囊收縮時，裡面裝的淋巴液會擠入陰莖的中空部位，使得陰莖勃起，快速從雄鴨的泄殖腔伸展開來。這個過程並不容易憑空想像，通常會拿「用手臂把衣袖內裡那一側翻出」，加上「以油壓方式把敞篷跑車的活動車頂撐開來」這樣形容，只不過速度要快多了。陰莖最先是從基部開始膨脹，然後一直伸展到頂端出現為止。精子會在一條從陰莖基部延伸到頂端的溝槽裡前進。

對鴨子來說，陰莖勃起和進入陰道是同一件事。鴨子不會如同哺乳動物或爬行動物那樣，讓陰莖先變得堅硬後再才進入

雌性體內,而是勃起(實際上是向外翻出)進入雌鴨的生殖道,整個過程陰莖的形狀變化都保持著彈性。除此之外,鴨子的陰莖不是直的,而是從基部開始呈現逆時鐘方向的螺旋,一直轉到頂端。雄疣鼻棲鴨的陰莖有二十公分長,其中包含了六到十個完整的螺旋。

鴨子和其他爬行動物的陰莖中沒有管狀的尿道供精液流動,取而代之的是讓精液流動的溝槽(sulcus),溝槽是縱向延伸的,類似袖子上的縫線。不過,由於鴨子的陰莖是螺旋狀,所以溝槽也是呈逆時鐘方向旋轉。那些維多利亞時代的動物解剖學家嘲笑這些鳥類陰莖上的溝槽沒什麼用處,只是條會滲漏的管子。顯然他們從沒見過鴨子陰莖實際作用的狀態,這些坐在搖椅上推測出來的結果大錯特錯。在高速攝影機拍下的影像中,鴨子陰莖的溝槽雖然只是表面上的褶縫而已,不過執行工作的效能和哺乳動物的尿道一樣完善。

鴨子的陰莖就像是在奇特的外星人酒吧裡販賣機中出現的性玩具之一(想像漫畫家蓋瑞・拉森〔Gary Larson〕的漫畫輯《遠方》(Far Side),如果是十八禁版本的話會出現的場景),上面有稜紋和各式各樣的突起,這些表面突起的尖端都朝向陰莖的基部。在陰莖伸展開來時,這些突起會馬上卡在雌鴨生殖道的內壁上,像是登山者攀爬陡峭的岩壁時會把岩釘一根根釘入岩壁,以確保陰莖持續向內伸展。噢,我說過鴨子的陰莖是螺旋狀的嗎?說過了?好,由於鴨子的陰莖有那麼多奇怪的構造,所以並不是直的。

　　雖然布瑞南已經研究鴨子的解剖構造好幾年了，但是鴨子陰莖的活動方式依然讓她目瞪口呆。坦白說，鴨子陰莖的勃起是「爆開來般地膨脹」。我們在刊登於《倫敦皇家學會會報・生物學科》（Proceedings of the Royal Society of London B）的論文裡描述這個發現，就直接使用了這樣的說法：「疣鼻棲鴨長達二十公分的陰莖外翻時，如爆開來般地膨脹，整個過程只花了〇・三六秒，伸展速度最快時高達每秒一點六公尺。」[11]

　　這個二十公分長的陰莖以每小時五點七公里的速度伸展開來。大約在三分之一秒的時間內，雄鴨射精，接著陰莖便開始萎縮，整件事就結束了，雄鴨藉由一連串的肌肉收縮動作把陰莖收回到泄殖腔（參見彩圖16）。布瑞南的資料顯示，鴨子完整收回陰莖到泄殖腔所花的時間，平均為兩分鐘，是陰莖勃起所需時間的一百九十倍。布瑞南能夠得到這些數據，是因為她頭一次去加州的養鴨場時，為了記錄鴨子陰莖勃起的過程，拍攝鴨子陰莖在沒有插入的狀況快速勃起、朝著空氣射精的經過，這樣我們就可以算出鴨子勃起的速度，同時頭一次觀察到陰莖上溝槽運輸精液的效能。

　　農場工人知道雄鴨的陰莖在射精和縮回之後，要隔幾個小時才能再次勃起，或許是因為雄鴨的淋巴囊需要那麼長時間才有辦法充滿下次勃起時所需的淋巴液。不論真正的原因是什麼，雄鴨要過幾個小時才能再展雄風。

　　我們從養鴨場得到的研究結果發表之後，那些養鴨工人的日常知識受到科學界的矚目，也引起大眾的矚目。在網路上公

開的影片頭幾天就吸引了數萬次的觀賞──大眾的興趣同樣是
「爆開來般地膨脹」。

　　這個觀察結果讓我們重新回到麥克拉肯提出的問題：在雌
鴨的體內，爆開來般地膨脹、螺旋狀、帶有條紋突起的鴨子陰
莖，作用是什麼？對於體長三十公分的雌鴨，雄鴨演化出四十
二公分長的陰莖，原因又是什麼？為了回答這些問題，布瑞南
解剖了一些飼養的鴨子，發現到的結果一開始讓人困惑不已。
根據教科書的說法，鳥類陰道的構造簡單，只是從單一個卵巢
連接到泄殖腔的管子而已。可是教科書的描述和布瑞南見到的
雌鴨生殖道並不相同。她看到的雌鴨陰道內壁厚，而且有許多
堅韌的結締組織包裹住，同時呈現螺旋狀。布瑞南一開始不明
所以，然而在其他樣本中，陰道卻如同教科書描述的那樣，真
的是一條單純的薄管子。後來布瑞南發現，構造簡單的陰道來
自非繁殖季節的雌鴨，比較複雜的陰道來自繁殖季節的雌鴨。
看來雌鴨的生殖器官結構和雄鴨一樣，會隨著生殖季節而規律
變化，每年在繁殖季節都會重新發育。

　　布瑞南開始詳細研究許多處於繁殖季節的鴨子，發現她
們的陰道不是簡單的管子。生殖道底部靠近泄殖腔的區域，
有許多凹窩（cul-de-sac）。生殖道的上半部，陰道有許多螺
旋與扭曲的構造。更有趣的地方，在於這些扭曲構造是以順
時鐘方向旋轉，和逆時鐘方向螺旋的雄鴨陰莖完全朝向相反
的方向。布瑞南擴大取樣對象，比較分析了十四種雁形目物

種，包括滑鴨（puddle duck，只會在水面上滑動的鴨類）、潛鴨（diving duck，整個身體會完全潛入水中找食物的鴨類）、秋沙鴨（merganser）、鵝、天鵝、硬尾鴨（例如棕硬尾鴨）。比較的結果指出，如果雄鴨的陰莖越長越扭曲、雌鴨的陰道便越複雜，下半部的凹窩越多、上半部的扭曲也越多。[12]反之亦然，雄鴨陰莖越短，雌鴨陰道的結構便越簡單。

　　但是，造成這些結構變化的原因是什麼？我們主要的發現是，高度複雜的性器官結構和複雜的社會生活與性生活有密切關聯。一夫一妻制的領域性鴨類，例如天鵝、加拿大雁和丑鴨，雄性的陰莖很短（大約只有一公分長），表面沒有突起。雌鴨的陰道構造簡單，沒有凹窩或螺旋。可是在非領域性鴨類中，例如疣鼻棲鴨、尖尾鴨（Pintail）、棕硬尾鴨，以及《讓路給小鴨子》提到的北京鴨等，經常出現強迫性交，雄鴨的陰莖便演化得比較長，而且上面裝備了許多複雜的突起；雌鴨陰道的結構也演化得更加複雜。比較分析陰莖和陰道的結構，得到了兩個結論：雄鴨陰莖越長、構造越精細的物種，雌鴨陰道就越複雜而且扭曲。[13]顯然陰莖和陰道是共同演化的，但是原因何在？

　　我們認為，雄鴨陰莖和雌鴨陰道這樣精細的共同演化結果，是雄鴨和雌鴨性衝突的產物，衝突來自雄鴨和雌鴨要爭奪掌控生殖後代的親權。[14]在雁形目這般有性別衝突的物種中，性別戰爭會逐漸升高，這種狀況稱為「性對抗的共同演化」（sexually antagonistic coevolution）。這種過程引發的結果是雄性

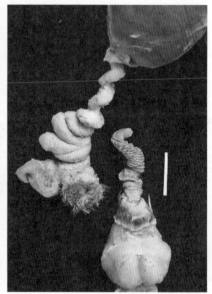

雁形目中雄性與雌性性器官的共同演化。左圖雄丑鴨的陰莖很小，只有一公分長，雌鴨的陰道構造通直簡單，沒有什麼精細的地方。右圖雄北京鴨的陰莖很長，呈現螺旋狀，上面有堅硬的稜紋。雌鴨的陰道則共同演化出扭曲的陰道，有許多凹窩和順時鐘方向的螺旋結構。

和雌性之間出現了軍備競賽。在兩性軍備競賽中，會各自演化出行為、形態或甚至生物化學的機制，好對抗另一個性別的機制，以確保自己生育的自由。在這種狀況下，某一性別演化出來的優勢會對另一性別造成選擇壓力，讓後者演化出對應的策略。

雄鴨演化出的陰莖，能夠違背雌鴨的意願，強迫進入陰道。接著，雌鴨演化出新的方式，經由構造的改變，對抗雄鴨

爆炸般膨脹的捲曲陰莖，阻止雄鴨靠力量讓自己的卵受精。請記得，在強迫性交時，雄鴨的陰莖不會變硬，而是伸展出來，像是逆時鐘方向捲曲的螺旋進入雌鴨的生殖道。我們認為，雌鴨生殖道中的凹窩以及順時鐘方向的扭曲，能夠阻止雄鴨的陰莖在陰道中伸展。如果雌鴨演化出來的陰道結構優勢能夠擊退強迫受精，那麼雄鴨會演化出反制雌鴨抵抗手段的方式，也就是更大、更複雜的陰莖，這時雌鴨便會演化出構造更為複雜的陰道，好避免受孕。兩者如此這般持續下去。

這種動態變化的共同演化過程，篩選機制非常複雜，其中有經由擇偶造成的性擇，產生了雄性演示特徵和雌性選擇偏好的共同演化。除此之外，雄性之間的競爭（這也是另一種性擇）會推動雄性強迫雌性行為的演化，並且讓雄性的陰莖變得更長、構造更具攻擊性，好強迫雌性受精。還有，雌性為了擇偶自主權得到的間接遺傳利益（這也是一種性擇），會演化出抵抗的行為和構造。任何有助雌性免於強迫受精的行為或是陰道形態變化的遺傳突變，將會持續演化，因為這些突變能讓雌性免於性暴力造成的間接遺傳損失，產下不受其他雌性喜歡的雄性後代。

從這一面來說，鴨子的社會關係其實讓人深感沮喪，應該更適合寫成反烏托邦式的末日災難科幻小說，而不是能贏得凱迪克兒童繪本大獎（Caldecott Medal）的床邊故事。不過，這個故事也並不是全然悲觀的。在雁形目的各個分支中，有的軍備競賽變得激烈，也有的更為緩和下來了。[15]雖然有些鴨子演

化出越來越長的陰莖和越來越複雜的陰道,但是有些種類的鴨子基本上取消了軍備競賽,演化出較小的陰莖和構造更簡單的陰道。讓競爭和緩的往往是外在生態原因,例如處於繁殖狀態的個體密度降低、獨占領域的特性增加,以及社會中讓雄性出現性強迫行為的機會減少。性衝突減少之後,兩性就朝遠離複雜結構的方向演化了。

我們想要測試我們的假設:雌鴨陰道的構造那麼複雜,為的就是要阻止強迫受精。這需要研究陰道中的凹窩和螺旋,是否真的在物理構造上特別為了阻止雄鴨陰莖進入而設計。

要怎樣才能檢驗這個假說呢?不可能在鴨子性交時取得牠們體內的影像。即使我們有辦法把一隻雄鴨和一隻雌鴨放到磁共振造影機器中,拍下強迫性交時雄鴨和雌鴨組織的清晰影像(這點絕對辦不到),也不可能拍下完整的過程,因為雄鴨陰莖勃起到最大然後射精的過程只有零點幾秒。需要有一些創意,才能檢驗這個性對抗的共同演化假說。

布瑞南當然充滿創意。為了檢驗我們的假設,她想到可以用四種不同的玻璃管,分析雄鴨和雌鴨生殖器官之間的交互關係。其中兩種管子的設計不會阻止雄鴨陰莖在陰道中的伸展:一個是直的,另一個是逆時鐘方向螺旋,以配合雄鴨陰莖的形狀。另外兩種設計就像是障礙賽跑中的障礙物,能阻止雄鴨陰莖伸展,形狀則模擬雌鴨在交配季節生殖道的形狀。其中一種管子具有一個轉折結構,類似陰道靠近泄殖腔的凹窩,另一種

管子設計成類似陰道上半部的順時鐘螺旋。管子的直徑都相同，只有內部空間的形狀不一樣。我們的假設是，在直的和逆時鐘方向旋轉的玻璃管中，雄鴨陰莖的伸展過程不會遇到阻礙，但是在類似雌鴨陰道形狀（有凹窩或順時鐘方向螺旋）的玻璃管中，勃起將會受到阻礙，陰莖無法完全伸入。[16]

雖然玻璃管和真實的生物構造不同，但是好處在於整根管子的硬度都相同，表面也一樣光滑，我們得以控制所有機械性因子，只讓管子的形狀出現變化，這也是我們測試理論時的重點。這些玻璃管雖然不自然，可是就實驗來說是公平且客觀的。除此之外，玻璃是透明的，我們可以詳細觀察雄鴨陰莖在管子裡的勃起過程，當然也能拍攝下來。

為了找人製作這樣的玻璃管，布瑞南和我前往耶魯大學化學系的科學玻璃製品吹製實驗室（Scientific Glassblowing Laboratory），找戴瑞・史密斯（Daryl Smith）。實驗室門上有句格言：「如果沒有玻璃，科學將一片茫然。」通往玻璃商店的走道兩側有展示櫃，櫃內裝滿各種各樣構造複雜的玻璃製品，包括螺旋大小和緊密程度不同的玻璃螺旋，連接到裝有木炭過濾器的三角瓶和燒瓶等。實驗室的生意很好，門外一堆學生在排隊，每個人手上都拿著嶄新的設計圖，都是專為自己的實驗所設計，證明了這種經典手藝在化學研究中居核心的地位（其實這並不需要證明）。終於輪到我們和史密斯見面。我們大致說明了鴨子的繁殖生物學，要請他製作各種形狀的人工鴨子陰道。我們討論了各種可能的設計方案，最後定下詳細規格。

我問史密斯：「這是你接過最詭異的製品嗎？」他回答：「喔，之前有人找我製作人工陰道，可是我沒有做過鴨子的陰道。」我們沒有進一步詢問之前他做的人工陰道是哪一種動物的。

　　布瑞南拿著新的玻璃管，再次前往養鴨場，有的管子是直的或是逆時鐘螺旋狀，與雄鴨陰莖的形狀相契合；有的是類似雌鴨陰道的彎曲和順時鐘方向螺旋。她把直的玻璃管和逆時鐘螺旋的玻璃管蓋在雄疣鼻棲鴨的泄殖腔口，陰莖能完全勃起的機率是八〇％，伸展的速度和伸展到空氣中的速度相同。少數幾次沒有伸展完全的狀況，只是陰莖的尖端沒有完全展開而已。相較之下，當使用有彎曲以及順時鐘螺旋的玻璃管時，雄疣鼻棲鴨的陰莖有八〇％的機會沒辦法完全勃起。在這些狀況下，勃起並不完整，因為陰莖塞在彎曲處或是卡在第一或第二個螺旋，無法繼續前進。有的時候陰莖會往反方向伸展，朝向玻璃陰道的開口。這些結果確認了，雌鴨順時鐘螺旋的陰道真的是為了阻礙陰莖伸入才變成這樣。[17]

　　可能會有人關心雄鴨的感覺。雖然有種種物理上的障礙，但是雄鴨依然能夠射精，在直的玻璃管裡也是，而且看起來並不介意。由於精子是在溝槽中前進的，所以不論陰莖是否完全勃起，都能完成射精。就這點來看，雌鴨的種種抵抗構造可說是徒勞無功。不過從雌鴨的角度而言，只要在射精之前，陰莖進入陰道的過程越早受到阻攔，精子釋出的地點就距離卵子越遠，也就越容易經由肌肉收縮而排出不受歡迎的精子，避免因

為強迫性行為而受精。[18]

布瑞南玻璃管實驗的結果,證明了我們的假說:部分鴨類的扭曲陰道,的確是為了阻擋雄鴨在強迫性交時爆炸般膨脹的彈性陰莖。這個結論有真正的遺傳學資料佐證:奇特的構造特徵真的可以有效阻止強迫受精。生物學家經由親緣分析,研究雌鴨生下的小鴨到底是和自己選中的配偶所生,或是和非配偶的雄鴨所生。分析了包括北京鴨在內的數種鴨類顯示,雖然在鴨類的性交中,有高達四〇%是強迫性交,但是巢中的小鴨只有二至五%具有非雌鴨所選配偶的血統。[19]如此看來,絕大部分的強迫性交都沒有成功。雌鴨雖然持續受到性暴力,但是藉由特別精巧的陰道構造,成功維持了九五%的後代親緣選擇自由。[20]

不過,雌鴨所選擇的雄鴨要怎樣才能克服雌鴨體內的保護結構呢?自願發生的性交和強迫性交有什麼不同?這次我們依然無法直接觀察鴨子體內的活動,磁共振造影技術得要有極大的進展才能搬去農場收集這類資料。可是之前說過了,布瑞南曾在農場觀察到,雌疣鼻棲鴨會主動邀請性交。[21]她們會讓身體擺平,呈現顯然已經準備好性交的姿勢,放鬆泄殖腔的肌肉,分泌大量潤滑的黏液。很明顯地,雌鴨可以依照自己的意願,讓生殖道的功能完善發揮。

再次回到麥克拉肯提出的問題:雄鴨長到誇張的陰莖,在雌鴨體內有什麼作用呢?現在,我們知道答案是「看狀況」。如果是由雌鴨引誘的性交,那麼陰莖就能完全深入,這些陰莖

的結構可以輕易快速地往上伸展到生殖道。但是如果雌鴨抵抗，那麼從演化的角度來看，性交時陰莖的長度和表面構造，就是為了要克服雌鴨陰道的複雜構造而出現。因為有這樣的背景，我拿登山岩釘來比喻，可不是隨便說說的。雌鴨陰道有各種不同的結構好阻擋陰莖進入，而陰莖上的稜紋倒鉤則是演化出來要抓緊陰道，以便讓陰莖深入其中。不過，在陰莖強迫進入時，陰道的抵抗往往大獲全勝，絕大部分強迫交配的意圖都徒勞無功，在這場性裝備競賽中，雌鴨一直維持著優勢。雌鴨縱使持續遭遇性暴力，依然能維持性自主，與選擇的配偶生下後代。

這個黑暗憂鬱的演化故事，最後有一個提供救贖的結尾。我們深入研究鴨子的性生活後發現，雖然鴨子的繁殖系統中充滿性暴力，雌鴨的擇偶依然占有優勢。從結果來看，雄鴨的羽毛、鳴唱和演示行為會持續演化。縱使創造出美麗的擇偶自由仍要持續面對破壞這份自由的暴力行為，美麗依然持續增長。不過，雌鴨的性自主並非雌鴨掌控雄鴨的力量，只是確保擇偶自由的一種機制。在性這方面，雌鴨並沒有控制住雄鴨，雌鴨依然受到自己偏好的雄鴨吸引。關於面對的性暴力，雌鴨並沒有演化出掌控其他同類的力量，事實上也無法演化出來。[22]她們只能演化出掌握自己選擇自由的能力。

因此，「性對抗的共同演化」所引發的軍備競賽，基本上是讓人產生誤解的觀念，因為這場「性別戰爭」是非常不平等的。雄鴨演化出取得控制權的武器，雌鴨共同演化出的防禦措

施卻只是為了創造選擇自由的機會。這不是公平的戰爭，因為只有雄性在打仗。不過從鴨子得到的結果來看，雌性的性自主依然獲得了勝利。

二〇一三年三月，美國總統歐巴馬第二任任期才開始不久，白宮和國會共和黨議員針對聯邦預算的協商再次破裂，共和黨員又把注意力放在他們最喜歡的題目上：政府浪費的經費。在政府花費無節制的迷你醜聞中，布瑞南和我對於鴨子性衝突以及性器官構造演化的研究，成為矚目的焦點。鴨子的性生活被捲入了這場政治新聞風暴當中。《瓊斯夫人》（*Mother Jones*）雜誌為這起事件取了一個琅琅上口的名字：「鴨鞭門」（Duckpenisgate）。[23]

我們對鴨子性器官演化的研究經費，是在二〇〇九年由美國國家科學基金會（National Science Foundation, NSF）提供，也有部分來自《美國復甦與再投資法案》（American Recovery and Reinvestment Act, ARRA）這個名字取得妙的刺激經濟方案。《美國復甦與再投資法案》自己有一個網站：「Recovery. gov」，國民可以上網「追蹤經費流向」，看看自己為了刺激經濟復甦所繳的稅金用到哪去了。我可以想像，「網路直播新聞網」（Cybercast News Service, CNS）這個保守的新聞網站有個積極進取的實習生，在這筆經費到期的前幾個月，偶然看到了這筆經費項目。網路直播新聞網把說明我們經費內容的新聞放上他們的部落格，接踵而至的便是在保守主義者的推特圈裡掀

起了風暴。例如專欄作家蜜雪兒・馬爾金（Michelle Malkin）發文說道：「噁心，我的心智需要催吐。」（奇怪了，既然想要忘記這個故事，幹麼又發推分享呢？）福斯新聞（Fox News）很快就接著報導網路直播新聞網的這則新聞，整個故事炒作了一個星期。

福斯新聞的播報員香儂・布萊姆（Shannon Bream）報導了長達一星期的專題，詳細調查聯邦經費浪擲的狀況。專題一開始便提出了下列這個問題：

> 你知道你的稅金中有三十八萬五千美元花在研究鴨子的解剖結構上嗎？你沒聽錯，就是你的三十八萬五千美元用於研究鴨子的私處。這是歐巴馬總統刺激經濟計畫中的一部分。這項計畫只會增加大筆的債務和赤字，鴨子研究只是個例子而已。

接下來的三分鐘報導，精心描述了凡事都管的政府所造成的悲劇，內容翻來覆去就是那一套。我從沒想過雷根總統的話（「政府無法解決問題，政府本身就是問題。」）、雙子星大樓焚燒的景象、歐巴馬的字幕機、美國房貸風暴和金融危機，可以全部結合在一起，用來攻擊我們對動物性器官共同演化的研究。但是福斯新聞辦到了。福斯新聞當家主持人史恩・漢尼提（Sean Hannity）在該星期某個稱為「華盛頓廢區」（D.C. Wasteland）的新聞片段中，和保守派評論家塔克・卡森（Tucker

【彩圖1】一隻雄橙胸林鶯棲息在緬因州北部繁殖地的膠冷杉（balsam fir）上。

【彩圖2】在巴布亞紐幾內亞的中央高地上,一隻雄華美風鳥在自己的展示木段上,對一隻來訪的雌鳥進行展示。

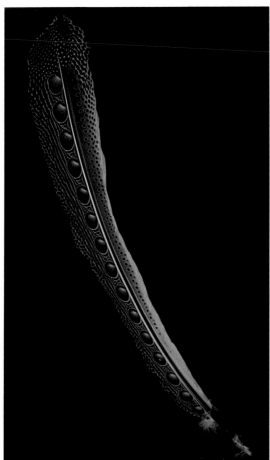

【彩圖3】雄青鸞的第四根次級飛羽。

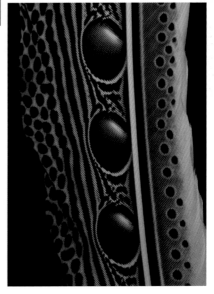

【彩圖4】雄青鸞第四根次級飛羽
上複雜的顏色花紋所形成的立體感
圖案。

【彩圖5】法屬蓋亞那低地雨林中的蓋亞那動冠傘鳥。

【彩圖6】亞馬遜流地區北部，一隻雄金頭嬌鶲（Ceratopipra erythrocephala）棲息在求偶場中的樹枝上。

【彩圖7】在森林底層沒有草木生長的求偶場，這隻雄白鬚嬌鶲在求偶場周圍的小樹苗上表演。

【彩圖8】這隻白喉嬌鶲（Corapipo gutturalis）在林底下長滿苔蘚的枯木上演示。

【彩圖9】這頭雄白額嬌鶲在林底的樹枝上發出鳴叫。

【彩圖10】雄金翅嬌鶲翅膀上有金色斑塊，但是在他棲息時通常會隱藏起來，在「降落枯木飛行演示」時才會特別顯眼。

【彩圖11】針尾嬌鶲的種種演出行為，讓我們可以分析和牠親緣關係接近的白喉嬌鶲與金翅嬌鶲的演示行為演化。

【彩圖 12】雄梅花翅嬌鶲讓雙翅內側的羽毛在背上快速來回振動，造成有音調的翅膀歌聲。

【彩圖13】圖中下方的雄威爾森天堂鳥，把頭頂沒有羽毛的亮藍色區域演示給在上方的雌威爾森天堂鳥看。雌威爾森天堂鳥頭頂部有類似的區域，不過顏色比較淡。

【彩圖14】圖中左邊的雄蓋亞那動冠傘鳥和右邊的雌蓋亞那動冠傘鳥在吃棕櫚果實。雌雄鳥的頭冠都是頭頂部左右側的羽毛朝中央生長所形成的。

【彩圖15】侏儸紀晚期的手盜龍類赫氏近鳥龍全身羽毛的彩色復原圖。這是用顯微鏡分析赫氏近鳥龍化石羽毛中的黑色素顆粒（黑素體）所得到的結果。

【彩圖16】雄紅嘴樹鴨在交配後，螺旋狀的陰莖會暫時掛在外面，稍後才會收進泄殖腔中。

【彩圖17】雄緞藍亭鳥會建造通道式亭子，並且從周遭環境中找尋寶藍色物品，加以裝飾。

【彩圖18】雄大亭鳥通常以褪色的骨頭或是樹枝裝飾通道式庭園，但是這隻使用的是化石貝殼。

【彩圖19】新幾內亞西部阿爾法克山的褐色亭鳥把收集來的奇特物品和材料整理得一絲不亂,安置在小房間亭子前面植滿苔蘚的庭園中。那些物品從左上角開始順時針方向依序是:圓形的紅色果實、長滿綠色真菌的腐爛木片、焦黑色的真菌、腐爛轉成黑色的紅色果實、藤狀藤露兜屬(*Freycinetia*)植物的紅色花朵、黑得發亮的甲蟲鞘翅、藍色漿果,以及琥珀色的植物膠狀分泌物。

【彩圖20】巴西東南部，五隻一群的燕尾嬌鶲，彼此合作，演出協調的交換演示給在左方的來訪綠色雌鳥看。如果她喜歡這群鳥的演示，會和其中的首領雄性交配。

【彩圖21】在加拿大新伯倫瑞克（New Brunswick）的馬奇亞斯海豹島（Machias Seal Island）上，一隻大西洋海鸚回到築巢的洞穴邊。在繁殖期間，雌雄大西洋海鸚都具有同樣鮮明多彩的鳥喙。

Carlson）與前參議員丹尼斯・庫辛尼奇（Dennis Kucinich），一起討論聯邦資助耶魯大學研究鴨子性器官演化這件事到底合不合法。

媒體界有許多人大力支持我們的鴨子陰莖研究，包括美國國家廣播公司有線新聞（MSNBC）的克里斯・海斯（Chris Hayes）、科普作家卡爾・齊默（Carl Zimmer）、《瓊斯夫人》雜誌、《野獸日報》（Daily Beast）、《時代》雜誌（Time）、「政治實情」（PolitiFact）網站。後來，布瑞南為電子雜誌《石板》（Slate.com）寫了一篇精采的文章，說明我們基礎研究的內容以及經費來源，至此風暴似乎要停歇了。[24]

不過八個月後，奧克拉荷馬州的參議員湯姆・柯伯恩（Tom Coburn）出版了二〇一三年版《浪費報告書》（*Wastebook*），書中提到的一百個聯邦政府浪費的項目中，我們三十八萬五千美元的計畫排名第七十八。誘人的「鴨鞭門」故事捲土重來了。《紐約郵報》（New York Post）的標題寫道：「政府浪費錢，花三十八點五萬研究鴨子陰莖。」

《浪費報告書》中統計的浪費金額總共三百億美元，《紐約郵報》的新聞標題卻集中在我們的研究，這項研究經費占了其中的〇・〇〇一％。不過這也難怪，我們的研究結合了錢、性和權力——國民的稅金、鴨子的性生活，再加上耶魯大學屬於聲譽卓著的長春藤名校，讓這個故事真的有致命的吸引力。[25]所以，右派的新聞媒體把這個故事當作引發怒潮的新方式，早些年雷根也抨擊過那些坐享社會福利的「福利女王」（Welfare

Queen）開凱迪拉克、國防部的馬桶坐墊價格高達七百美元。

　　這些政府揮霍經費的老故事重新傳播開來時，新聞節目理所當然帶著色情誘惑的矯飾口吻，說明我們的研究。在福斯的新聞節目中，漢尼提便用嘲諷滿滿的語氣問卡森：「卡森，我們真有必要了解鴨子的生殖器官嗎？」這個問題反而遮掩了人類深受這個議題吸引的事實。他和其他攻擊這項研究的人一樣，忽略了我們的確能從鴨子的性生活得到許多知識，其中包括許多演化上的新發現，有些馬上就有應用的價值。製藥界認為威而剛是大賣的藥物，可是鴨子生物學家現在正在研究幹細胞讓雄鴨陰莖每年再生時越來越大的祕密咧！（我之前可能忘了說明這件事。）26

　　除此之外，我們的研究也證明了密蘇里州共和黨參議員候選人塔德‧艾金（Todd Akin）所說，在人類的強暴行為中，「女性的身體有方法停止運作。」鴨子才有辦法這樣做，但是造成這種情況的原因，讓我們得以深入了解自然界性自主的演化，以及這種演化的重要性。

　　就像是二〇一三年的研究經費遭受大眾矚目，這一章的內容集中在雌性擇偶受到雄性強迫性交威脅的一群鳥類。我們提出的問題是：當擇偶受到來自雄性力量的限制、阻礙，甚至是拒絕的時候，會發生什麼狀況？我們也看到了，在暴力的威脅下，雌鴨寧死不屈。她們共有的美學標準，即使欣賞的美麗不具意義，而且是隨意的，都能讓她們運用演化的槓桿反擊性壓

迫，並且重新取得選擇受精對象的自由。雌鴨讓我們深深了解到，雌性性自主那不可預測的力量。用舞韻合唱團（Eurythmics）和艾瑞莎・弗蘭克林（Aretha Franklin）所唱的歌來說，雌鴨讓我們了解到「姊妹們為了自己而行動！」雌鴨聯合在一起，成為選擇的媒介，並確保了自己的選擇自由。得到自己偏好的配偶，這件事能帶來演化利益：後代中的雄性具有自己和其他雌性覺得有吸引力的特徵。這項利益非常大，大到讓雌性的身體內部結構產生變化。得到擴充的性自主讓雌鴨持續依雄鴨展現的美麗選擇配偶，那些美麗包括聲音、顏色、行為、羽毛等。就算面對無情的性攻擊，雌鴨依然找到維繫自己世界中美麗的方式。

　　從美學的角度研究擇偶，最後得到這些發現，並不是巧合。我們認識到擇偶是一種個別的作用，才能進而了解性暴力的目的是為了破壞這種作用。從這裡我們可以仿照蘇珊・布朗米勒（Susan Brownmiller）所說的話：「性暴力也違背了雌鴨的意願。」[27]

　　雁形目雌性性自主會經由美學機制而演化，是一項關乎女性主義的重大科學發現。這不是經由現代政治理論或是意識形態讓科學符合女性主義，情況恰恰相反，是這項關乎女性主義的發現，顯示了在大自然裡性自主的確重要。性自主不僅僅是政治理想、法律概念或哲學理論，而是演化的結果，是由社會性物種的有性生殖、擇偶偏好、性壓迫和性暴力交互作用產生的結果。推動性自主演化的力量是美學性擇偶。要認識自然界

這些真實的力量，我們才能更了解這個世界。當然，我們不應該為此感到驚訝。如同史蒂芬·荷伯（Stephen Colbert）在電視節目《荷伯報告》（The Colbert Report）中說過的：「大家都知道，真實世界是偏向自由主義的。」*

關於鴨子性器官的演化，產生了另一個更大的問題：為什麼大部分的鳥類都沒有陰莖？這是怎麼發生的？鳥類沒有了陰莖，對演化和美學會有什麼影響？這一次，美學演化和性自主的概念依然足以提出有趣的新見解。

鳥類本來從恐龍祖先那裡遺傳到了陰莖。[28]現今，九五％的鳥類屬於新鳥類（Neoaves），大約在六千六百萬到七千萬年前，新鳥類的共同祖先失去了陰莖。對於那些失去陰莖的遠古新鳥類，我們既不知道牠們的生態，也不清楚牠們的形態，難以深入研究。但是，這並不表示我們不能加以思考並且取得一些進展。

陰莖會消失，是因為用不到了，就像是穴魚沒有眼睛那樣。可是，交配對於生殖成功而言非常重要，所以我們要提出的問題是：哪種篩選作用能讓陰莖消失？

新鳥類陰莖消失的原因，可能是雌鳥真的偏好沒有陰莖的雄性。怎麼會這樣呢？如果陰莖可以經由強制性交推翻雌鳥的

---

* 譯注：荷伯經常模仿右派評論家，特別是福斯新聞邀請的右派評論家。這是作者玩的哏。

擇偶，就像鴨子那樣，那麼，雌鳥將會演化出對抗插入的擇偶
偏好，以減少性自主受到的威脅。在接下來的兩章，將會集中
討論雌性以擇偶的方式改變了雄性的身體與行為，好增加雌性
性自主。不論讓陰莖消失的演化機制是什麼，陰莖消失對鳥類
的性自主造成了截然不同的結果。

　　沒有陰莖，意味著雌鳥要主動參與性交，才能把精子接收
到自己的泄殖腔中。就算沒有了陰莖，雄鳥依然會騎到雌鳥背
上，把精子釋放到雌鳥的泄殖腔外面，但是沒有辦法強迫雌鳥
鬆開泄殖腔的開口，好讓精子進入。超過九五％的鳥類沒有陰
莖，雌鳥可以拒絕與排除不受歡迎的精子。例如，母雞在強迫
性交之後，可以把精子排出。[29]沒有陰莖的鳥類，依然會有性
騷擾和性脅迫的現象，雌鳥在抵抗時依然可能會受傷，可是沒
有了陰莖，基本上強迫受精就幾乎不可能發生。新鳥類雌性藉
由讓陰莖消失，最終在受精性衝突中取得勝利。[30]

　　這種性自主權的擴張，在演化上造成了什麼樣的後果？有
意思的是，我們可以回頭看達爾文寫在《人類原始》的內容，
找到全新的角度：「總而言之，所有動物當中，除了人類之
外，鳥類顯然是最美麗的，而且牠們對美麗的品味幾乎和人類
一樣。」[31]

　　鳥類有能力結合複雜的感覺系統與認知系統，又因為沒有
了陰莖，所以在擇偶上擁有更多機會，這些狀況在演化中結合
起來，在動物之中是很罕見的。因此，我不認為鳥類演化成
「所有動物當中，除了人類之外，顯然是最美麗的」是一種意

外。陰莖消失讓雌鳥的性自主具備了不可逆轉的優勢，這可能是鳥類演化出種種華麗演出的最佳解釋。

「美麗會發生」的假說得以預期這種種華麗演示會演化出來，鳥類也因此展開美學輻射，種類繁多。在陸地脊椎動物之中，如果就物種的數量而言，沒有陰莖的鳥類是最為成功的，也可以用這個理論加以解釋。鳥類的演化成功，以及迅速地形成多樣的新物種，當然還有其他的因素可以解釋，例如飛行能力、適應多樣生態環境的能力、遷徙能力、歌唱能力、學習歌曲的能力等等。不過，今後關於鳥類演化成功與多樣性相關問題的研究，應該也要把美學演化和新鳥類失去陰莖的情況納入考慮。

另一個和沒有陰莖鳥類中雌性性自主相關的重要研究結果是，這種狀況和一夫一妻制有密切關聯。在這種制度下，雄鳥和雌鳥都會持續投入時間、能量和資源，一起撫養後代。傳統上對鳥類一夫一妻制的解釋是，新鳥類有一種生物特性強迫造成這種現象。新鳥類幼雛剛孵化出來的時候，行動困難，完全需要雙親的幫助，這點和其他大部分的爬行動物都不一樣，鳥類學家稱這些無助的幼雛為「晚熟雛鳥」（altricial young）。晚熟雛鳥很容易遭到獵食，因此必須快速成長、學會飛行，才能降低在巢中被吃掉的風險。在雛鳥容易受到侵害的時期，雙親都來進行保護和撫育工作，將使得雛鳥發育得更快，

有趣的是，我們可以將這個演化邏輯完全反過來說明。鳥類沒有了陰莖，雌性的性自主擴張對於鳥類發育、生理和社會

行為的演化造成了重大影響，因此晚熟幼雛可能並非鳥類一夫一妻制的原因，而是一夫一妻制造成的結果。所有具有陰莖的鳥類幼雛在孵化之後，馬上就能自己找食物吃，鳥類學家稱之為「早熟幼雛」（precocial young），牠們只要一個親代就足以保護與扶養了。（有早熟幼雛的鳥類如果需要保護領域，那麼雙親就都會參與撫育工作。）不過，當鳥類沒有陰莖之後，雌鳥具備了更大的性自主權，這樣演化下去，可能會要求雄鳥增加對撫育工作的投入。因為雄鳥沒有陰莖，無法強迫性交，基本上要達成雌鳥擇偶偏好的要求才有機會繁殖後代。雌鳥演化成要求配偶在繁殖後代上投資更多，那麼雄鳥很快就會演化出要彼此競爭，看誰能提供更多照顧後代的資源，好滿足那些挑剔的雌鳥，結果演化出更為牢固與深厚的配偶關係，雄鳥會積極參與撫育工作，並且投入更多資源。雄性對撫育工作的投資增加，會助長無助幼雛的演化，因為牠們的成長需要雄鳥演化出來的親職投資。失去陰莖所造成的性自主擴張，也使得新鳥類雌雄都因為有親職投資而使得性衝突加劇。

　　性自主的觀念不但讓我們了解對抗性暴力與性壓迫的方式是如何演化的，以及另一種對抗性衝突的途徑。我們將會進一步探索這些概念，接下來兩章的主角是鳥類，第十、十一章的主角是人類。

　　超過九五％、沒有陰莖的鳥類當中，雌鳥贏得了性自主之後，造就了哪些事情呢？接續兩章我們對花亭鳥（bowerbird）和嬌鶲的觀察結果，顯示出她們基於美學而進行擇偶，而這些

美麗通常是隨意的。也因為這樣,世界上的鳥類幾乎有著無限多種的華麗色彩與美妙歌聲。

第 六 章

美麗來自野獸

不論費再多口舌，都無法讓你真正了解雄花亭鳥（又稱作「園丁鳥」）在求偶場地的那些非凡建築有多麼美麗。[1]地球上只有少數生物如同花亭鳥這樣，一輩子都受到美學的影響，牠們建構的亭子是經由仔細的照顧、無比的專注，以及銳利的眼光所打造出來的，如同藝術領域中的傑作。

讓花亭鳥打造出美學極端之作的演化力量，我們之前已經詳細討論過：雌性的擇偶。在前面的章節裡，我說明了配偶偏好作用在裝飾上的演化壓力，以及雌性會與她們喜好的裝飾共同演化。我們也看到了在鴨子身上明顯的例子：性壓迫會侵害到擇偶，雌鴨為了維持自身擇偶的演化利益，演化出對抗的策略，包括抵抗的行為，甚至在身體結構上也有所改變。對鴨子而言，性衝突造就了兩性間激烈的對抗性軍備競賽，這種競賽成本高昂，而且會促成自我毀滅。雄鴨和雌鴨都大量投資在武器和防禦措施上，許多雌鴨因此死亡，有些甚至在性成熟前就去世了，造成雄鴨和雌鴨的數量差距越來越大，這個結果又讓性競爭和性壓迫變得更加嚴重，族群中的個體數量也因而減少。當然，生態狀況改變的時候，或許能讓從事壓迫所得到的利益減少，性衝突也會緩和下來，雌雄個體都不再為這個衝突而大量投資。

不過，在花亭鳥身上，我們會看到對性壓迫截然不同的演化反應。對美學擇偶和對抗性壓迫，雌花亭鳥並沒有演化出不同的演化機制，而是利用自身的擇偶力量改變雄性的性行為，進而促進與增強自己的性自主權。最終，雌鳥得到了她們偏好

的雄鳥：活潑且能刺激慾望興起的雄鳥，可是在行為上又能讓雌鳥本身得以完全掌控配偶的選擇。

　　花亭鳥是我所謂美學改造（aesthetic remodeling）的絕佳例子。美學改造是一種共同演化形式，關乎雌性的美學偏好以及能促進雌性性自主權的雄性特徵，兩者共同演化，造成的結果是雌性的配偶更加符合雌性的心意，對於雌性的選擇也更為服從。換句話說，就算是有吸引力的雄性，如果雌性不想和他交配，他也得接受這個事實。

　　我現在依然清楚記得第一次親眼看到的花亭鳥。那是在一九九〇年，我和妻子安首度前往澳洲。我們在澳洲東海岸雷明頓國家公園（Lamington National Park）的露營地周邊地區散步，那裡靠近布利斯班（Brisbane）。散步時，我們遇到一隻雄緞藍亭鳥（*Ptilonorhynchus violaceus*），這隻身材矮胖的鳥大小如小型烏鴉，有著短胖的象牙黃鳥喙，眼睛是發出虹彩的藍紫色，一身光亮的深藍色羽毛。

　　讓緞藍亭鳥在美學表現上出類拔萃的，並不是那一身羽毛，而是他建造出來的庭園。花亭鳥科中幾乎所有物種的雄鳥都會打造出一座求偶場地，緞藍亭鳥也不例外。這樣的場地是座雄性宿舍，專門用來吸引配偶的。亨利・尼柯森（Henry Alleyne Nicholson）在一八七〇年所寫的《動物學導覽》（*Manual of Zoology*）中，首度使用「花亭鳥」（bowerbird）這個詞。花亭鳥造的庭園並不是鳥巢，結構截然不同，是雄鳥為了

花亭鳥打造的幾種亭子：（上圖）齒喙亭鳥（Tooth-Billed Bowerbird）的求偶場地只用了綠色葉片裝飾，沒有亭子。（下圖）大亭鳥（Great Bowerbird）的通道亭子。（右頁上圖）冠亭鳥（MacGregor's Bowerbird）的五月柱亭子。（右頁中圖）金亭鳥（Golden Bowerbird）的雙五月柱亭子。（右頁下圖）褐色亭鳥（Vogelkop Bowerbird）打造的五月柱亭子中有個小房間。

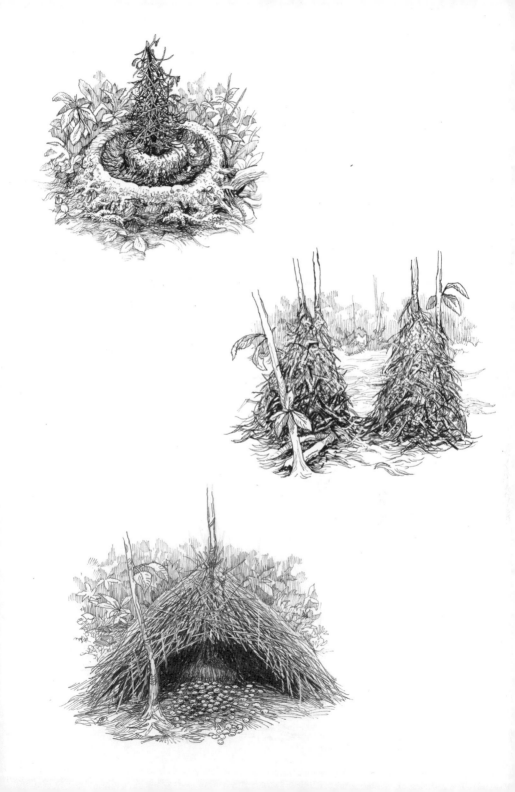

演示專門打造的，目的就只有吸引配偶而已。這種庭園的功能不外乎是一間充滿魅力的劇場，一座雄鳥為了展開性演示所準備的漂亮舞台。

西方探險家在澳洲與新幾內亞研究鳥類之前，以及殖民者在十九世紀中期殖民當地之前，「亭子」（bower）這個詞有幾個意思：簡單的居所或是小屋；屋子內的小房間，特別是指女性的閨房；庭園裡具有樹藤形成拱門的遮陰隱蔽之處。[2] 這三個傳統的意義，都非常貼合雄花亭鳥打造出來的「亭子」。不過，花亭鳥又把亭子的意思往全新的方向延展出去。

緞藍亭鳥建造的庭園位於林地中一小塊乾淨的區域，裡面有兩排平行的牆壁，牆壁的材料是乾燥直立的小樹枝和草桿，牆壁之間有一條狹小的通道（參見彩圖 17）。這種結構屬於花亭鳥打造的兩種主要結構之一，稱為通道亭子（avenue bower）。

除了建造亭子，雄緞藍亭鳥還會收集各式各樣的物體來裝飾庭園，那些東西全都是寶藍色的。他在亭子前面平鋪了草桿，這些寶藍色的東西就放在上面。我和安見到的這第一隻雄緞藍亭鳥，他的庭園鄰近國家公園的露營區，因此他收集到的藍色物體，除了野果、羽毛、漿果和花朵之外，還摻雜了經久不壞的人工製品，例如牛奶瓶蓋、筆蓋、零食包裝紙，以及其他塑膠袋。從花朵到食物包裝紙，清一色都是寶藍色。緞藍亭鳥對用來裝飾庭園的物品顏色看得清也挑得精，不過只要是寶藍色的，他完全不在意這些裝飾品的性質和來源。對他來說，

藍色的汽水瓶蓋和最細緻的藍色羽毛都一樣棒。雄鳥會整理庭園，把東西安排得妥妥當當，收集那些藍色的物體並且仔細放置。他也會驅逐其他雄緞藍亭鳥，因為其他雄鳥會趁機來破壞亭子，並且搶走那些寶貴的藍色裝飾品。

　　這整個建設妥當的庭園，當然是為了吸引雌鳥的來訪，不過我從來沒有好運（或說欠缺足夠的耐心）親眼見到這一刻。幸好，科學家早已詳細描述雄緞藍亭鳥的演示行為。雌鳥來訪時，會走進兩道牆壁之間的通道，從裡面窺視雄鳥和他收集到的東西。那座亭子中的通道很窄，雌鳥在裡面就像是準備起跑的賽馬被關在欄籠裡，只能臉朝外看向等著她的雄鳥。雄鳥吸引到雌鳥的注意後，會開始一連串精力旺盛的演示活動。他突然張開全身的羽毛以及翅膀。在演示過程中會停下來，發出粗礪、怪異、吵雜、有如電子噪音般的叫聲，還會模仿當地其他鳥類的鳴唱聲，例如笑翠鳥（Laughing Kookaburra，好萊塢電影中常出現的叢林鳥鳴聲就是笑翠鳥的叫聲）。最後，雄鳥會撿起一件他收集來的藍色物體，或是一根小樹枝、一片樹葉，特地拿給雌鳥看，之後放回庭園，接著繼續他的聲音演出。如果雌鳥喜歡他，就會留在亭子裡，蹲低彎腰，擺出引誘交配的姿勢。雄鳥會從亭子的後方進入通道，跳到她的背上。不過，如果雄鳥在要交配時，雌鳥覺得不想了，就會從亭子前面的開口出去飛走，好避開雄鳥進一步的行動。換句話說，亭子的牆壁是為了保護她不會被雄鳥跳到背上。

　　通道亭子有許多類型，差別很大。緞藍亭鳥建造的通道亭

子只是用兩排以樹枝為材料組成的牆壁，中間夾著狹窄的通道而已。其他種類花亭鳥建造的亭子，「亭型呈現」（bower-plan）就複雜得多了，例如黃胸大亭鳥（*Chlamydera lauterbachi*）打造的亭子位於隆起的平台上，其中有兩條通道。[3]點斑大亭鳥（*Chlamydera maculata*）亭子裡的是特別寬的「大道」，兩邊牆壁上的樹枝並不緊密，可以看透過去。

不同種類的花亭鳥之間，雄鳥放置裝飾品的位置也不同，有的放在亭子前面，有放在亭子後面，甚至同一種類中不同族群的放置方式也有差異。有些種類的花亭鳥使用的裝飾品是果實、花朵或樹葉，有些種類收集的是骨頭、貝殼、昆蟲或是羽毛。依照物種或族群的不同，偏好的顏色也不一樣。放置裝飾品的墊子通常由苔蘚、草稈或是小石塊鋪成。

大亭鳥（*Chlamydera nuchalis*）也屬於建造通道亭子的花亭鳥，牠們棲息的範圍很廣，遍及澳洲北部三分之一地區中的開闊樹林。大部分的大亭鳥族群，雄鳥收集與展示的是淡顏色的小石頭、骨頭、蝸牛殼等。不過，有個大亭鳥族群在裝飾物的選擇上別具創意。二○一○年，我去了布魯姆鳥類觀察站（Broome Bird Observatory），意外看到了這樣的族群。這個觀察站鄰近羅巴克灣（Roebuck Bay），海岸邊有一排五到二十公尺高的懸崖，由紅色黏土和層狀岩（stratified rock）構成。在距離岸邊懸崖半公里遠的地方，我看到了大亭鳥的亭子，亭子前後的庭園有大量的貝類化石，這些化石的顏色都褪了，呈現明亮的白色（參見彩圖18）。這座亭子實際上就是一座古生物博

物館，那些美妙的收藏品展現了地球上已經滅絕的生物多樣性，好吸引未來的配偶。不誇張，這個庭園主人叫聲的意思就是：「妳要來看看我收藏的化石嗎？」這些化石的形狀和顏色非常特別，一下子就可以知道是從哪裡收集來的。在那個聳立於海邊的紅土懸崖中，有一層約三十公分厚的岩層，仔細觀察這個岩層，會發現那其實是層疊起來的雙殼貝類化石，是這塊古老大陸在過往地質年代中大量累積而成的。我也負責整理博物館的收藏品，這種花亭鳥對於古生物的熱情，我感到分外親切。

花亭鳥建造的第二大類建築是五月柱亭子（maypole bower），這是在中央柱子周圍堆疊橫放的樹枝所形成的，位於中央的柱子通常是小樹苗，堆起來的模樣像是棕色的錐形，下面大上面小，有如清洗瓶子用的刷子，或是後現代極微主義風格的耶誕樹。雄鳥會在五月柱的底部周圍清出一條環行走道，可以讓雄鳥和雌鳥在求偶活動時繞著亭子快速奔跑。環形跑道外的庭園有雄鳥收集來的裝飾品，包括了花朵、果實、甲蟲和蝴蝶的碎片，甚至還有蕈類。有些種類的花亭鳥會用反芻吐出來的果渣裝飾耶誕樹結構上的小樹枝。（好吧，這可能就沒那麼像耶誕樹了。）

我第一次前往澳洲時，也曾看到五月柱亭子，那是在看到緞藍亭鳥後的一個星期，我和安前往位於昆士蘭（Queensland）北部亞瑟頓高地（Atherton Tablelands）的雨林。我們希望能在那裡看到金亭鳥（*Prionodura newtoniana*），以及他們建造的雙

五月柱亭子。金亭鳥是花亭鳥科中體形最小的，身上的羽毛是缺乏光澤的橄欖綠，頭冠、上背部、喉嚨和腹部的羽毛是明亮的黃色。我很熟悉這種鳥建造的亭子，因為自從開天闢地以來，每一本鳥類學教科書中，都有好幾頁典型花亭鳥亭子的黑白圖畫，其中就有金亭鳥的雙五月柱亭子圖畫，而且就放在緞藍亭鳥簡單的通道亭子圖片旁，看來兩者的大小差不多。我從來沒想過這兩幅圖片的比例是不同的。我和安在雨林裡的小道上前進，搜尋林地看是否有亭子時，我低聲提醒她：「我們要注意別踩到亭子。」走了幾百公尺後，我們在小道上轉彎，看到了那個碩大的亭子：高度及腰，寬度大約一公尺。要跨過去都困難了，更別說是如我之前擔心的那樣，會不小心踩到。

　　當我從亭子大小造成的震撼回過神來，那亭子的複雜程度又讓我再度感到震驚。這座雙五月柱亭子由橫放的樹枝圍著一對小樹苗堆疊而成，亭子頂端朝不同的方向。由於兩座錐狀亭子一起建造，兩座亭子之間凹下去的部位就如同馬鞍。金亭鳥裝飾亭子，但沒有裝飾亭子周圍的庭園。雄鳥用數十朵和連翹花一樣有著黃色花瓣的花朵裝飾亭子的一側，另一側用許多絲狀的鮮綠色地衣裝飾。移植過來的地衣在新家生長得很好，那些花朵就像是放在花店的花束那般鮮美。雖然這裡因為海拔高而氣溫低，不過那些花最多只能維持幾天而已，可是我完全看不到凋萎或乾枯的花瓣，顯然雄鳥一直在仔細照顧這些裝飾品。

　　十五年後，我有幸拜訪堪薩斯大學（University of Kansas）

的大學生布瑞特・班茲（Brett Benz），他研究的田野地區位於巴布亞紐幾內亞（Papua New Guinea）中央高地的村落哈洛溫（Herowan）附近，研究的對象是冠亭鳥（*Amblyornis macgregoriae*）。冠亭鳥的亭子建在陡峭的山脊上，山脊下是茂密的森林樹冠層。雄冠亭鳥用來裝飾亭子的東西非常多樣，包括各種顏色的果實、一種棕色的真菌，以及鑽石甲屬（*Entimus*）象鼻蟲細小亮麗、閃閃發光的身體片段。[4]班茲拍攝到一隻雄冠亭鳥捉了一隻活生生的藍色象鼻蟲回到亭子這邊，在庭園地上殘忍地把象鼻蟲撕開，再將牠的身體片段小心翼翼地放置到亭子上。他會偏著頭，仔細考慮每個裝飾物可能的擺設位置與方式，就像是挑剔的花藝家創作插花作品。在這林林總總的裝飾品中，最有趣的可能是構成亭子的橫放樹枝尖端，有許多像是絲線揉成的黑塊掛在上面，那其實是毛毛蟲的糞便。冠亭鳥收集的裝飾品可說是兼容並蓄、無所不包。

冠亭鳥和其他同屬的花亭鳥一樣，雄鳥羽毛和雌鳥類似，都是灰褐色。可是雄冠亭鳥不同的地方在於頭上有一列赭黃色的長羽毛，這些羽毛能豎起來。求偶演示時，雄鳥和雌鳥會位於環狀道路的兩端，隔著亭子看視對方。[5]雄鳥窺看他的慾望對象時，會突然舉起頭部赭黃色的羽毛，朝著雌鳥擺動，接著很快朝反方向走，在亭子的另一邊窺看雌鳥。在這樣細緻微妙的捉迷藏遊戲中，主要的內容就是雄鳥會交替著位置去窺視雌鳥。有的時候雄鳥會沿走道奔向雌鳥。如果雄鳥靠近時動作太激烈，雌鳥會跑到另一邊，讓自己和衝動過頭的雄鳥之間隔著

亭子。有的時候雌鳥會直接飛走。

　　雄花亭鳥的求偶行為中，有幾項特徵需要具體明白的演化解釋：亭子的存在、亭子構造的多樣性（我才舉了一些簡單的例子而已）、雄鳥收集來裝飾庭園的物品那麼豐富多變的原因。這些超乎尋常的建築和行為是怎樣出現的？為什麼要出現？為了回答這些問題，我們必須找尋這些結構與行為的起源。

　　花亭鳥科（Ptilonorhynchidae，即「園丁鳥科」）原生於澳洲與新幾內亞，有二十個物種，分屬於七到八個屬。[6]花亭鳥和嬌鶲一樣，也是以果實為生，幾乎所有種類都是一夫多妻制。但是花亭鳥和嬌鶲不同之處，在於牠們沒有把某個空間當成求偶場，而是雄鳥個別建造亭子並且守護庭園。

　　我們現在可以把雄鳥打造的亭子看成是他延伸的表現型（extended phenotype），這個詞是理查・道金斯（Richard Dawkins）發明的，他有一本書就是用這個詞作為書名。[7]這個詞的意思是，生物體不只是DNA表現出來的蛋白質而已，也不只是身體結構、生理活動以及行為。一個生物體完整的表現型，應該要包括基因體和環境之間互動的所有結果，包括對環境的影響。例如河狸會建造水壩，水壩攔水造成的池塘會漸漸淤積成為沼澤，這對生態系有很大的影響。這種水壩就是河狸延伸的表現型。整個生物群集可以演化成以其他物種延伸的表現型作為食物，或是棲息在其他物種延伸的表現型中。所有生

物打造出來的建築，包括花亭鳥的亭子、鳥巢、蜂巢、白蟻窩、草原犬鼠的地道，以及珊瑚礁等，都是由那些物種打造出來的結構，都是延伸的表現型所呈現出來的形式。

　　道金斯為《延伸的表現型》取的副書名是「基因影響的廣大範圍」（The Long Reach of the Gene），他認為延伸的表現型中所有的元素，都彰顯了適應性演化之力作用在自私的基因上的結果。道金斯是根深柢固的新華萊士主義者，他相信適應性天擇的影響無遠弗屆，延伸的表現型只是在更遼闊的範圍中所看到的影響而已。[8]不過，如果延伸的表現型是一種裝飾性性演示，就成為受到性擇的對象了，例如花亭鳥打造的亭子。在這個例子中，達爾文與華萊士對於擇偶、性擇與天擇本質的爭論再度出現了。

　　延伸的表現型是完全由適應性天擇塑造的嗎？或是「美麗會發生」的機制也能改變延伸的表現型？如果會，那演化出來的形式會是什麼模樣？花亭鳥和牠們打造出來的亭子是個特別的例子，讓我們有辦法探究新華萊士主義的典範所包括的「廣大範圍」對美麗的影響。

　　幸好，對研究演化的人來說，花亭鳥科物種的多樣性夠，現存的種類中有些足以代表亭子結構的轉變過程，讓我們「捕捉」到這種獨特行為一些重要的演化階段。在花亭鳥這個演化譜系中，最早的物種包括三種貓鳥（Ailuroedus）。[9]貓鳥不像同科中其他的花亭鳥，比較像是其他大部分的鳥類，是一夫一妻制的，雌雄會維持長時間的關係、共同扶養雛鳥、雄鳥沒有演

示場地、也不會建造亭子。除此之外,來自澳洲昆士蘭的花亭鳥狂熱愛好者傅瑞斯夫婦(Clifford and Dawn Frith)持續不懈所累積的觀察紀錄,讓我們知道貓鳥的巢完全由雌鳥建造。[10] 在花亭鳥親緣關係譜系中的最源頭是貓鳥,證明了古代的雄花亭鳥對於建造或改進鳥巢一事,既沒有經驗、也沒有興趣。雄花亭鳥超乎尋常的高超建築能力是後來才演化出來的,完全由雌鳥的審美擇偶所驅動,和築巢行為沒有一丁點關係。

但是,我們怎樣才能知道那些亭子的設計和裝飾只具備美學上的功能?我們已經知道庭園除了當成求偶場所外,沒有其他物理性目的。這座庭園是由道具所搭建而成的舞台,舞台上的演出是為了讓雌鳥在求偶季節加以評估。[11] 過去三十年來,美國馬里蘭大學的蓋瑞・波吉亞(Gerry Borgia)領導的團隊,一直在研究亭子結構與裝飾在雌鳥擇偶時發揮的功能,釐清種種道具的用途。波吉亞統領的這幾十年工作中,觀察了許多種花亭鳥的行為,並且進行實驗。他們特別關注澳洲東部的緞藍亭鳥。波吉亞很早就使用八釐米攝影機以及後續發展出來的錄影技術。他在許多亭子設置攝錄影機,電眼瞄準了亭子中央的走道,當有雌鳥來訪或是其他風吹草動,攝錄影機便會自動啟動,拍下庭園裡所有活動的細節。多年累積下來,波吉亞和他的學生除了觀察到雌鳥擇偶的行為之外,還能計算不同雄鳥求偶成功的差異。

波吉亞重量級的研究計畫,得到了許多關於花亭鳥擇偶的知識,讓我們得以確認那些亭子和裝飾的種種特徵對雌鳥選擇

配偶具有決定性的影響力。波吉亞的學生亞伯特・尤伊（Albert Uy）和蓋兒・派翠切里（Gail Patricelli）記錄下有六十三隻雌鳥總共造訪了三十四座雄鳥打造的亭子，這段期間雌鳥會造訪一到八座亭子，平均與二・六三隻雄鳥會面。[12]大部分雌鳥會在連續幾天內拜訪多隻雄鳥，然後重複拜訪其中幾隻雄鳥，最後決定從中選擇一隻來交配。她們的選擇往往取決於亭子蓋得好、裝飾得更華麗的雄鳥。這些革命性的資料強烈指出，雌花亭鳥是基於許多互動與經驗的結果進行審美擇偶，而不是刻在腦中的單純認知迴路受到的刺激超過了閾值就下決定。這是性擇推動亭子演化的直接證據。

現在，來看裝飾行為的演化歷史，這裡我們依然可以研究花亭鳥科之中另一個現存的物種：齒喙亭鳥（*Scenopoeetes dentirostris*）。齒喙亭鳥也屬於花亭鳥科譜系中早期分支的後代，牠們是一夫多妻制物種，雌鳥負責所有撫養雛鳥的工作。[13]雖然屬於花亭鳥科，但是雄齒喙亭鳥像是貓鳥那樣，並不會真的建一座亭子，但和貓鳥不同的地方在於他們會打造一塊求偶場地，大約兩公尺見方，用幾十片大型綠色葉子裝飾，這些葉片整整齊齊地鋪在泥地上，彼此之間有間隔。這個只用葉子裝飾的簡單求偶場地讓我們多少了解亭子和裝飾的起源。我們可以了解到，所有一夫多妻制的花亭鳥物種中，雄鳥都會把裝飾品收集到求偶場地上，而且這種行為是在亭子出現之前就演化出來了。這點也說明了亭子這個花亭鳥的重要特徵，並不是在有

些花亭鳥的演化過程中消失了。這一點進一步指明雌性擇偶對
裝飾產生的重要性。

　　隨著時間改變的，當然就是這些裝飾的性質。雄鳥收集的
材料以及用於裝飾的方式，隨著物種的不同而發生改變，有的
時候甚至同種的不同族群之間也有相異之處。想到花亭鳥會用
來裝飾庭園的材料之多樣就令人驚訝，其中包括果實、真菌、
花朵、羽毛、漿果、蝴蝶、果莢、毛蟲糞便等，更不用說他們
還收集了糖果包裝紙和曬衣夾。有些建築通道亭子的花亭鳥，
甚至會嚼碎植物的藍色、綠色或是黑色部位，塗在亭子的內壁
上。他們用於美學創作的調色盤非常大器。

　　這些裝飾物品與材料，都是雄性美學偏好的結果。這種偏
好是和雌性擇偶偏好共同演化出來的。雄鳥為了取悅雌鳥，演
化出全新的一類行為與偏好。這些雄花亭鳥是動物藝術家，彼
此競爭，好吸引藝術贊助者的目光。

　　花亭鳥就像是真正的藝術家，不會隨便選擇媒材。我們在
羅巴克灣看到了大亭鳥的珍貴古生物學收藏品，也看到了露營
地外緞藍亭鳥收集的藍色紙屑，這些亭子的裝飾品有些取決於
周遭環境中能找到的材料，但是審美選擇依然扮演了重要角
色。賈德・戴蒙（Jared Diamond）在一九八〇年代早期，對褐
色亭鳥（*Amblyornis inornata*）進行開創性的研究。[14] 他調查了
新幾內亞島屬於印尼部分最西的西巴布亞省（Irian Jaya）中褐
色亭鳥各族群的庭園裝飾。他發現在法克法克（Fakfak）山區
和庫馬瓦（Kumawa）山區的褐色亭鳥建造的五月柱亭子是直

的，採用的裝飾品是灰褐色的，例如竹片、樹皮、石頭和蝸牛殼。相較之下，在五十至一百五十公里外的阿爾法克（Arfak）、坦勞（Tamrau）和萬達門（Wandammen）山區的族群，建造出來的五月柱亭子比較精緻，最底下還有一個小房間，房間外面的庭園會用各種顏色的果實、花朵、昆蟲碎片、真菌和果莢裝飾（參見彩圖19）。這五個地區的雄鳥都可以從環境中取得完全相同的材料，但是從事裝飾時依然有差異。那些會蓋有小房間亭子的族群，雖然彼此相鄰得很近，依然各有差別。例如法克法克族群和坦勞族群有白色的裝飾品，萬達門族群就沒有。這些鳥對於使用的材料真的很挑剔。

　　戴蒙進一步實驗，證明庭園的裝飾是雄鳥特殊偏好的結果。[15]他給萬達門的褐色亭鳥不同顏色的各種賭博籌碼，這個地區的族群建造有小房間的亭子，並且用各種顏色的果實、花朵和其他材料堆起來裝飾。雄鳥在收集籌碼時，對於顏色有偏好。他們最喜歡的顏色依序是藍色、紫色、橙色和紅色。在庭園中，相同顏色的花朵、果實和羽毛會集中堆在一起。戴蒙還在被雄褐色亭鳥收集到自家庭園的籌碼上做記號，這樣就可以知道有多少籌碼被其他雄鳥偷走，放到自己的庭園裡。失竊的比例反映相同的顏色偏好：藍色籌碼最常被偷走，紅色的最少。他在庫馬瓦山區進行類似的實驗，那裡的褐色亭鳥建造形式單純的五月柱亭子、收集灰褐色的裝飾品，全都不理會這些彩色的籌碼。

　　數十年後，尤伊重複這個裝飾品顏色選擇實驗，並且擴大

研究的層面：同時測量雌性的擇偶偏好。[16]他研究了戴蒙之前研究過的兩個族群，確定了法克法克山區建造簡單五月柱的族群會避免使用顏色明亮的材料，而偏好棕色、黑色和米黃色的磁磚。建造有小房間亭子的阿爾法克族群，則偏好藍色、紅色和綠色的磁磚。他在十六個阿爾法克小房間庭園外設置了自動攝錄影機，發現到雌鳥擇偶時偏好某一小群雄性，交配成功的比例和庭園中藍色裝飾品覆蓋的面積以及亭子小房間的大小，有極為密切的關聯——覆蓋面積與小房間越大越好。阿爾法克族群之中，雌鳥的擇偶偏好和雄鳥延伸的表現型，兩者共同演化的關係非常密切，這個延伸的表現型偏好藍色的裝飾品以及更大的亭子房間。

　　這些褐色亭鳥族群棲息的山區彼此距離很近，族群之間可能是不久之前才不再互通的。由此可以推論，就演化的時間尺度來說，這些族群當中，庭園裝飾和建築形式演化的差異是在很短的時間內便演化出來。重要的是，雌鳥擇偶偏好的許多面向也和雄鳥延伸的美學表現型共同演化出來。這種演示特徵與偏好快速分化的模式，和「美麗會發生」理論預期的模式完全相同。

　　不過，可能有其他的解釋方式嗎？說不定雄花亭鳥收集裝飾品的規模，足以彰顯遺傳品質呢？如果收集品中有耗費大量時間、能量才能找到的材料，或是需要特殊的技術才能取得，的確有可能代表了雄鳥的品質。不過戴蒙指出，這些褐色亭鳥所在的山區森林中，所有材料都可以取得，因此不是在某個山

區中的黑色真菌和紅色花朵就比較罕見。[17]還有，裘哈‧馬登（Joah Madden）與安德魯‧鮑姆福德（Andrew Balmford）曾經針對澳洲昆士蘭的點斑大亭鳥的三個族群，進行了明確的試驗，看看裝飾品是否能誠實地指出找到這些裝飾品所要付出的代價。[18]他們沒有找到支持「庭園裝飾如果有罕見材料，就會比較受到歡迎」這個想法的證據。恰恰相反的是，這些族群喜歡的蝸牛殼和白色石頭，反倒是比較常見的，其他的裝飾品則比較稀少。除此之外，在有辦法取得的果實中，雄點斑大亭鳥偏好展示出來的是腐爛速度比較慢的種類，這讓他們在維繫裝飾的吸引力時，收集工作的負擔可以減輕一些（也就是付出比較少的代價）。所以，沒有什麼扎實的證據能夠指出，庭園裝飾是傳達雄鳥品質的高成本誠實訊號。看來各種類的花亭鳥之間具有不同的美學風格。

　　最近，演化生物學家約翰‧安德勒（John Endler）與同事發現了關於亭子美學裝飾的新難題，至少在部分大亭鳥的族群中有這個難題。[19]在東昆士蘭，他發現交配成功的雄大亭鳥打造出來的裝飾中，那些裝飾用的物體距離亭子越遠，雄大亭鳥便會用上越大的物件。他們提出的假設是，雄鳥這麼做是為了創造出「強迫透視」這種視覺幻象。[20]在他們的庭園中，距離亭子開口越遠的物體，會等比例地越大，使得從亭子裡往外看時，那些物體在視覺空間中會差不多一樣大。安德勒和同事多方猜測，為什麼這種特殊的視覺幻術有辦法吸引雌花亭鳥。不過有趣的是，產生這樣視覺幻象的視線方向，並不會使得雌鳥

眼中的雄鳥看起來比較大,所以不是欺瞞雄鳥大小的策略。

不論原因是什麼,雄鳥會創造出這種效果並非巧合。安德勒和同事進行實驗,以相反的規則重新擺放小石頭,也就是靠近亭子的比較大、距離遠的比較小。他們觀察到雄鳥有發現這種變化,而且並不喜歡這樣,會把東西重新擺放成能造成視覺幻象的樣子。蘿拉‧凱利(Laura Kelley)和安德勒後來還指出,能製造出越強烈幻象的雄性,交配成功的機率越高。[21]

不過,這依然沒有解決這種對幻象的偏好是怎樣演化出來的。安德勒認為,雄鳥製造幻象的能力是一種誠實的資訊,讓那些雌鳥知道自己的認知能力。[22]也就是說,幻象越完美代表雄鳥的頭腦越好,也就是這隻雄鳥的基因越好。不論這樣的透視裝置是否具備了傳遞訊息的功能,發現到這種視覺幻象,都具有非凡的意義。安德勒指出,西方文明要到十五世紀的文藝復興時代才發明強迫透視(forced perspective)的技法。花亭鳥這樣的行為應該是在十五世紀前就出現了,於是安德勒提出了一個問題:「為什麼花亭鳥創造的強迫透視行為,要比人類還要早就演化出來了?」

當然,人類最早在繪畫領域發明了透視法,我認為這點很有趣,因為人類發展透視法是為了藝術表現,過了很久之後才有實際用途。那麼,說不定在花亭鳥中也是這樣。之前就已經提到,許多厲害的演化創新是經由美學演化而產生的。安德勒比較了「花亭鳥的藝術」和人類的藝術之後,似乎也領悟到這一點。在《紐約時報》的專訪中,他說這種視覺幻象「證明了

花亭鳥真的在創造藝術」。[23]雌鳥的擇偶偏好和雄鳥的建築美學偏好「可以當成美感，因為牠們會下判斷」。

　　回到最初的問題：為什麼這種亭子會演化出來？為什麼在各個花亭鳥物種和族群中，這種亭子持續變得更為多樣？一九八五年，波吉亞和普魯特—瓊斯夫婦（Stephen and Melinda Pruett-Jones）推測，打造亭子並且守護庭園的收藏品免於偷竊與侵犯，代表了雄鳥的地位和品質。[24]可是這個理論無法解釋在不同的物種和族群中，亭子為什麼有那麼多複雜的變化，對裝飾的偏好同樣多變。保護藍色漿果並不會比保護白色小石頭來得輕鬆。

　　不過，到了一九九五年，波吉亞提出了另一個具有說服力的新理論，說明亭子的演化起源。[25]他之前就觀察到，雄鳥密集又強烈、甚至暴力的演示行為，往往會驚擾甚至嚇到來訪的雌鳥。每當雌鳥來到庭園，近距離觀察雄鳥和他布置的裝飾品時，自己就暴露在性騷擾和強迫性交的威脅之下。可是，如果她身處亭子中，那就不一樣了。波吉亞的假設是，亭子會演化出來，是因為雌鳥偏好躲在裡面，這樣便能免於性壓迫、身體騷擾和強迫性交。他舉出了許多野外觀察的例子，支持他這個「減輕威脅」（threat reduction）理論。舉例來說，許多觀察紀錄指出，如果通道中的雌鳥在發出願意接受配對的信號之前，雄鳥就想要嘗試性交，並且從後面要騎上她時，雌鳥便會朝前飛走。如果雌鳥去的是五月柱亭子，她可以跳到環形走道的另一側，中間隔著五月柱，好確保自己的安全。

　　波吉亞為了進一步證明自己的理論，舉出齒喙亭鳥的例子。[26]齒喙亭鳥的展示場地簡單開闊，只用葉片裝飾，沒有能夠保護雌鳥的結構，這裡的求偶儀式便極為險峻。雌齒喙亭鳥抵達雄鳥的場地，雄鳥馬上就會積極地撲上去。在野外觀察中，雌齒喙亭鳥造訪雄鳥場地的時間，最長只有三・八秒。

　　雌齒喙亭鳥在抵達庭園之前，沒機會近距離觀察雄鳥或是雄鳥設置的裝飾，她只能在很遠的安全距離外觀察雄鳥和裝飾。這樣的距離無法仔細辨認出什麼美學複雜性，所以雄鳥也沒有演化出更複雜演示的必要。雌鳥抵達庭園時，已經沒有時間收集更多訊息好做出決定了。相較之下，雌緞藍亭鳥在亭子的通道中便可以就近觀察雄鳥的演示，每次長達數分鐘。雌鳥在亭子的保護之下，可以在十幾公分外評估雄鳥，然後選擇配偶。那些演示的複雜程度，值得這樣就近觀察。

　　為了檢驗讓亭子演化出來的「威脅降低」理論，波吉亞和他的學生設計了幾個充滿創意的試驗。例如，波吉亞和戴文・普雷斯格拉夫斯（Daven Presgraves）研究了點斑大亭鳥具有「大道」的亭子，這種亭子的通道比較寬，兩邊的牆壁並不密實，可以透過疏鬆的細小樹枝草稈看到外面。[27]由於通道寬，牆壁又看得透，雌鳥可以坐在通道的一側，在稀疏的牆壁後面看雄鳥的演示。波吉亞和普雷斯格拉夫斯發現，雌鳥受到的保護如果越周延，那麼雄鳥演示時發出的聲音便越大，行為也越富有活力和攻擊性。那些演示活動包括快速衝向亭子一邊的牆壁，有的時候雄鳥的身體甚至會撞到亭子。他們進行實驗，隨

機把亭子一邊的牆壁拆掉，那些雄鳥會繼續演示，雌鳥也會持續觀察雄鳥，不過是在另一面依然完好的牆壁看，而不是在新打開的那一邊看。這個結果支持了前面提到的假說：新發明的建築目的是讓雌鳥在觀看雄鳥高度攻擊性的演示時，安全感得以提高。[28] 除此之外，顯然雄點斑大亭鳥格外富有攻擊性與刺激性的演示行為，是隨著給予雌鳥更多安全感的亭子結構共同演化的。

波吉亞的「威脅降低」假說真的充滿革命性，指出了兩性複雜的行為互動中全新的面向，很少有其他的性擇和擇偶論文辦得到這一點。根據波吉亞的說法，雄點斑大亭鳥的行為和造出的建築，是為了解決雌鳥身上的心理衝突而演化出來的：雌鳥偏好雄性富攻擊性的演示，有了亭子，雌鳥就不必害怕這類演示行為。[29]

不過我認為，「威脅降低」反應不是從單純的心理衝突演化而來的，而是來自更嚴重的性別衝突。[30] 怎麼說呢？且讓我們回頭看雄齒喙亭鳥和他那簡單的求偶場地裝飾：散布在場地上的大型葉片。雌鳥光從遠處看這些裝飾就要決定是否前往，如果前往了，雄鳥馬上就會撲到她身上性交。在某個時刻，因為美麗發生了，對於更精緻或特別的場地，雌鳥演化出了偏好。這些美學新發明雖然好看，但是偏好這種發明的雌鳥卻面對了新的挑戰。越複雜的庭園裝飾，就越需要靠近那沒有遮蔽的庭園，才能確實評估，好決定是否要和打造這個庭園的雄鳥交配。由於雄齒喙亭鳥的交配模式是快速撲上，因此她如果靠

得太近，不論自己是否有交配的意願，馬上就會暴露於強迫性交的風險中。強迫交配將使雌鳥產下的雄鳥具備她自己並不喜歡的演示特徵，而且其他的雌鳥也不會喜歡。演示比較不受偏好的雄鳥後代，當然就比較不受雌鳥歡迎，這就和我們在雁形目鳥類看到的例子一樣，是由性別衝突造成的間接遺傳代價。

但是，雄花亭鳥和雌花亭鳥與雁形目鳥類不同，沒有走上代價高昂的軍備競爭之路。雌花亭鳥沒有演化出防禦方式，而是藉由篩選去改進雄鳥的美學特徵，這些特徵能促進雌鳥性自主，並且減少性侵害造成的威脅與代價。這種對於性衝突截然不同的演化反應，我稱之為美學重塑（aesthetic remodeling）：性演示和性偏好兩者進行美學共同演化，使得性選擇的自由度更大。

對花亭鳥而言，美學重塑呈現的形式是雄鳥的庭園。這類的改變一開始都是突然出現，之後再慢慢演化改變的。可能是早期某個花亭鳥祖先在原本標準的綠葉裝飾之外，又收集了一些樹枝，這些樹枝擺放的方法改變，可能便造就了簡易的簾幕，幫助雌鳥阻隔性騷擾。這隻收集樹枝的雄鳥也許就較受雌鳥歡迎，因為他建造的亭子原型讓雌鳥有更多機會評估與選擇。提供雌鳥所偏好的美學建築會帶來性利益，這樣的雄鳥數量持續增加，造成了亭子的演化。長時間下來，通道亭子和五月柱亭子這兩種截然不同的建築結構便演化出來了，以不同的方式讓雌鳥的性安全感增加。雌鳥來拜訪建造了這種亭子的雄鳥時，可以有比較多的時間，在安全的狀況下評估雄鳥和庭

園。雌鳥有越多主觀的感官經驗以及下判斷的機會，對雄鳥身體以及演示行為的性擇力道就越強，這樣的性擇也會作用在建築與裝飾特徵上，因為這些都屬於雄鳥的延伸表現型。到頭來，雄鳥的演示和亭子結構及裝飾，會和雌鳥的擇偶偏好共同演化，使得亭子結構及裝飾在不同的物種之間變得更加多樣，也越來越精細複雜。

美學重塑的過程和適應性擇偶一樣，要透過雄鳥演示和雄鳥某方面表現型的關聯，才能發揮作用。[31]不過，在美學重塑的過程中，這種關聯和好基因或是直接利益無關，而是和雌鳥性自主權的擴張有關。想像在一個族群裡，有一半的受精事件是經由雌鳥擇偶而產生，另一半是由雄鳥性暴力強迫產生。如果雄鳥的演示中有某部分讓性壓迫的效能降低（例如我之前假設由樹枝堆成的亭子原型），雌鳥將會演化出對這種新演示的偏好。這種偏好將會在族群中演化，因為只要這種特徵出現的頻率增加，由雌鳥擇偶決定的受精事件所占的比例也會增加。也就是說，雌鳥能避免付出間接遺傳代價和性壓迫的比例增加。依照這樣的方式，美學重塑經由擇偶的方式，把雄鳥的壓迫行為轉變成溫和的美學形式，化解了性衝突。

這些亭子是具備美學的結構嗎？當然。這些亭子有保護的作用嗎？的確。就是因為亭子具有保護作用，才能演化成如此多樣、複雜與美麗。基本上來說，亭子的演化功能是作為保護雌鳥免於「約會強暴」的場所，同時也是進行美學評估的場所。一旦雌鳥確保了選擇自由，就會解放開來去培養審美偏

好，偏好更多樣、更複雜的美麗形式。

　　由於亭子本身既是受到選擇的對象，也是促進選擇自由的工具，因此引發了新形態的美學演化回饋，這種回饋會持續增強。一旦雌鳥確保了自己的性自主，她們的美學偏好將會繼續和雄鳥的演示行為與裝飾共同演化，結果便是造成更為複雜的美學結構與表演，兩者也會結合在一起。庭園表演像是大型歌劇，可以同時刺激多種感官，其中有歌曲、舞蹈，華麗的舞台背景與道具，甚至有舒適的前排座位讓雌鳥觀賞演出，就近欣賞舞台上的「熱情火花」。就如同在點斑大亭鳥的情況那樣，能夠保護雌鳥免於壓迫的美學／物理機制，讓更為激烈與刺激的演示共同演化出來，因為雌鳥可以在身體不受性威脅的情況下好好欣賞這些演示。對花亭鳥而言，選擇自由大幅促進了審美輻射。

　　改變雄鳥演示與行為的美學重塑，是全新的演化方式，讓性別之美從雄鳥野獸般的壓迫中產生出來。不過，我在這裡要強調，如果雌鳥偏好比較溫和的雄鳥，好讓自己在身體或社會地位上占優勢，那麼，這樣的過程就不會發生。當雌鳥選擇的時候，她們真的具備了自主權，同時沒有演化出對懦弱雄鳥的偏好。雌花亭鳥演化出來的偏好，促進了所有雌鳥執行完全選擇自由的能力。她們所選擇的，是能夠滿足美學慾望的事物。

　　派翠切里在當波吉亞的研究生時，策劃了一個絕妙又獨特的計畫，好研究威脅降低理論。[32]他們錄下了雌緞藍亭鳥拜訪

雄鳥庭園的影像，並且觀察到在雄鳥的演示富有攻擊性時，雌鳥經常會被嚇到，這時，在亭子裡的雌鳥會蹲低身子，似乎可以傳達自己不舒服的程度。他們進一步觀察到，如果雄鳥懂得提出回應，改變自己的演示行為，那麼交配成功的機會便會增加。

　　為了檢驗這些觀察到的行為，派翠切里打造了一具遙控機器人，塞到雌花亭鳥的模型中，她稱這隻機器鳥為「飛寶」（fembot）*。飛寶打造得非常接近真實的雌鳥，站立、蹲下、頭部轉動、翅膀張開的動作，都足以讓雄鳥以為是真鳥，因為派翠切里的錄影畫面中有雄鳥和飛寶性交的片段。派翠切里把飛寶放到亭子裡，調整它的姿勢和運動，好確定這個理論。[33]（一）對於雄緞藍亭鳥的演示，雌鳥的確以蹲下的姿勢傳達自己的安心程度。（二）有些雄鳥的確會調整自己演示的強度，讓雌鳥覺得比較自在。（三）懂得調整演出強度讓雌鳥覺得比較安心自在的雄鳥，最能成功吸引到配偶。

　　為什麼打造出更有吸引力的庭園、本身具有更大魅力的雄緞藍亭鳥，要降低演示行為的侵略性，讓雌鳥的威脅感減少？如果要緊的是性壓迫所造成的間接遺傳代價（雌鳥的雄性後代對雌鳥的吸引力降低，因此基因無法永遠傳遞下去），那麼從演化的角度來看，雌鳥更可以安於更富魅力的雄鳥所帶來的風險。來自不具魅力的雄性強迫性交所造成的身體傷害風險是一

---

* 譯注：female robot 的合成字。

樣的，也就是說，雌鳥要付出相同的代價。不論如何，更富魅力的雄鳥會讓由性壓迫造成的間接遺傳代價減低。所以，派翠切里的飛寶實驗結果，大力支持的概念是「亭子的功能是保護雌鳥免於性壓迫造成的間接成本」。

　　從布瑞南的人工鴨子陰道，到派翠切里的飛寶，研究擇偶的科學激發了一些富有創意的研究方式。花亭鳥和鴨子指出了了解選擇自由的全新方式：性自主權是推動美麗演化的引擎。

第 七 章

嬌鵒兄弟情

　　我們已經深入了解到，雌鳥的擇偶能讓雄嬌鶲和雄花亭鳥出現許多各式各樣的美麗。不過，還有更令人驚奇的事情：雌性擇偶偏好對雄性的社會關係有巨大的影響，許多受到影響的雄性行為是雌性從來不會觀察到的。我會在這一章討論這個面向。嬌鶲的演化歷程中，這樣的改變確實發生了。在一個求偶場裡，雄嬌鶲群體的社會關係已經演化成一種真實的兄弟關係，彼此間的社會關係不但持久，而且讓競爭變得純淨與溫和。我認為這是因為雌鳥追求性自主，才會有這樣的情況發生。

　　把雌鳥當成求偶場行為出現的主動推手，幾乎違背了所有對求偶場行為系統演化由來的傳統觀念。不過，如果接納了這種可能性，就可以用新的方式了解雄嬌鶲那極端異常行為中的複雜性和多樣性，以及各種求偶場社會組織裡的複雜與多樣。

　　嬌鶲有五十四種，因此有五十四種繁殖系統和社會關係，不過，我們可以拿嬌鶲求偶場一些普遍的觀察結果來加以研究。再次說明基本知識：求偶場指的是一群從事性展示的雄性。在求偶場當中，每隻雄鳥會保衛自己一塊特別的領域，只不過這塊領域除了提供找到配偶的機會之外，別無其他價值。在不同物種之間，求偶場內含求偶場的大小、空間分布以及數量（數個到數十個），有很大的差異。有的求偶場只有一到五公尺寬，有的可以大到十公尺以上。有些求偶場彼此緊密相鄰，有的分得很開。在一些物種當中，每隻雄鳥保衛的獨立求偶場「分得很開」，雄鳥彼此看不見對方，也聽不見對方的聲

音。雄鳥每年占據求偶場的時間約四到九個月，但是有些族群整年都在求偶場裡，只有換毛的時候才離開。除了嬌鶲之外，還有許多鳥類、昆蟲、魚類、蛙類、蜥蜴，以及一些有蹄類和水果蝙蝠，演化出求偶場。[1]

從達爾文開始，人們就對求偶場的本質與功能感到困惑，光是達爾文自己看法就有分歧。他在《人類原始》的數個章節中討論到鳥類的求偶場行為。〈爭鬥的規則〉（The Law of Battle）中以雄性之間競爭的架構來討論，而且從那個時候開始，大部分演化生物學家就在這樣的背景下研究求偶場。[2]但是，在〈鳴唱音樂〉（Vocal Music）和〈求愛動作與舞蹈〉（Love-Antics and Dances）中，卻又在雌性擇偶的架構下討論具備求偶場行為的鳥類。[3]一個多世紀以前，達爾文便超乎尋常地設想到，求偶場可能和雌性選擇有些許關聯。

由於缺乏可行的雌性擇偶或性自主理論，對於求偶場行為的起源，演化理論學家毫不意外地一致認為，求偶場這種組織來自雄性之間的競爭，是雄性為了爭奪主宰權或控制權造成的產物。傳統的假說是，求偶場中的雄性彼此進行儀式化的爭鬥，以便劃分出階級，之後雌性默認和地位最高的雄性交配，因此贏得定義上「最佳」的雄性，因為他通過爭鬥取得了最高的地位。這個假說完全符合華萊士式的觀點：所有的性擇只是某一種形式的適應性天擇。

求偶場行為是雄性競爭這種概念，最極端的表現方式可能出現在我大學時代使用的一本鳥類學課本上。這本書是伯洛伊

特學院（Beloit College）教授卡爾・威爾提（Carl Welty）所寫的《鳥類的生活》（*The Life of Birds*）。[4]他把鳥類求偶場比喻成中世紀領主的「初夜權」（droit du seigneur）：在所轄領地中的處女結婚之前，領主有權力與其性交。這個制度完全否定了女性的性自主權，威爾提用這個生動但並不恰當的比喻，把鳥類的一夫多妻求偶場社會系統，和那個可能是虛構的人類文化制度劃上等號。不過我會說明，求偶場制度是雌性性自主發揮作用的最佳案例。

行為生態學家史提夫・艾姆倫（Steve Emlen）和盧・歐林（Lew Oring）在一九七七年發表了一篇論文，支持傳統上把求偶場行為看成是雄性之間競爭的概念、求偶場則是「雄性彼此競爭的集會場所」，使得「雌性能基於雄性的地位進行選擇」。[5]不過，他們也察覺到這個理論在演化上出現的問題：既然大部分雄性在競爭中會敗下陣來，那麼，他們為什麼要加入求偶場中呢？艾姆倫和歐林提出了一個聽起來很有可能的解釋。他們的假設是，雄性在一起發出宣傳的訊號會更大聲，訊息能傳遞得更遠，平均每隻雄鳥能吸引到的雌鳥數量會比獨自一隻時來得多。不過，動物行為學家傑克・布萊伯利（Jack Bradbury）很快便指出，雄鳥聚在一起發出視覺和聽覺演示，並不能真的吸引到更多雌鳥。[6]雖然比較大群的雄鳥發出的宣傳聲音要比小群雄鳥來得大，但是聲音增大的程度與雄鳥的數量呈正比，也就是說，雄鳥加入了求偶場並不會讓每隻雄鳥在求偶場宣傳範圍裡提升吸引雌鳥的效率。雄鳥加入求偶場並無

法讓每一隻雄鳥的宣傳更有效率，使得每一隻雄鳥吸引來的平均雌鳥數量增加。

如果雄鳥聚在一起演示沒有好處，那麼，是有其他原因才加入求偶場嗎？布萊伯利和其他一些人相信，求偶場行為對雄鳥來說是有利的，因此提出了幾個可能的模型。例如，其中一個「熱點」（hotspot）模型推測，雄鳥聚集在雌鳥找尋食物時經常會通過的地方，好提高和雌鳥相遇的機率。[7]還有一個「紅人」（hotshot）模型，推測雄鳥會在特別受歡迎的雄鳥領域周圍建立自己的領域，因為當紅的雄鳥會吸引更多雌鳥前來，有些雌鳥也許沒有和當紅雄鳥交配，而是選擇了其他雄鳥。[8]

不過，支持「熱點」和「紅人」理論的證據含混不明。最近，許多研究利用了無線電追蹤、分子指紋（molecular fingerprinting）技術，再加上舊式但高效的鳥巢尋找技術，都指出這些理論完全錯誤。蕾娜塔・杜瑞斯（Renata Durães）和同事發現，有些藍頂嬌鶲（*Lepidothrix coronata*）的求偶場的確位於雌鳥頻繁往來的地方，但是和熱點理論衝突的地方在於，比起雌鳥經過較少區域的求偶場，這些「熱點」求偶場其實比較小。[9]在後續的研究中，杜瑞斯捉到一個藍頂嬌鶲族群的雄鳥和雌鳥，分析牠們的DNA「指紋」。[10]她非常了不起，找到了六十六個有雌鳥照料的巢，得到其中雛鳥的分子指紋，足以確定牠們的父親身分，找出這些雌鳥要飛多遠才能找到交配的雄鳥。她發現大部分的雌鳥不是和距離最近的求偶場中的雄鳥交配，平均來說是選擇靠巢第三近的求偶場中的雄鳥。這個結

果也和熱點模型矛盾。杜瑞斯的結論是，雌鳥擇偶的方式和熱點模型和紅人模型都不相符。

在一九八〇年代，布萊伯利和演化生物學家大衛‧奎勒（David Queller）成為自達爾文以來，最先以雌性擇偶解釋求偶場形成的科學家。一九八一年，布萊伯利提出一個革命性的理論，指出求偶場會演化出來，是因為雌性偏好雄性聚集在一起。[11] 他明確指出，雌性會演化出偏好有許多雄性聚集的求偶場，因為這能讓她們更有效率地比較雄性。在比較小的空間中有一大堆雄性可供選擇，輕鬆又方便。這道理就像是去逛商店街，要比到不同地區的店家購物來得輕鬆。

奎勒根據雌性擇偶的概念進一步推演，提出了一個純粹審美、性擇的求偶場演化模型。[12] 他指出，如果雄鳥「聚在一起」就像長尾巴那樣是一種演示特徵，這麼一來，求偶場就會演化出來。只要有一隻雌鳥偏好這種特徵（雄鳥聚在一起），那麼雄鳥的聚集行為便會演化出來。與偏好求偶場有關的遺傳變異，會和求偶場行為相關的遺傳變異建立起關聯，偏好和特徵將持續共同演化。根據這個模型，求偶場演化只是另一種隨意的美麗，只不過這屬於雄性的社會行為，而不是雄性的身體特徵。

布萊伯利和奎勒兩人都把求偶場看成是為了讓雌性進行擇偶而演化出來的機制。但很可惜，他們超越了時代，指出了雌性驅動演化，這個革命性的模型卻沒有受到多少關注。在一九八〇到九〇年代，突然有許多人對求偶場行為的演化產生興

趣，但是大部分的人和布萊伯利和奎勒不同，主要在嘗試支持熱點理論和紅人理論，之後相關的研究就慢慢沉寂下來了。

不論是雄性競爭求偶場模型，或是雌性擇偶求偶場模型，兩者的核心都在於把求偶場當成交配的場域。這兩個模型都沒有解釋到求偶場行為也是雄性的社會現象。求偶場不只是把求偶場集中在一起方便讓雌性找到配偶。求偶場並不是高速公路交流道附近密集競爭的加油站和速食店，會在那裡只是為了讓駕駛人容易找到而已。求偶場是高度社會化的組織，許多雄性聚集在一起，保衛領地、爭鬥、進行精細的合作演示。這些雄性發展出來的複雜社會關係得以持續一生。

要了解這些關係有多麼精細，我們得好好認識雄鳥相當奇特的社會生活，這種生活方式和同種的雌鳥完全不同。雌嬌鶲在羽翼豐滿、離開巢穴之後，就過著完全獨立的生活。雌鳥和其他成年雌鳥之間沒有社會關係，一年當中和其他成年雄鳥之間有關係的時間，也只有幾分鐘而已：她造訪那些演示自己的雄鳥，選擇一隻當配偶，然後交配。之後，雌鳥建立社會關係的對象就只有她撫育的雛鳥，在雛鳥離巢後，關係就結束了。

雄鳥則完全不同。他們和雌鳥之間的關係也很短暫，就像上面描述的那樣，只限於離巢前和母鳥的關係，以及求偶季節時和來訪的雌鳥有一、兩分鐘的接觸而已。如果雄鳥的魅力充足，同時演示得夠好，贏得了雌鳥芳心，便能進行短暫的交配，如此而已。可是，雄鳥之間會互動並且發展出複雜與持久

的社會關係。

　　年輕雄嬌鶲羽毛長好、離開鳥巢之後，大約會流浪一年到數年（視物種而定）。在這段期間，他們要在其他雄鳥的求偶場中建立並保衛自己演示用的領域。然後，雄鳥會和其他雄鳥發展出社會關係，這種關係是求偶場行為的特徵之一。到了繁殖季節，每隻雄嬌鶲通常會保衛同一個求偶場中的同一塊領域，持續許多年，往往終其一生。有的嬌鶲甚至能活十到二十年，這種關係有可能維繫得非常久。求偶場中雄鳥之間日常的社會互動關係，通常可以維持十年以上。

　　那麼，雄鳥為何要加入求偶場？最好的解釋是因為雌鳥喜歡雄鳥聚集在一起。之前曾經提過，像嬌鶲這樣一妻多夫制物種，雌鳥自己負擔所有養育工作，她們會築巢、生蛋、孵卵，餵養和保護雛鳥，直到牠們翅膀長結實為止。這些努力的回報是雌鳥取得了生殖控制權。雄鳥別無選擇，只能順從雌鳥的偏好，拒絕加入求偶場的背叛者不會有繁殖的希望。雌鳥是主宰，反叛的雄鳥不會有交配的機會。

　　那些一直獨居的雌鳥，一年只交配一次，她們有什麼理由會不喜歡求偶場所具備豐富又複雜的美學／性經驗呢？圍繞在複雜、強烈又充滿刺激性演示活動中，任意挑選交配對象，有什麼不好嗎？我們如果從雌鳥的角度來看，求偶場就像是妓院，只不過裡面全都是男妓。每隻希望她青睞的雄鳥，會使出渾身解數好贏取她的芳心。還有更好的事，這不是交易，所以

顧客不用付錢。她要和哪隻雄鳥交配都可以，完全免費。

一開始，雌鳥會偏好雄鳥聚在一起，可能只是因為喜歡感官或認知的性刺激比較多、比較密集，如果多隻雄鳥鳴唱和演示的時候距離近便會這樣。求偶場行為是為了滿足這種慾望而演化出來的，似乎很合理。不過，就如同之前指出的那樣，求偶場並不是雄鳥求偶的領域集合在一起而已。在求偶場中，雄鳥之間會發展出複雜的社會關係，這種發展從演化來說就奇怪了。畢竟，幾乎在所有物種當中，雄性對追求配偶這件事會彼此競爭，往往相互攻擊。讓雄性之間演化出合作關係，是非常困難的。事實上，動物中任何合作的行為都很難用演化來解釋。不論是社會性昆蟲中的利他行為、人類的語言發展，或是在鳥巢裡幫忙親鳥撫育雛鳥的幫手，合作行為的演化，總是需要克服個體因為自私而得利這樣艱鉅的障礙。

請不要誤會了──這是非常巨大的演化障礙。倘若強烈干擾其他雄鳥的求偶工作，如此一來每隻雄鳥自己的交配成功率會相對提升，可是這樣的持續干擾會破壞求偶場：如果雄鳥一直都在積極地相互干擾與爭鬥，雌鳥來訪的時候就無法選出雄鳥了。若是每隻自私的雄鳥阻撓了其他雄鳥求偶，自己便能獲得最大的利益，那麼，求偶場是怎樣演化出來而且維繫下去的呢？

解開這個難題的關鍵，在於了解到雌鳥來訪時，求偶場如果有其他雄鳥打斷她的活動，就算是對雌鳥的性壓迫，侵害到她的性自主權。簡單地說，這是雌性擇偶這種演化機制在對抗

雄性間競爭這另一種演化機制。雌性擇偶獲勝了，所以嬌鶲要避免發生雄性的攻擊行為。

牠們是怎麼辦到的？如同花亭鳥那樣，雌嬌鶲利用擇偶偏好重新塑造了雄鳥的行為，以達到自己的目的。對花亭鳥來說，這種改造工程促使雄鳥建造保護雌鳥的亭子，這樣一來，雌鳥在評估這隻雄鳥夠不夠資格作為自己後代的父親時，就不會受到強迫交配。雄花亭鳥彼此間依然有很強的攻擊行為，甚至對雌鳥也會展現出來，不過他們建造出來的建築可以減輕這種攻擊性對雌鳥選擇自由的影響。

相較之下，嬌鶲對性壓迫的抵抗方式並非以建築的形式呈現，而是從頭改造了雄鳥的社會組織與社會行為。這種轉變使得雄鳥的攻擊性大為降低，讓雌鳥選擇的機會提到最高，得到自己想要的對象。同樣地，因為沒有雄鳥的攻擊行為持續干擾來訪的雌鳥，求偶場繁殖系統也能因此穩定下來。雖然雄鳥之間的爭鬥和干擾行為並沒有完全消除，但是已經減少到足以讓雌鳥選擇自由和雄鳥競爭之間達成平衡。

因此，我的假設是，求偶場行為並不如二十世紀普遍的理論所指出的，是雄鳥權力階級的呈現，雌鳥只能默默接受這求偶場提供的適應性利益。相反地，求偶場是雌鳥偏好造成的結果，讓雄鳥產生社會合作，成為美麗的集合。

求偶場（特別是嬌鶲的求偶場）是演化出來的合作性社會現象，證據是什麼？事實上，這個演化假說相當難檢驗。比起

其他領域性鳥類，具有求偶場行為的物種，雄鳥顯然比較能夠忍受和其他雄鳥靠得更近。因此，我們知道嬌鶲和其他有求偶場行為的雄鳥，在社會行為上有一些基本差異。不過，我們難以知曉是不是雌性選擇造成了雄性社會行為的改變。幸好在嬌鶲中，有種非常特殊的求偶場，這種求偶場的普遍程度，讓人清楚見識到求偶場行為最根本的合作本質。

在許多嬌鶲的物種當中，雄鳥之間的社會關係不僅僅是和左右鄰居和平相處而已。雄鳥之間的社會關係，會發展成兩隻或多隻雄鳥在一起「協同演示」（coordinated display），這種非常精密的演示，需要多年練習調整才能臻至完美。協同演示的細節會因為物種的不同而有極大的變化，但是這樣協同合作的行為，是許多雄嬌鶲的特徵。[13]

雖然這些協同演示的美學本質變化多端，不過其中的社會功能可以分成兩種。一種是協同演示，由一對雄鳥擔任，幾乎是在沒有雌鳥出現時才會演出。在藍嬌鶲屬（*Chiroxiphia*）*這一屬中，有一種特殊的協同演出，我稱之為「必要協同演出」（obligate coordinated display），由一對或一群雄鳥在雌鳥面前一起完成的，是擇偶與交配的必要先決條件。如果雄鳥沒有參與這種多隻雄鳥一起完成的協同演出，便不會有和雌鳥交配的機會。

---

* 譯注：嬌鶲各屬目前都沒有中文譯名，*Chiroxiphia*屬中有五個物種，雄鳥身上都有藍色的羽毛，所以取這個名稱。

　　協同演示就如同舞蹈，其中的變化非常大。例如在第三章描述過的金頭嬌鶲，一對領域性雄鳥會做出一連串精細的舞蹈動作，之後他們會棲息在同一根樹枝上，以喙尖朝上的姿勢背對站立著。在藍頂嬌鶲和白額嬌鶲中，雄鳥在雌鳥來訪時，會單獨做出演示動作，他們的協同演示也具有這些單獨演示中的動作元素，包括了「蜜蜂飛行」（beeline）和「黃蜂飛行」（bumblebee）：在森林求偶場靠近地面的高度，於小樹枝之間彼此來回追逐飛行。[14]

　　第三章中也描述了金翅嬌鶲「降落木頭」的精采演示。成對的雄金翅嬌鶲也會做出這種演示的協同版本。第一隻雄鳥會在木頭上等第二隻雄鳥來進行降落木頭的演示。當第二隻雄鳥抵達時，第一隻雄鳥會跳到空中，讓第二隻雄鳥取代他原先的位置，然後兩隻雄鳥的角色互換，現在第二隻雄鳥等第一隻雄鳥來臨。這種協同演示中的那對雄鳥，彼此的領域可能相鄰，或者一隻是有領域的雄鳥、另一隻是還沒有領域的流浪雄鳥。我說的這些聯合演示，在雌鳥造訪雄鳥領域時都不會演出，只是雄鳥之間社會關係的一部分而已。

　　鳥類學家馬克·羅賓斯（Mark Robbins）與湯瑪斯·瑞德（Thomas Ryder）等人，描述了嬌鶲科 *Pipra* 屬中雄鳥的協同演示，讓我們更為了解嬌鶲的社會關係。[15]*Pipra* 屬的物種包括了線尾嬌鶲（*Pipra filicauda*）、斑尾嬌鶲（*Pipra fasciicauda*）和緋紅冠嬌鶲（*Pipra aureola*）。在這個屬中，有領域的雄嬌鶲會和其他雄鳥一起演出，包括同樣有領域的雄鳥，以及比較年輕、

沒有領域的流浪雄鳥。通常在協同演示時，具有領域的雄鳥會
在自己作為主要演出場地的樹枝上等待，第二隻雄鳥則進行以
S形飛行路線俯衝而下的演示，他會先衝到那根樹枝之下，然
後再往上飛到樹枝上方，最後降落在那根樹枝上，取代原先那
隻雄鳥的位置，並且發出特殊的鳴叫。參與演示的雄鳥會一直

一對金翅嬌鶲進行的協同演示。（上圖）一隻雄鳥在木頭上擺出尾巴朝
上姿勢，另一隻雄鳥下來。後到的那隻雄鳥降落之後會再飛起來（點
線），原來的雄鳥也會（虛線）。兩隻雄鳥在空中交錯，面對面在木頭上
擺出尾巴朝上姿勢。

一對斑尾嬌鶲進行的俯衝交換演示。

互換位置，進行演示。這般協同演示飛行會持續數分鐘不停，
並且和之前描述過的協同演示一樣，通常不會在來訪的雌鳥面
前演出，但是使用了不同性別之間溝通時用到的詞彙──也就
是說，那些演示包含的元素，和單一雄鳥為來訪雌鳥演示的元
素相同。在協同演示時，雄鳥把那些元素給納入了，成為雄鳥
之間單純的社會行為。

　　以上描述的演示都屬於第一種：單純的協同演示。第二種
是必要協同演示，為藍嬌鶲屬獨有的。藍嬌鶲屬雄鳥在交配前
進行的雄性合作，是動物界已知類似行為中最極端的。[16]成對
或成群的雄鳥彼此會建立長期的關係，他們一起從事的協同演

一群雄藍嬌鶲在來訪的雌鳥（最右方）前，進行必要協同演示。最靠近雌鳥的雄鳥會跳起來、張開翅膀，飛到隊伍最後面，停著的雄鳥會依序走到雌鳥面前表演。這樣的循環可以進行數十次，甚至數百次。

出，是求偶行為中主要而且必要的部分。[17]藍嬌鶲屬雌鳥和其他嬌鶲的雌鳥不同，她們會觀察這些協同演示並且加以評估，從而選擇配偶。如果她中意哪對或哪群的演示，便會選擇和這群雄鳥中的首領雄鳥（alpha male）交配。

　　藍嬌鶲屬雄鳥為了吸引雌鳥前來，首先會在主要演示樹枝的更高樹枝上，兩兩發出配合緊密的大聲鳴叫：「Toleedo…Toleedo…Toleedo」（或是音節類似的鳴叫）。雌鳥來訪後，成對或成群的雄鳥會進行精密的演示，稱為「輪番上陣」（cartwheel）

或「朝後蹦跳」（backward leapfrog）＊。大部分的藍嬌鶲屬中，成對雄鳥會在靠近地面、位置隱蔽的水平細樹枝上，進行「朝後蹦跳」演示，不過在燕尾嬌鶲（*Chiroxiphia caudata*）中，「朝後蹦跳」是由一群四到五隻雄鳥一起演示的（參見彩圖20）！雌鳥降落在雄鳥演示的樹枝時，最靠近雌鳥的雄鳥會跳向雌鳥，停在她面前的空中，展開自己頭上的紅色冠羽，同時發出低沉的雙音節唧唧叫聲，然後拍動翅膀，降落回樹枝上距離雌鳥比較遠的位置。這時，樹枝上靠雌鳥第二近的雄鳥會往前，跳起來做出和前一隻雄鳥相同的演示。這樣的「朝後蹦跳」演示會重複二十到兩百次，取決於雌鳥喜歡看的程度，以及她願意看的次數。最後，這群雄鳥中首領雄鳥會發出一個特殊的叫聲，下屬的「次級雄性」（beta male）就會離開樹枝。首領雄鳥會進行一些更獨特的演示，如果這時雌鳥還留著，兩隻鳥便會在這根樹枝上交配。在這一連串演示過程中，雌鳥可以自行決定要在什麼時候離開。

　　這樣的表演需要相當高度的技巧與大量的配合。雌鳥的鑑賞能力非常高，這樣的偏好選擇讓雄鳥之間的社會關係必須維持得夠長久，才有辦法勤加練習，消除表演中任何不順暢之處。光是齊聲鳴叫要好到吸引雌鳥前來，顯然就得花好幾年。鳥類學家吉兒・崔納（Jill Trainer）和大衛・麥唐諾（David McDonald）研究指出，長尾嬌鶲（*Chiroxiphia linearis*）共同鳴

＊ 譯注：網頁：https://youtu.be/MtF_pATNkEs

叫「Toleedo…Toleedo…」時，兩隻雄鳥之間的時間掌握配合程度，對能否順利交配的影響非常大。[18]

科學家已經發現，所有藍嬌鶲屬的繁殖系統中，都有這種雄鳥合作演示的行為，這是一種新型的求偶場行為。藍嬌鶲屬雄鳥和其他嬌鶲不同，不會保衛個別的領域，每個演示領域都由一群雄鳥掌控。這群雄鳥中有一隻首領雄鳥，他和其他次級雄鳥分享自己的領域。在燕尾嬌鶲中，除了次級雄鳥外，還有三級（gamma）、甚至是四級（epsilon）雄鳥，他們都懷抱著終有一天繼承首領雄鳥位子的遠大志向。這些共享領域雄性之間的伙伴關係是經由多年互動建立起來的，而且能夠持續很久。

可是，對於想要成為首領雄鳥者而言，這樣的伙伴關係中充滿了各種挑戰。年輕的雄鳥必須和其他雄鳥競爭，好成為次級雄鳥，或是掌握領域的首領雄鳥。能夠參與競爭之前，年輕雄鳥必須等上四年，才能讓身上的羽毛轉變為成熟雄鳥的羽毛。年輕雄鳥一開始身上的羽毛是綠色，類似雌鳥，每年都會更換羽毛，越來越像是成熟的雄鳥。[19]在這段期間，還沒有完全成熟的雄鳥會和其他各種雄鳥群體一起進行基本的演示。有了成熟的羽毛之後，雄鳥通常還會流浪好幾年，獨自演示，藉此取得某隻首領雄鳥的認同，進而成為伙伴。[20]在擔任學徒的這段期間，雄鳥要持續練習，改進在鳴唱和演示上的時間配合。

當藍嬌鶲屬雄鳥終於得到次級雄鳥的地位，之前付出的時間與辛苦有什麼回報呢？呃，他還是不能和雌鳥交配，因為雌

鳥只會選擇首領雄鳥。不過，至少他現在的地位比較高了。如果首領雄鳥死亡或消失，他便能取而代之，不過這可能得花上五年、十年，甚至更久。就算他最後成為首領雄鳥，競爭也還沒有結束，因為他還要和其他一樣有演示伙伴的首領雄鳥競爭，才能吸引更多雌鳥前來交配。

　　這種強烈的多層級競爭，造就了脊椎動物中最強烈的性擇。舉例來說，麥唐諾花了很久的時間，研究哥斯大黎加的長尾嬌鶲。他發現，只有少數雄鳥每年交配五十到一百次，持續了五到十年，其他絕大部分的雄鳥都沒有機會交配。[21]行為生態學家艾蜜莉・杜瓦爾（Emily DuVal）耗費了無數心力研究巴拿馬地區尖尾嬌鶲（*Chiroxiphia lanceolata*）的性擇，也發現了類似的現象。杜瓦爾利用巢中雛鳥的DNA指紋建立親緣關係，發現所有的雛鳥都是首領雄鳥的後代。[22]除此之外，在同年紀的二十一隻雄鳥當中，只有五隻成為首領雄鳥，其中四隻一共生下十五隻後代，剩下那隻在九年當中都沒有生下任何雛鳥。顯然藍嬌鶲屬雌鳥的擇偶偏好如此強烈，使得在求偶競爭中輸家遠多過贏家。藍嬌鶲屬的社會好比是個巨大的龐氏騙局（Ponzi scheme），九成的雄鳥注定要輸。

　　既然雄鳥之間的必要性合作對絕大部分雄鳥而言，都只有損失而已，他們會什麼還要這樣做？唯一的理由就是雌鳥大權在握。雄鳥沒有選擇的餘地，因為他們別無選擇。雌鳥就像是雄鳥雙人溜冰比賽的評審（其實更像是雄鳥雙人鋼管舞的評審），想要怎樣挑剔都可以，或是演化成怎麼挑剔都可以。獎

盃要頒給美學表現最佳的巴西隊！這可能也沒什麼好意外的，那些三五成群、「輪番上陣」的藍嬌鶲屬雄鳥，棲息的森林正好位在圍繞巴西東南部的嘉年華之都里約。地球上沒有其他地方會出現這樣的表演。

藍嬌鶲屬雄鳥參與了自然界已知最為嚴酷的性競爭，不過這種競爭既不是用肢體爭鬥、也不需要攻擊，完全是經由儀式化的雄鳥舞蹈系統進行的。極端的雌性選拔讓富有攻擊性的競爭者轉變為完全聽命於流行的舞者。

傳統上，在解釋協同演出行為時，會把它當成一種雄性儀式化的機制，用以建立階級，連我在一九八〇年代都是這樣解釋的。[23] 但是，這種觀點的基礎在於把求偶場當成是雄性彼此競爭以便建立階級的場域，而且雌性必須默認要和首領雄性交配。事實上，幾乎沒有證據支持在嬌鶲中，雄鳥主宰本身對性成功有什麼貢獻。另一種對雄鳥協同演示的可能解釋是親緣選擇，那些一起演示的雄鳥彼此親緣關係接近，這樣可以讓有部分基因相同的堂兄弟生殖成功。不過，麥唐諾和韋恩‧波茲（Wayne Potts）的研究指出，長尾嬌鶲中結伴演示的雄鳥之間的親緣關係，並沒有比較接近，而終結了這個說法。[24] 其他關於雄性利益的論點，同樣沒有成功解釋協同演示的現象。

相較之下，用雌性選擇／性自主模型解釋求偶場的演化，足以說明求偶場行為本身的演化，以及嬌鶲社會性協同求偶場行為的多樣性。嬌鶲的協同演示是由先天合作本性達成的精心

之作，雄鳥求偶場行為便包含了這種合作本質。個別雄鳥自私的攻擊本性受到馴服，以其他方式呈現，才使得求偶場一開始有可能成立。也可能經由同樣的機制，使得求偶場行為能夠演化出來：雌性擇偶時偏好雄性的合作行為，因為這樣有助於雌性的選擇自由。

這個假說第一個讓人困惑的地方，在於在大部分嬌鶲物種中，來訪的雌鳥都很少見到雄鳥之間的合作演示行為，因此雌鳥擇偶偏好對雄鳥社會性協同行為的演化，是以間接的方式影響的。如果雌鳥沒有看到這些行為，那為什麼會偏好參與這種行為的雄鳥？從根本上來說，對雌鳥而言，這種行為的意義是什麼？

看來是雌鳥選擇和其他雄鳥之間有良好社會關係的雄鳥，間接導致了雄鳥協同演示的出現。參與這種合作關係的雄鳥比較不會為了求偶而有暴力競爭，如此一來，雌鳥就可以避免騷擾，時間不會浪費、選擇配偶的過程也不會被打斷。所以，協同演示會演化出來，是因為雄鳥間的互動助長了這種複雜的社會關係，背後推動這種關係的是雌鳥的偏好。

美學演化的展開總是來得意外，合作演示也是，一旦出現了之後，便能成為性擇的對象，導致新型的擇偶偏好。這個機制可以解釋藍嬌鶲屬特有的必要協同演示的演化過程。可能在藍嬌鶲屬的祖先中，雄鳥協同演示發生的頻率很高，對於這種雄鳥演出，雌鳥選擇了更刺激的新形式，這種偏好便和新的行為共同演化。本來是意外出現的社會行為，就這樣納入了演示

內容，審美性擇偶產生的演化效應得以層層傳遞推展下去。[25]

　　要如何才能檢驗協同演示是由雌性擇偶推動而演化出的社會合作行為？有兩組團隊採用了全新的角度探究嬌鶲社會關係所得到的資料，支持了這個概念。最近，麥唐諾率先使用網絡分析（network analysis）追蹤具有求偶場行為鳥類之間的社會關係。[26]網絡分析是描述個體社會相互連結性（social interconnectedness）的一種方式，以圖形呈現，圖中的點代表個體、連接點的線代表關係。執法機關、保全機構和情報單位都使用網絡分析方法，研究行動電話通聯紀錄、電子郵件和後設資料（metadata），好找出犯罪和恐怖組織，並且加以追蹤。研究雄嬌鶲的社會關係在生殖成功中扮演的角色，也可以運用同樣的技術。

　　麥唐諾使用了會進行必要協同「輪番上陣」演示的長尾嬌鶲資料，資訊量為連續十年。他指出，如果要預測一隻年輕雄鳥將來能否和雌鳥交配，最好的指標是看他所具備的相互連結性有多廣。[27]換個說法，社會關係最為豐富的雄鳥（也就是持續和許多不同雄鳥團體建立關係、一起演示的個體），最有可能爬到首領雄鳥的地位，在之後的年歲中和其他雌鳥交配。布列德・萊德（Bret Ryder）和同事一樣統計了年輕雄線尾嬌鶲的社會關聯性，發現到關聯性的高低可以好好預測雄鳥將來的社會地位以及交配成功的機會。[28]

　　這些資料顯示，雄嬌鶲如果有豐富的社會關係，和其他同

性親如手足，而非宰制或予以攻擊，那麼就能步上交配成功的
道路。無法和其他雄鳥相處、總是孤獨又反社會的雄鳥，在嬌
鶲的求偶場中，將失去交配的機會。

　　當然，在這裡也會有個問題。雌線尾嬌鶲怎樣才知道雄鳥
過著豐富的社會生活？雌鳥幾乎不會見到雄鳥的協同演出，當
然也不會知道雄鳥臉書上的朋友數量。雌鳥可以加以篩選的，
只有自己見到與評估的雄鳥演出行為，但她們卻間接篩選出具
備最為複雜與持續社會關係的雄鳥。俗話說熟能生巧，雌鳥選
擇演示最為熟練的雄鳥，也選擇到那些最密集參與了最多種長
期合作活動的雄鳥。如果我們要問嬌鶲怎樣才能在社會上與交
配上取得成功，答案可能在於遺傳本質、發育過程和社會經驗

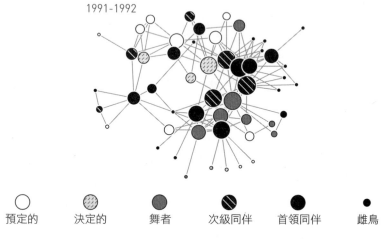

一年之中，由雄長尾嬌鶲的社會地位繪製出來的社會網絡圖。*From McDonald (2007)*

三者的總和。

雌嬌鶲的擇偶，完全重新塑造了那個只有雄鳥活動的世界，為的是增進雌鳥的性喜好與選擇的自由，而雌鳥卻幾乎沒有造訪過那樣的世界。這種選擇的結果是求偶場本身的演化，以及雄嬌鶲協同演示的變化多到令人嘖嘖稱奇。

在《人類原始》出版將近一百五十年後的現在，我們必須要想想，達爾文說「所有動物當中，除了人類之外，鳥類顯然是最美麗的」，這段話是不是夠正確。如果我們測量個體和物種美學成就的標準，是視其花了多少能量和投資在美學表現上，那麼，嬌鶲則遠遠勝過人類。所有的雄嬌鶲（物種中占了一半的個體），幾乎把所有的時間和能量都花在排練與改進表演上，然後會定期表演歌舞，有單人演出、雙人演出，還有群體演出。就達爾文的標準來看，嬌鶲和花亭鳥都完敗人類！

第 八 章

人類之美

　　達爾文撰寫的《人類原始》這本大書，主要討論的是人類的演化，有幾章提到了鳥類和其他動物。他把鳥類（和其他動物）納入，是為了支持他的假說：性擇對人類的演化有很深遠的影響。我寫這本書的策略相近，只不過人類和鳥類內容的分量顛倒過來。這種混合式的策略，不論在當時還是在現代，都同樣重要與有效。我們從研究鳥類演化得到的擇偶相關知識，應用到人類身上，可以更完整了解擇偶在塑造我們人類的外貌與性行為時扮演的角色。

　　美麗會發生、性衝突、美學重塑等這類我們在鳥類身上看到的力量，也對人類和人類的靈長類祖先發揮了影響。從現在開始的幾章，我將會「推測」這些是如何發生的。會使用「推測」這個字眼，是因為人類美學演化是一門新興的科學，我在這裡要說明的種種理論，都需要利用比較研究和社會學調查得到的資料來加以檢驗與分析。不過，我們在鳥類方面的研究中已經看到，美學演化的解釋能力很強。更重要的是，適應主義者堅持主張天擇的力量無所不在，做出的解釋不但冗長沉悶，而且有難以說明的地方。美學演化可以挽救這種狀況。

　　事實上，目前在人類擇偶的研究上，便有這樣的堅持主張存在，呈現出來的形式是演化心理學（evolutionary psychology）這個領域。[1]當代演化心理學深深相信天擇造成的適應具有全面的效果，這種基本的想法很多時候幾近狂熱。利用適應的概念研究人類生物學，是該領域的組織規約。在演化心理學家眼中，人類的性裝飾和性行為是一種誠實的廣告裝飾以及適應性

策略。[2]沒有人該懷疑演化心理學研究提出的結論，只須擔心要進行多少研究才能得到結論。[3]

這樣的學術問題會造成傷害嗎？我最關心的不僅僅是演化心理學中有許多壞科學。[4]壞科學之後會一一修正。更糟糕的是，演化心理學已經影響到我們對人類自身性慾、行為與態度的想法。演化心理學告訴我們，有些擇偶受到科學的證明，這些選擇是適應的結果（也就是說，普遍而言這樣的結果是好的），而其他的不是。這樣的觀點改變了我們對於人類自身的看法。

我當然非常在意，雌北方鷦鷯（*Troglodytes aedon*）偏好某隻雄鳥的鳴唱，因為那些歌聲僅僅代表了感官上的美麗而非其他原因，或是歌聲的意義是雄鳥的基因品質或在生育上的投資能力。不過，這些鳥類學的爭議影響範圍極為有限，如果我們錯誤地把適應主義者的邏輯應用到人類身體和性慾上時（這點之後會提到），就得要確定這個科學過程不會成為學術風潮的犧牲品，這對每個人都很重要。

在開始思索人類的性演化之前，我們必須把人類和人類的性生物學放入歷史與史前的框架當中。之前就提到，生命的歷史宛如一棵樹，人類位在這棵生命之樹上一根顯眼的分支上。人類屬於猿類，更仔細地說是非洲猿類。猿類是舊世界靈長類中的一個分支，包括了長臂猿（gibbon）、紅毛猩猩（orangutan）、大猩猩（gorilla）和黑猩猩（chimpanzee）。和這

個分支親緣關係最接近的種類（也稱為姊妹群）是其他舊世界猴類，其中包括了長尾猴（vervet）、獼猴（macaque）、狒狒（baboons）、山魈（mandrill）和各種葉猴（leaf monkey）*。非洲猿類中，和人類親緣關係最接近的是黑猩猩（*Pan troglodytes*）和巴諾布猿（*Pan paniscus*，也稱為矮黑猩猩）。人類、黑猩猩和巴諾布猿組成了大猩猩（*Gorilla gorilla*）的姊妹群（sister group）。

　　人類和黑猩猩有共同祖先，兩者大約在六百萬到八百萬年前分開。人類物種的複雜演化史使其發生巨大的改變。在比較近代的演化時間中，大約從五萬年前開始，改變的速度加快了，人類有如爆炸般散播到全世界，因此產生了各式各樣的族群、語言、種族和文化。

　　由於這種複雜性，關於人類演化的所有假說，必須要置入「生命之樹中的人類演化史」這個框架中。我們可以認為所有演化特徵或是演化學論述，都屬於下列四個演化學脈絡：

（1）在我們的歷史當中，哺乳動物、靈長類動物、猿類等各個分支間的共同祖先，甚至是和其他動物更為久遠的共同祖先中，所發生的演化。

（2）人類分支和黑猩猩分支從共同祖先那兒分開之後，發生在人類分支中的演化。

---

* 譯注：langur也是一種葉猴。

（3）現在世界各地人類已經發生與正在發生的演化。

（4）人類最近才發生的文化轉變（文化演化）過程，這些
　　　過程出現在全球各個人類族群之中與之間，並且正在
　　　進行。

　　人類有骨骼、四肢、毛髮可是沒有尾巴等等，全都是發生
在脈絡（1）中不同時間點的演化事件。人類具有較大的腦和
直立步行姿態，是發生在脈絡（2）中的演化事件。[5]

　　人類依然在演化，是演化脈絡（3）的論點。第四條演化
脈絡和第三條脈絡包含的事件是同時間發生的，但是前者說明
的是全新的現象、人類文化，可能是最近百萬年中某個時間點
才出現的（文化不會形成化石，所以我們不知道明確的時間
點）。文化有時獨自發揮功能，有時和生物演化交互作用。文
化本身具備了造成改變的機制，這些改變發生在共通的概念、
思想、信仰和習俗當中，有時候會對人類的思考方式、行為模
式與本質產生深遠的影響。

　　由於人類性行為是一種猿類性行為，所以我們得要先了解
人類和猿類親戚間共有的性行為和社會行為。同樣重要的是，
了解人類是如何變化的。探究這些猿類的行為，特別是黑猩
猩，有助於研究人類從共同祖先那裡分開之後，有哪些地方演
化得不一樣，接著研究為什麼會有這些差異出現。本書要探究
的是這些改變中，有沒有屬於美學演化和性自主提升所造成的
結果。

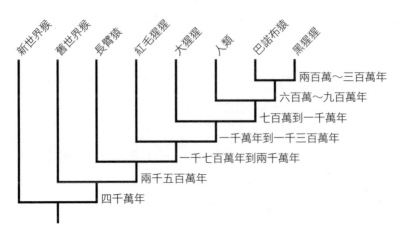

猴類和猿類的演化譜系與各分支出現的估計時間點。

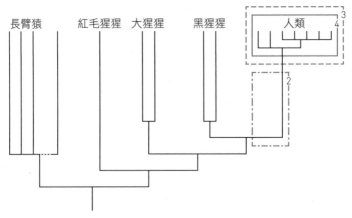

猿類的譜系概略指出人類演化論述中的四條脈絡：（1）人類和其他許多物種共有的演化事件（所有距離人類比較遠的分支）。（2）人類祖先與黑猩猩的共同祖先分開之後，到演化成人類之間獨自發生的演化事件。（3）現存人類族群正在發生的演化事件。（4）人類族群中發生的文化演化。

　　絕大部分的靈長類動物，包括人類，都演化成小群集體生活的模式，個體經由社會關係連結在一起。在各種不同的靈長類繁殖系統中，因為群體組成、大小與社會關係的不同，造成了許多不同類型的性行為。光是在非洲猿類（大猩猩、黑猩猩、巴諾布猿和人類）這個分支，這些差異就滿大的了。

　　大猩猩成群生活，在一個群體中有數個雌性，主宰群體的是一頭雄銀背大猩猩（silverback）。群體中雌猩猩的性生活都由銀背大猩猩控制，雌猩猩很少有進行擇偶的機會，除了決定加入哪個群體，但是這種情況很罕見。相較之下，黑猩猩的群體比較大，由多頭雄性和多頭雌性組成。群體中的雄黑猩猩會彼此競爭社會主宰的地位，然後運用這個地位對發情期的雌黑猩猩進行生殖控制。雌黑猩猩會和不同的雄性交配，可是有時候牠們會形成「配對關係」（consortship），在雌黑猩猩生育時期，這一對雌雄黑猩猩會暫時離開群體。

　　除非雌性處於發情期，否則大猩猩和黑猩猩對於性完全沒有興趣。雌黑猩猩每四年有兩個星期處於強烈的生育發情期，在這個期間會有性交。性活動周期之所以間隔那麼長，是因為在性交懷孕之後，雌黑猩猩要懷胎七個月，接下來要花約三年時間哺育幼黑猩猩。哺育期間，雌黑猩猩的發情與排卵都受到抑制。人類除了女性在哺育時期排卵也受到了抑制之外，性生活顯然和黑猩猩與大猩猩截然不同。

　　巴諾布猿也和黑猩猩一樣，過著雌雄混雜的群體生活，但是群體中的雄巴諾布猿不會彼此競爭主宰權，群體內和群體間

的攻擊行為也非常少。牠們和之前描述過的猿類都不一樣，群體中雄性和雌性可以自由交配，而且頻繁交配（包括有些同性個體之間也會發生性行為），雌巴諾布猿就算不在發情期時也是如此。成年的巴諾布猿時時交配，直到死亡，跟生殖季節與生育完全沒有一丁點關聯。雌巴諾布猿在發情期會和數個雄性交配，並且展現不同的擇偶偏好。

除去為了生殖而性交，巴諾布猿會為了調解因食物造成的社會衝突、減緩社會緊張、促進個體間的和解而進行短暫的性行為，而且不論性別、親緣關係和年紀，通通都可以發生。你可以想像一下巴諾布猿的商務會議中，氣氛緊張，兩方會談的領導人物突然停下來交配，或是摩擦起彼此的性器官，然後同意一個妥協方案。巴諾布猿的性交就是這樣。

重點是，我們要了解，這種非生殖性的性行為依然是性行為。生殖性性行為和非生殖性性行為，主要都是由感官的愉悅所推動。那些行動不論是有社會目的或生殖目的，都是因為追求性愉悅本身造成的後續效應。

人類和巴諾布猿一樣，在女性短暫的生育期之外，也經常性交。這種狀況不論是在猿類或甚至整個動物界，都是非常罕見的。不過，在其他層面上，人類和巴諾布猿之間幾乎沒有相似之處。雖然人類在成年之後經常有性行為，也往往和繁殖季節與生殖無關，但是人類對進行性行為的對象，是界定得非常明顯的（至少和巴諾布猿相比是如此）。

　　在了解人類性行為時，我們必須牢記，人類許多關於性活動（sexuality）和性別（gender）的概念，受到了文化的影響，有的時候會說是「由文化所建構的」（culturally constructed）。由於所有的人類都浸淫在自己所處的獨特文化中，因此人們的態度與行為，不論是否與性有關，都反映出該文化演化的過程（演化脈絡4）。人類族群拓展到全世界時，發展出許多各式各樣語言、用具、經濟、種族、國家、道德和宗教文化，相應之下，性觀念和性習俗也非常多樣。但這樣基本的事實，並不能掩蓋生物性質的演化過程（演化脈絡1-3）對人類的性取向、生殖和社會行為的深厚影響。我們現在面臨的艱鉅挑戰，是要去了解生物歷史和文化如何交互作用，讓人類的性活動產生如此多種的表現形式。

　　雖然整個議題的複雜程度遠超過本書的篇幅，我依然得集中討論生物／文化交互關係中的一些議題，因為能從美學演化的研究對這些議題有最豐富的了解。我會特別集中在人類和黑猩猩的共同祖先到一萬五千年前發明農業（以及可能還發明了財富）這段期間中，人類性取向的變化（演化脈絡2）。

　　就算是在這麼狹窄的範疇中，人類性活動的複雜程度也是獨一無二的。這樣的性活動是由多種性擇機制交互作用所造成，這些機制往往還同時發生，包括了：

　　　　雄性之間的競爭
　　　　雌性之間的競爭

　　兩性對兩性共有的裝飾特徵之擇偶偏好

　　雌性對雄性演示的擇偶偏好

　　雄性對雌性演示的擇偶偏好

　　雄性性壓迫

　　雌性性壓迫

　　性衝突

　　由於這些性擇機制既多樣又複雜，我們對人類性演化的想法會如此混亂與曲折，也就不令人意外了。要從哪裡談起好呢？我寫這本書的目的，是要探究美學篩選在人類演化上的運作方式，因此會集中思考可能經由擇偶而演化出的裝飾特徵。本書前頭探究的，主要是雌性擇偶偏好對於雄性演示特徵的影響，因為討論的是鳥類，雌鳥是性擇的驅動者且造就了極端美麗的演化。可是對人類來說，顯然如同某些鳥類（例如海鸚和企鵝），兩性都參與了擇偶。

　　我們從人類經由相互擇偶演化出來的性特徵與性偏好開始看起，這種擇偶和之前討論過的擇偶幾乎相同，唯一不同的地方在於兩性都具有相同的特徵及偏好。達爾文認為，人類幾近無毛的皮膚（在演化的過程中體毛減少），是經由性擇推動的美學特徵。有另一個說法是，體毛減少了，有助於人類長距離奔跑時降低體溫，是適應的結果。[6]不論體毛減少是不是美學特徵，人類的體毛減少具備了另一種罕見的裝飾特徵：腋下、陰部、頭頂和眼睛上方等部位保留了毛髮。不分性別，

保留毛髮的部位都是相同的（生物學家把這類特徵稱為性單型
〔sexually monomorphic〕），強烈暗示這種特徵經由相互擇偶演
化出來。海鸚、企鵝、鸚鵡和大嘴鳥，不論雌雄都具有同樣明
亮的鳥喙和羽毛，也都是性單型特徵。腋下和陰部的體毛到了
青春期之後才生長出來，進一步支持腋毛和陰毛是性訊息的假
說。這些特殊部位的毛髮，可能是為了伴侶之間進行費洛蒙性
溝通才演化出來，在哺乳動物中，這種溝通方式很常見。

　　腋毛和陰毛結合了皮膚的分泌物與微生物，「培養」出美
學性氣味。人類的皮膚是複雜的生態系，上面有各式各樣的微
生物，其中有許多和人類共同演化。皮膚微生物學家伊莉莎
白・葛萊斯（Elizabeth Grice）和同事寫道：「多毛又潮溼的腋
下，距離乾燥光滑的手臂很近，但是兩個地方的生態區位
（niche）差距之大，有如雨林和沙漠。」[7]這些生態差距的確可
能共同演化出美學特徵。（對於腋下和陰部的微生物相研究，
或許可以集中在那些皮膚微生物對體味的影響，微生物共同演
化的人類美學將會是一個刺激的新領域。）

　　男性對女性性裝飾具有伴侶偏好，在靈長類動物中非常罕
見，顯然是在生命之樹人類這個分支上獨自演化出來的。演化
心理學界常用一個無聊的老生常談來反駁男性具有強烈擇偶偏
好的事實，那個概念是：精子的成本低而且數量多，卵子的成
本高而且數量少，所以男性在性事上放蕩而女性則害羞。此成
見的問題在於這幾乎無法反映真實的人類行為。雖然那個適應
性故事說到男性放蕩而女性害羞，事實上，至少在西方社會，

男性和女性一生中性伴侶的數量沒有那麼大的差別。[8]

此外，在人類的演化史中，對於任意陌生人的無止盡性慾，也不太可能會發生。人類在數百代之前，農業尚未發明出來，人口密度很低。那時人類小群小群地住在一起，而且各群分得很開，除非群體之間發生了戰爭，否則任意遇到其他異性的機會非常少。因此，和陌生人性交這件事情，不可能推動男性性行為的演化。事實上，男性的性行為是往反方向演化，也就是變得挑剔。

吹噓性生活的文化，是支持這個看法的證據。如果〇〇七詹姆士‧龐德（James Bond）或是唐璜（Don Juan）這些著名的登徒子是看到任何女人都會上床的人，他們的故事便不會那麼有趣了。龐德和唐璜之所以成為「性愛英雄」、滿足了男人的性幻想，在於他們不是隨便和哪個女人都上床，而是吸引到最為美麗的女性。事實上，龐德對女性的挑剔，讓他和M的祕書曼妮潘妮（Miss Moneypenny）之間的互動成為電影中的笑點。曼妮潘妮長得美麗而且喜歡龐德，但是龐德對她始終不感興趣。雖然她漂亮，由於很容易就能到手，所以無法滿足男性對於性選擇的幻想。

相較於人類，其他雄性猿類對性的胃口可說是無止無盡，不會錯過任何生育性交的機會。大猩猩、黑猩猩和紅毛猩猩的雄性會追求所有私通的可能。人類男性則顯然不同，他們在性行為上的挑剔，是猿類家族中人類分支上獨有的特徵（演化脈絡2）。雖然演化心理學家渴望對男性的放蕩性行為找個理

由，事實上我們真正需要解釋的，是恰恰相反的特質。

　　男性對於性的挑剔，真的需要演化上的解釋，因為這個特性影響深遠，和人類之所以為人類的其他獨特性有關，我們會在第十章討論其他人類特性。現在我們可以說，男性的挑剔，和另一個人類與其他雄性猿類的相異之處有關：男性對繁衍後代這件事情會持續投資。男性會付出資源、時間和能量，好保護與照顧後代，找尋食物給他們吃，同時幫助他們融入社會。只要繁育後代的工作中包括持續的照顧，我們就可以預期，男性對選擇交配的對象會演化得越來越挑剔。[9]事實上也是如此：人類男性的美學性偏好，隨著男性對親職投資的增加而演化出來（這也是發生在演化脈絡2中），這樣的結果便是男性的性挑剔和女性獨特的性裝飾共同演化出來，例如女性膨大的乳房持續存在，又具有獨特的體態。其他猿類都沒有這樣的特徵。

　　女性的乳房組織是永久性的，腰部相對來說較細小、臀部比較大，臀部和後腿有脂肪堆積，全都是人類祖先和黑猩猩共同祖先分開之後才演化出現的，都需要演化上的解釋。無可否認，這些特徵基本上都可以由強烈的天擇加以解釋。人類胎兒的頭部演化得比其他猿類胎兒大，因此女性的臀部要比較大才容易分娩。乳房膨大才能夠分泌餵食嬰兒所需的乳汁。人類演化史中大部分時間裡，食物資源總是有限或是難以預測，身體必須有效地儲存脂肪，這也是強烈的天擇。不過，這些特徵的演化也受到男性選擇的影響而成為裝飾，因為這些特徵在某些

特定方面實在太誇大了，光用天擇無法解釋，因為那超出了天擇的理想狀態。

地球上的哺乳動物超過五千種，只有人類有固定存在的乳房組織。其他所有的哺乳動物，乳房只會在排卵和泌乳期增大，一生中只要不處於這樣的時期，乳房便不會變大。可是女性完全不同，開始性成熟的時候，乳房就發育變大，之後一生都保有這樣膨大的乳房。最原始的哺乳動物出現到現在已經超過一億年，證明了之前那樣「有需要才出現」的乳房，對養育後代來說是完全合適的。所以說，持續存在的乳房，其目的不是為了養育後代，也不具備天擇利益。女性具備持續存在的乳房，比較可能是因為男性擇偶的推動而演化出來的美學特徵。

同樣地，女性較窄的腰部、較寬的臀部，以及在後腿累積的脂肪，實在過於誇張，那比例超過僅僅由天擇推動出現的程度。女性身體脂肪的分布方式非常特殊，尤其是後腿累積的脂肪，讓乳房、腰部和臀部構成的沙漏體型更為凸顯。不用懷疑，對許多人而言，這種體型極具性吸引力，但是並不意味這種體型就如同演化心理學家所說，是女性適應品質的指標。就算某些分量的體脂肪代表了遺傳品質或健康狀況，也無法解釋這些脂肪在女性身體分布的方式。有一群以近似家庭手工方式從事研究的人貢獻心力，只為了證明大胸圍和低腰臀的比值，的確傳遞了演化心理學家所謂「配偶值」（mating value）的訊息──配偶值是他們提出來的一種客觀數值，用來測量某人的適應性遺傳品質與狀況。

配偶值這個概念的問題之一，在於這個值建立在一個假設之上：性吸引力不僅僅是性吸引力，它必定代表了其他更重要的價值，並且完全排除了隨意美學特徵造成性吸引力的可能性。[10] 此前曾討論過，演化心理學家就像是經濟學中擁護金本位的人，他們相信在每個演化出來的裝飾背後，必定有一些其他的外在價值，那桶演化黃金若不是好基因、就是直接利益。他們假定性吸引力必定密藏著某些意義，美麗的個體在某些方面必定有客觀的優異之處。雖然有許多科學家奮力研究，想要支撐適應性人類擇偶這個概念，但是到頭來能讓這個概念續存的資料卻少得可憐。

　　舉例來說，據說所有男性都偏好比較小的腰臀比，是因為那真的和女性的遺傳品質和健康有關，於是許多人都努力去確認這個想法是正確的，可是證據卻不支持這個想法。有個著名的實驗，研究了一群波蘭女性，指出胸圍大和腰臀比低的女性，在經期來臨時體內的雌二醇（estradiol）和黃體激素（progesterone）的濃度會比較高。[11] 這些激素的濃度高低和女性的生育能力有關。有人認為這項研究的結果支持適應性假說。但是在這項研究中，並沒有指明記錄到激素的變化幅度夠大，或是在適當的程度下真的影響到生育能力。事實上，這項實驗並沒有發現到體型對女性生育能力有重大影響，那些接受研究的女性都沒有採取避孕措施。所以，這項實驗其實證明了，體型和生育能力有關聯的假說是錯誤的。不過，依然有很多人引用這個已經證明為偽（falsified）的假說。這就是以信仰為根基

的科學信條所運作的方式：找尋新的理由，不論那些理由有多麼不恰當，都要支持自己對失敗理論的信念。

同樣地，一大堆演化心理學論文談的是臉部的「女性特質」（femininity）：比較小的下巴、大的眼睛、高的顴骨、豐滿的嘴唇等，是演化出來的女性「生殖價值」指標，也就是個體將來生殖潛力的指標。該組特徵還被認為青春期時最為顯著，然後隨著年紀的增長而衰退。問題在於，「青春」是無法遺傳的。每個人一開始都青春，然後逐漸衰老。所以男性擇偶時偏好年輕女子，是因為她們未來生殖潛力高，這可能對男性本身有利，不過這種偏好本身並不會推動女性的演化。對於男性偏好年輕特徵的指標，女性唯一可能的演化反應，是演化出足以欺瞞年齡的特徵。所以說，就男性擇偶集中在生殖價值的程度而言，我們應該預期那些具有性吸引力的隨意特徵要能夠隱瞞年老。[12]對於臉部「女性特徵」的偏好，其實恰好證明了擇偶不是挑選適應特徵，而是挑選隨意特徵。

最後，雖然美麗的人比較容易有更多的朋友、更好的工作、更多的收入，但這些都證明了美麗能夠得到社會利益而已，並非證明客觀上美麗的人就真的比其他人更為優異。

人們對適應性擇偶的熱情建立在信仰之上，消除這種熱情的方法，是採用「美麗會發生」的零模式。「美麗會發生」假說指出，女性的性裝飾（例如持續存在的乳房組織，以及富有魅力的臀部與腿部曲線），是和男性的性偏好隨機共同演化出來的，並不是遺傳品質或是健康的指標。「美麗會發生」並不

是一開始就排除誠實訊息存在的可能性，只是必須要有良好的科學證據，才能指出美麗的後面的確藏著演化黃金。誠實訊息理論拒絕零模型，只依靠意識形態的支持才能存在。「美麗會發生」的解釋到目前為止都很妥當適切。

奇怪的是，很少有文獻討論到反方向的研究，也就是女性對男性身體魅力的偏好是什麼。就如同演化心理學家史蒂芬・甘傑史塔特（Steven Gangestad）和格林・薛德（Glenn Scheyd）提出來的結論：「女性對男性身體特徵偏好的相關研究非常少。」[13] 相較於演化心理學領域的活躍程度，缺乏這方面的資料是讓人意外的。如果女性為了提供的配子付出了高昂代價，那麼她們對性應該更為挑剔，篩選的力量也會更強大，男性的裝飾特徵理當更多變，女性對男性的擇偶偏好也應更為極端且細緻，同時很容易就可以測量出來。從科學的觀點來看，女性擇偶偏好就像是低垂的果實，很容易就可以摘得到。

那麼，關於女性擇偶偏好的研究為什麼會如此稀少？這種研究鴻溝有幾個不同的解釋。研究人員對女性性偏好不感興趣？這我懷疑。我認為比較有可能的情況是，女性擇偶偏好的研究無法支持適應性擇偶理論，因此無法印成論文發表。演化心理學的任務是以適應性擇偶的角度進行解釋，無法推動這項任務的資料只能埋沒在實驗紀錄本和硬碟裡，不能發表。公開發表的研究如此稀少，好像意味著有大批沒發表的證據，如果哪天可以重見天日，便能支持「美麗會發生」假說。

　　即使是已經印成白紙黑字的資料，也難以解釋成支持適應主義者觀點的證據。舉例來說，一直有證據指出，女性並不偏好最為「陽剛」的臉部特徵。陽剛特徵包括顯著的方形下顎、寬闊的額頭、粗黑的眉毛、削瘦的臉頰和薄嘴唇。許多研究指出，女性反而偏好中性、甚至是那些研究人員所謂「陰柔」臉部特徵的男性，[14]有一項研究還指出，女性偏好有些許鬍渣勝過一臉大鬍子的陽剛臉孔。[15]根據甘傑史塔特和薛德引用的許多截然不同的研究，這樣的臉部特徵偏好，似乎和女性對男性身體偏好的證據一致。女性最喜歡瘦但是有些肌肉的男性身體，這些男性要有比較寬的肩膀，身材呈V字形。最不喜歡滿滿肌肉的男性。

　　這些發現對適應主義者而言是個難題，因為他們認為肌肉特徵是力量和優勢的指標，思考正常、追求適應力的女性，應該會偏好這種特徵。當然，女性雖然不偏好肌肉特徵，可是這種特徵依然演化出來，可以用男性之間競爭伴侶和社會地位來加以解釋。演化心理學家也認為，女性偏好肌肉特徵沒有那麼顯著的男性，是因為這種特徵指出，那些男性會投入更多資源在照顧孩子上。不過，他們從未解釋具有寬闊額頭和明顯顎骨的男性為什麼不會是個好爸爸，好像這是顯而易見似的。

　　演化心理學家在解釋女性偏好顯而易見的矛盾之處時，為何遇到那麼多麻煩，原因之一是他們對於「配偶值」的觀念太狹隘了，無法含括人類擇偶實際的複雜程度。在某種意義上，「配偶值」是文化理論學家所謂「男性凝視」（male gaze）的科

學表示方式。[16]「男性凝視」的觀點，是把女性和女性的身體只看成是男性性愛快感以及所要掌控的對象。實際上，演化心理學家在研究女性配偶值的時候，幾乎真的都是讓年輕男性凝視電腦螢幕中女性臉部與身體的影像。所以，在了解女性性偏好的研究中，這項概念幾乎派不上用場，真的有什麼好驚訝的嗎？演化心理學家把男性凝視具體化成適應的結果，讓這個性別歧視偏見放在演化生物學領域供奉著，當然也就無法解釋人類當中半數個體的擇偶偏好了。

演化心理學家忽視的是，人類在選擇伴侶時，社會互動非常重要。實際上，社會互動才是人類對性體驗的樞紐，深深影響了人類對性愛對象與戀人的選擇。實驗社會心理學這個領域的新研究指出，人類與他人的社會互動，能夠凌駕只從眼睛得到的資訊。心理學家保羅‧伊斯特威克（Paul Eastwick）的研究工作集中在社會互動如何改變了對性吸引力的認知。[17]他和同事進行了一連串實驗和後設分析，指出一項我們早就從生活經驗獲悉的事情：深入了解對方之後，對性吸引力的認知也隨之改變。

在沒有任何社會互動之前，人們傾向認同一開始的印象（也是表面的印象）所具備的性吸引力。可是，當人們有機會產生社會互動之後，就開始偏離最初的印象，並且注意到其他特別吸引自己的人格特質。到最後，這些主觀的社會認知產生的效應之強，其吸引力足以壓過外貌的吸引力。伊斯特威克和露西‧杭特（Lucy Hunt）寫道：「人格特質確實能帶來好運，

讓幾乎所有人都有機會建立關係，在這份關係中，伴侶彼此都認為對方是獨特且有魅力的。」[18]大體上來說，雖然人類在外貌的吸引力各有不同，不過大體上來說，人類天生懂得找尋社會關係與性關係的幸福，這樣的想法令人高興。「配偶值」其實並非普遍又客觀的測量值，而是主觀且相對的經驗。

有趣的是，伊斯特威克的研究還指出，社會關係對評估魅力時的影響力，在男性和女性之間是沒有差別的。那些在演化心理學女性配偶值研究中提供數據的人看著電腦螢幕時，和女性一樣，會受到社會互動的影響。顯然男性凝視並不是讓男性得到快樂的妙方。

真實世界中的人類擇偶，發生在複雜的人際環境中，每個人不但外貌上有差異，性格與人品也各有不同，這是顯而易見的。基本情況是，人類演化出社會互動的能力，人與人的關係越來越複雜，影響了選擇伴侶的標準。文化、物質文明、語言、複雜的社會關係一一出現，讓人類的美學吸引力具備了一個新的面向：社會人格，而且這個面向擴張得非常大，囊括了種種特性：幽默、仁慈、同情、體貼、誠實、忠心、好奇、自我表達等，現在都成為人類彼此吸引的特性。事實上，這些特徵會演化出來，就是因為能夠增加魅力，並且有助於在社會中維持穩定的性關係。陷入情網的過程變得越來越複雜，當然隨之而來的強烈情感、快樂，以及可能出現的傷心也是，這都是百萬年來美學相互擇偶演化過程的結果。雖然大猩猩和黑猩猩也具備了社會人格，但是我不認為牠們會如同人類這樣陷入愛

情之中，因為這些動物並沒有經歷過這樣的共同演化過程。

　　演化心理學針對配偶值的概念指出，人類光靠觀看螢幕上的影像，就能用手滑動螢幕來選擇影像中的那個人是否足以當成伴侶，因為人類已經演化到光用看的就有足夠的資訊下判斷。這種方式偶爾玩一下可能很有趣，但是並不適合作為長期策略，因為任何表面特徵的客觀評量分數無法用於界定配偶值的高低。只有在彼此認識並且相愛之後，「配偶值」才會逐漸浮現出來。愛情是需要時間滋養的。對現居都會區的年輕人而言，時間有限，可是能夠選擇的性伴侶幾乎無限。不過，數百萬年來的人類演化史中，人類生活在小群體裡，性伴侶很少但是時間非常多。人類擇偶的方式是在後者的狀況中演化出來的，而非前者。

　　所以，男性外貌特徵上的裝飾如此稀少的真正原因，是因為人類演化的過程中，雌性擇偶著重在社會特徵，而不是身體特徵。對女性來說，這是非常合理的，因為在演化的時間尺度中，她們到最近之前都專門負擔起養育孩子的責任，因此她們更看重能維持長久關係的特質。到頭來，女性演化出要挑選的擇偶對象，得是個好伴侶以及好父親。不過，這並不表示隨隨便便就可以發現這樣的伴侶。

　　儘管如此，女性擇偶還是可能對一項男性身體重要特徵的演化，發揮了關鍵性的影響，這個特徵是陰莖。我們可能不會認為這個重要的器官是一種「裝飾」，但是男性的陰莖就和女

性的乳房一樣,在演化上同時受到天擇和性擇的影響,我們應該要來探究一下,哪些特徵是經由哪個機制演化而來。

　　達爾文曾經奮力研究,好區分生物個體各部位由天擇和性擇造成的效應。[19]舉例來說,有些甲殼類動物的雄性在交配的時候,會使用特殊的肢體抓住雌性,他曾經苦苦思索這樣的肢體是天擇還是性擇的結果。達爾文認為,如果某個器官的功能對繁殖而言是必須的,那就是經由天擇所演化出來的。不過,同樣的器官經由伴侶競爭或擇偶造成的進一步演化,就是經由性擇所推動。

　　人類的陰莖是這兩種演化機制同時發生作用的絕佳案例。哺乳動物進行體內受精,所以我們知道,陰莖的存在對繁殖而言絕對有其必要。人類陰莖的存在與保持,可說是天擇單獨造成的結果。不過人類陰莖在形態上,便有許多方面超過了完成交配與受精行為所需,這些形態變化可能也受到了性擇的影響。

　　在靈長類動物中,陰莖是形態變化最為多樣的器官之一。在不同的靈長類物種之間,陰莖的長度、寬度、厚度、形狀、表面質地和精細程度,都具有相當大的差異。這些差異變化都超出了完成生殖功能所需。為什麼不同的物種各自演化出差異那麼大的陰莖呢?

　　在此,我當然會集中討論人類的陰莖。不論從任何角度看,人類陰莖需要解釋的地方很多。人類的陰莖相當大,不論是實際大小還是與身體大小的比例,都超過了其他猿類。人類

的體型介於大猩猩和黑猩猩之間，大猩猩的陰莖勃起時只有四公分左右，黑猩猩的陰莖勃起時約八公分長，很細而且光滑，頂端是尖的。比起其他猿類，人類的陰莖不但比較長，勃起時平均來說有十五公分，也比較粗。除此之外，人類的陰莖還具有球莖狀的龜頭（bulbous glans），前端有冠狀溝（coronal ridge），有些靈長類動物的陰莖也演化出類似的結構，但是在人類之外的非洲猿類身上，都沒有這種結構。我們還要注意到，雖然和親緣關係最接近的黑猩猩相比，人類陰莖大多了，構造也更為複雜，可是人類的睪丸不論以絕對大小或是和體型相比，都小於黑猩猩的睪丸。

戴蒙在《第三種猩猩》（The Third Chimpanzee）這本書中，用到一張讓人印象深刻的漫畫，說明了這種性器官上的差異。[20]圖中雄性的大猩猩、黑猩猩和人類「彼此互看比較」。大猩猩很大，但是睪丸很小，陰莖更小。黑猩猩的體型比較小，但是睪丸大、陰莖小。人類的體型位於大猩猩和黑猩猩之間，但是睪丸小、陰莖大。這三個物種的性器官各自具備了一些彼此的特性，是各物種在不同的性擇之下演化出來的。因此，這種變化顯示了陰莖的形態具有曲折的演化歷史，有許多說法加以解釋，其中有些比較合理。

關於睪丸和陰莖的大小，有個常提起的假說：雄性之間的精子競爭。這個理論的內容是，當雌性有多個雄性伴侶時，雄性便承受了演化壓力，要製造更多精子，好贏過其他雄性的精子，因此睪丸也演化得比較大。黑猩猩生殖系統的特徵之一便

是常有多伴侶的狀況，精子競爭劇烈，所以雄黑猩猩的睪丸巨大。大猩猩則相反，生殖系統中有一頭雄性掌控了群體中有生殖能力的雌性，精子競爭的狀況很少，因此牠們的睪丸就小。

人類比較長的陰莖也曾經解釋成經由精子競爭造成的演化結果。陰莖越長，性交時釋放的精子就越接近卵子，受精的機會就越大，如此這般的理論。在同樣的思維下，人類陰莖有膨大的龜頭和冠狀溝的假說是，這樣可以把之前其他男性射到女性陰道的精子排出去。演化心理學家戈登・蓋洛普（Gordon Gallup）和同事檢驗了這個假說，他們從情趣用品店買來各種形狀的假陰莖和一個人工陰道，用水和玉米澱粉製造出假精液，放到人工陰道中。[21]毫無意外，具有顯著龜頭和冠狀溝的擬真人工陰莖排除的玉米澱粉黏液，要比光滑的陰莖模型來得多。「人類陰莖是精子排除工具」的假說，得到了強力的支持。

不幸的是，解釋人類陰莖大小與形狀演化源由的精子排除假說，並無法解釋我們從生命之樹上看到的證據。人類祖先和黑猩猩的共同祖先分開之後，人類睪丸就演化得越來越小，這意味著從那時候起，雄性人類之間精子競爭的情況就減緩了。因此，說明人類陰莖因為精子競爭和排除精子而演化的理論，所回答的問題其實已經在時間中漸漸消失了。如果陰莖頂端的膨大龜頭，是為了要移除之前雄性殘留的精子，那麼，黑猩猩為什麼沒有演化出這樣的龜頭？陰莖具有排除其他雄性精液的功能，是一個經典的非美學機械功能。這樣一個簡單的物理機制，應該廣泛應用在所有具有精子競爭的靈長類動物身上。就

像雀鳥的鳥喙一樣，許多靈長類應該趨同演化出同樣的工具，好完成這件工作。為什麼處於激烈精子競爭中的黑猩猩，陰莖卻比較小、表面光滑，而且末端逐漸變細，只有人類的小指那麼大？精子競爭作為解釋人類性器官演化的論點，顯然和其他人類靈長類親戚身上的證據不相符。

所以，當我們需要「誠實陰莖」假說時，它們在哪兒呢？奇怪的是，演化心理學家並沒有熱情接納「陰莖大小是男性品質的誠實訊號」這個概念。雖然所有能夠察覺到的女性身體特徵：腰臀比、胸圍大小與對稱性、臉部對稱，以及「女性特質」等，都因為可能當成女性遺傳品質和配偶值的指標而受到詳細檢視。人類的陰莖非常容易測量，卻甚少受到關注。可能是男性演化心理學家不願意讓自己身體的某個部位經歷他們對女性身體所做的那種檢視？或可能是他們缺乏坦承信念的勇氣？

當然，就人類陰莖的大小來說，很難想像它能成為品質的指標。畢竟，人類陰莖在沒有勃起的狀況下，只是一個平均重量約為一百二十公克的肉塊。就算大小倍增，也算不上了不得的投資，或成為扎哈維式的「缺陷」，因為那還只是男性全身重量的小小一部分而已。如果陰莖是由稀少、限量、需要大筆生物資源才能得到的材料，那麼比較大的陰莖或許能代表大量的投資，足以顯示超人一等的品質。可是，構成陰莖的組織沒什麼特別的，就只是結締組織、血管、皮膚、神經（非常多神經）。比較大的陰莖也不會造成使用上的困難，例如沒有任何

證據指出，陰莖較大的人較常出現勃起障礙。

　　雖然演化心理學家們都對陰莖興趣缺缺，但是人類陰莖有個面向的確吸引了至少一位誠實訊息的理論專家，他研究人類陰莖另一個新奇的特色，之後將會詳細說明。人類和其他靈長類動物之間的重要差異，在於人類沒有陰莖骨（baculum, *os priapi*），也就是哺乳動物位於陰莖裡的骨頭。

　　陰莖骨有個稱號：「變化最為多樣的骨頭。」[22] 海象（*Odobenus rosmarus*）具有最大的陰莖骨，類似用象牙製成的警棍。在陰莖骨各式各樣的形狀與大小變化中，我再舉另一個例子：許多松鼠的陰莖骨尖端呈湯匙狀，上面有連接組織用的叉齒，看起來像是古怪的義大利麵撈匙。

　　哺乳動物學家發明了一個方便記憶的方法，讓人記住五類具有陰莖骨的哺乳動物：PRICC。[23] 這五個英文字母依序代表靈長類（primate）、齧齒類（rodent）、食蟲類（insectivore）、食肉類（carnivore）和翼手類（Chiroptera，蝙蝠等）。雖然我想幾乎沒有讀者會訝異人類居然沒陰莖骨，但是有些人的確在知道了靈長類中只有兩個物種在演化中失去了陰莖骨而感到不悅。除了人類之外，另一個是蜘蛛猴。其他的靈長類動物具有陰莖骨，意味著那根在陰莖裡的骨頭保證陰莖能夠勃起。除了人類之外，許多雄性哺乳動物也沒有陰莖骨，例如負鼠、馬、大象和鯨魚，全都沒有陰莖骨，也都能好好地勃起。從這裡我們可以知道，陰莖骨的功能不只是幫助插入而已，只是我們還不知道那些額外的功能是什麼。事實上，我們知道的是，陰莖

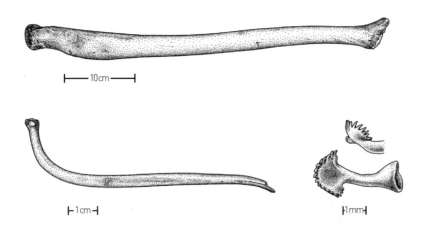

各種陰莖骨。上面是海象（*Odobenus rosmarus*）、左下是浣熊（*Procyon lotor*）、右下是斑點地松鼠（*Xerospermophilus spilosoma*）。

骨除了幫助勃起之外，在每次勃起之間會讓陰莖縮回，至於其他的功能，現在依然不明。

　　不過，在目前的討論框架上，我對有些動物為什麼有陰莖骨相對不感興趣，比較在意的是為什麼人類的陰莖骨消失了。說實在，這不是什麼新的研究謎團。遠在猶太教─基督教文化中最基本的文本裡，就嘗試要解釋這個謎團，這個文本便是〈創世紀〉中夏娃誕生的故事。二○○一年，兩位備受尊重的學者合作研究了這個問題，一位是史瓦斯摩學院（Swarthmore College）的發育生物學家史考特・吉爾伯特（Scott Gilbert），另一位是美國加州大學洛杉磯分校的聖經學者奇奧尼・齊韋特（Ziony Zevit）。他們合寫的科學論文，標題是〈人類先天性陰

莖骨缺失症：創世紀第二章第二十一至二十三節，創造出生命的骨頭〉（Congenital Human Baculum Deficiency: The Generative Bone of Genesis 2:21-23），刊載於《美國醫學遺傳學期刊》（American Journal of Medical Genetics）上。在這個著名的故事完成後約兩千五百年，吉爾伯特和齊韋特認為，上帝不是從亞當的肋骨製造出夏娃的，而是從亞當的陰莖骨。他們主張，古代的以色列人都誤解了這個「肋骨」的故事，因為大家都知道，男性的肋骨數量和女性是一樣的。（的確如此，我還在念幼稚園的時候，在主日學校上課，就數過自己的肋骨，並且思索這個問題。）吉爾伯特和齊韋特還懷疑亞當肋骨的故事缺乏深刻的意義，因為肋骨「本身並不具備創造生命的能力」。顯然《最偉大的故事》（*Greatest Story Ever Told*）需要比《欽定版聖經》譯本有更具說服力的故事大綱。吉爾伯特和齊韋特從語言學中找到精采的證據，支持他們的假說：

　　希伯來文中，翻譯為「肋骨」（rib）的名詞是tzela*。這個詞的意思可以是指真正的肋骨，同時也有山脊（〈撒母耳記下〉第十六章第十三節）、側邊的房間（像是肋骨一樣圍著神殿，如〈列王記上〉第六章第五、六節）之意。其他的意思還有樹木的柱狀主幹，如同松杉木的主

---

* 譯注：原文中的 tzade, lamed, ayin 意思是指希伯來字母中的第十八、十二、十六個字母，也就是 tzela 的希伯來文拼法，原文沒有印出希伯來字母。

幹，以及建築與門的木板（〈列王記上〉第六章第十五、十六節）。所以這個詞可以指稱有支撐性質的梁桁。

「有支撐性質的梁桁」剛好可以用來形容陰莖骨。吉爾伯特和齊韋特找到了解開演化—聖經學謎團的確切證據：出乎意料，在希伯來聖經中就有清楚的結構描述。

〈創世記〉第二章第二十一節出現了另一個道出這個結論的細節：「（上帝）又把肉合起來。」這個細節解釋了為什麼男性陰莖和陰囊上一個特徵：陰莖縫（raphe）。人類的陰莖和陰囊上，左右邊的泌尿生殖褶（urogenital fold）會折起來連接在一起，蓋住泌尿生殖竇（urogenital sinus，又叫尿道溝〔urethral groove〕），中間會有一道縫⋯⋯「把（亞當的）肉合起來」這個故事，解釋了外生殖器上縫的由來。[24]

在這項跨領域合作的精心傑作中，吉爾伯特和齊韋特用全新的角度看待這個非常古老的故事，賦予這個猶太教—基督教的創造神話革命性的新觀點。但是不知道為什麼，他們這篇論文沒有受到應得的火爆關注。就我來看，從梵蒂岡到女性主義學者都應該知道這篇論文，並且爭辯其中的理論。但是十五年來，這篇論文只受到三次引用，可能是因為我們的研究文化慣於受到領域性的區隔，所以沒人有時間思索那些問題。為什麼

沒有更多人在意希伯來神祇是不是由亞當的陰莖骨創造出夏娃
來？愛追根究柢的人應該會想要知道答案。

如果〈創世記〉中亞當失去陰莖骨的故事，是神聖之力造
就的結果，那麼，演化生物學家會怎麼解釋這個現象呢？雖然
關於人類陰莖的概括演化理論很少，解釋人類為何沒有陰莖骨
的理論也是。可是，有一位勇敢的生物學家的確對這個問題充
滿熱情，接下了這份困難的工作——道金斯認為，人類的陰莖
在演化的過程中失去了陰莖骨，當然是因為陰莖可以作為傳遞
健康和遺傳品質的誠實訊息：

> 女性就像是擅長診斷工作的醫師，只會選擇最健康的
> 男性，這樣自己的孩子才能得到健康的基因……天擇強化
> 了她們的診斷技術，這樣的事情並非不可能發生。女性能
> 從陰莖的形態和狀況，蒐羅所有關於男性健康與對抗逆境
> 能力的蛛絲馬跡。但是陰莖裡的骨頭干擾了診斷。如果
> 每個男性的陰莖裡都有根骨頭，就不需要特別健康與強悍
> 了。所以，來自女性的選擇壓力強迫男性失去了陰莖骨，
> 因為只有真正健康或是強壯的男性，勃起時才會真正的堅
> 硬，女性才可以流暢地進行診斷……如果你順著我的陰莖
> 理論思考，就可以知道男性失去了陰莖骨是一種缺陷，而
> 這種缺陷不是意外發生的。陰莖經由充血才有辦法勃起的
> 機制讓診斷更為有效率，因為有的時候勃起會失敗。[25]

　　平心而論，道金斯承認這個理論「並不需要過於當真」，他只是想找出一個好方法讓人知道扎哈維的缺陷原理（也就是盛美家原理），而且缺陷和好基因之間有所關聯，不過道金斯也承認，這個概念的「可能性難以讓人滿意」。其實這個概念意外揭露了他對整個適應性擇偶領域的看法。

　　道金斯「女性醫師故事」的理論顯示了他對陽具崇拜的喜好：男性的勃起是特別演化出來的，象徵了男性的優質遺傳與身體健康狀況。在他的說法中，男性陰莖充血腫起的狂喜體驗，在科學中的具體呈現，便是一種演化出來、用於找出優質男性的指標。青少年男性對於「勃起無所不能」的幻想，居然成了解釋人類演化的方法。道金斯的「女性醫師故事」，就這樣成為以男性為核心的演化生物學大作。

　　不過，就如同道金斯自己所說，這個說法並非「十足可信的」。主要的原因可能在於，比起其他有陰莖骨的靈長類，處於適婚年齡的雄性人類，能夠勃起（甚至「非常堅硬地勃起」）這件事，都不代表身體健康程度超人一等。至少在某個年齡範圍內，幾乎所有男性都有辦法勃起，完全「不需要特別健康或強壯」。對於適婚年齡的男性而言，實際上幾乎在任何健康狀況下都能完全依靠充血而勃起。大部分人類的勃起障礙是年紀增長的結果。在人類演化的歷程中，更新世時代在非洲莽原活動的人屬物種，幾乎都活不到有勃起障礙的年紀。雖然製藥公司的推銷促進勃起藥物的廣告無所不在，好像勃起障礙是一種流行的病症，事實上，現在全世界有勃起毛病的情況並不多。

根據道金斯的說法，女性會非常挑剔，她們會以男性勃起能力作為挑選伴侶的標準嗎？那麼，只有相當少數的年老男性才會遭到淘汰。（矛盾的是，這些男性其實具有讓人長壽的「好基因」。）因此女性需要判斷男性的品質與健康，不太可能是男性陰莖骨演化消失的原因。儘管道金斯已經事前提出警告，但還是有演化心理學家認真看待他的陰莖障礙理論。[26]

不過，道金斯理論隱含的意義就有其道理了——人類在演化過程中，陰莖骨消失的原因，的確來自雌性擇偶，不過是美學方向的選擇。不同於誠實訊號理論、也不同於雄性之間競爭理論，陰莖骨的消失以及陰莖的增大與形狀的改變，都是和女性美學偏好共同演化出來的，因為陰莖的形狀對女性有吸引力，這是一種隨意產生的吸引力。但是，女性為何演化出對更大、更粗、更奇特形狀陰莖的偏好？答案當然是因為這樣的陰莖所提供的各種性快感。

人類的陰莖是複雜的性裝飾，上面的種種特徵是經由兩種不同的感覺模式演化而來：視覺與觸覺。這樣的美學演化結果使得原本的視覺裝飾功能又多了一種，成為可以產生互動的個人化觸覺雕塑品。換句話說，性器官也變得美麗了。

這些不同的特徵綜合起來，可能關係到人類與其他靈長類動物的不同之處：沒有陰莖骨以及陰莖骨讓陰莖縮回的功能。[27]也就是說，人類的陰莖在沒有勃起的時候，也不會因為縮回而看不到，會一直掛在那裡，而且掛著的樣子非常顯眼，因為人類的陰莖演化得要比其他靈長類動物來得大。這意味著人類演

化時陰莖骨消失、陰莖變大，可能和女性擇偶時偏好晃動的生殖器有關，是偏好的演化結果。在人類演化最近的五百萬年歷史中，因為兩足直立步行的演化，使得掛著的男性性器官越來越清楚地顯示出來。[28]

人類男性性器官組合出的美學功能，還有其他現象可以證明。[29] 人類陰囊垂晃的程度，也超過其他猿類的陰囊。大猩猩和紅毛猩猩沒有外顯的陰囊，黑猩猩的陰囊垂掛在外，而且睪丸非常大。不過，人類的陰囊不但更大，而且垂晃程度超過黑猩猩的。矛盾的地方在於，人類的陰囊雖然變大了，但睪丸卻變小了，不論是絕對大小或是相對身體的比例來說，都不及黑猩猩。人類陰囊那誇張的大小遠超過容納睪丸所需，這意味著陰囊的演化過程受到的篩選，讓它在生理功能之外另加上溝通的功能。所以說，陰囊越來越大可能是因為女性喜歡它掛著晃動。

性擇對陰囊的演化產生影響，這樣的事情不只發生在人類身上。眾所皆知，陰囊提供性裝飾這件事，在其他類群的哺乳動物中也出現了，那就是顏色不同的陰囊。長尾猴（*Cercopithecus pygerythrus*）和鼠負鼠（*Marmosa robinsoni*）這兩種動物，都具備了吹泡泡糖般膨大的藍色陰囊，非常顯眼又能引發注意。

當然，人類的陰莖不光只是掛在那裡，上面還有其他的特徵可能是由美學性擇所演化出來。垂掛的生殖器讓女性可以推測陰莖勃起時的大小。那麼，女性為什麼要演化出對較大陰莖

的偏好？這點和其他靈長類親戚完全不一樣。比較大的陰莖對女性來說到底有什麼好處？我們已經排除了陰莖大小是誠實傳遞遺傳品質訊號的想法，現在可以轉而思考陰莖的美學。比較長、比較粗、末端有球狀龜頭的陰莖，可能是經由女性對男性交配器官的偏好所演化出來，這樣的器官能帶來較多的愉悅。最先的愉悅感來自在一定距離之外看到垂掛的陰莖，這是因為失去了陰莖骨造成的效果，陰莖的大小可能指出了在性交時帶來的觸感體驗。在這種預期的愉悅之後，則是經由性接觸和性交直接帶來的快感。

不過，這個狀況意味著女性都偏好比較大的陰莖嗎？人類的陰莖當然比黑猩猩的大，但是在比較人類的陰莖時，大小就不是必要的。女性對「陰莖大小重要嗎？」這個問題的反應，變化非常大。好玩的是，男性陰莖的大小變化也很大。這兩種變化是有關聯的嗎？如果陰莖大小真的是一種隨意美學特徵，那麼，陰莖的大小就和其他人類之美一樣，也變化很大，好對應廣泛的偏好——事實上也是如此，每個人各有所好。

相較於陰莖很容易就被瞧見，龜頭由於有包皮覆蓋，因此就算掛在外面，形狀與大小也不容易看見，只有在陰莖勃起和性交的時候才會顯露出來。如果就同我所說的那般，龜頭的形狀也是因為能提供快感、受到女性選擇而演化，那麼，這種特徵的伴侶偏好要在性交的時候才有辦法評估出來，因為其他時候隱藏起來了。這時我們當然會想，性交不是在選擇伴侶之後才會做的事嗎？性交都已經發生了才做擇偶，不是太遲了嗎？

　　某種到了性交才能顯現的特徵，相應的擇偶偏好居然可以演化出來，這聽來似乎非常奇怪。然而，人類不論是否在生殖季節或能否產下後代，都會進行性交，而且反覆多次地性交，所以擇偶這件事不會因為開始性交就結束，甚至可以說是從這個時候才開始。[30]性交能讓雙方都感受到大量的感官刺激，可以彼此評估並且影響後續的擇偶，因此美學演化的所有基本特徵，都會發揮作用。

　　人類和其他猿類不同，女性演化出隱藏排卵期的能力，因此每一次性交能達成受精的機率特別低，所以我們最好認為人類具有伴侶重選偏好（remating preference）。由於伴侶重選偏好有部分基於性交時的感官體驗，因此完整的人類男性生殖器演化的美學理論，包含兩類特徵：一類是在性交前接觸得到的，例如掛著的陰莖和陰囊；一類是在性交時才能體驗和評估的，包括勃起陰莖的大小和形狀。有趣的是，這種藉由女性行動才有辦法達成的演化機制，直接和女性在性事上「羞澀」的論點矛盾。

　　女性擇偶對男性生殖器的「外觀裝飾」，有著深遠的影響，在數百萬年的演化歷史中，改變了生殖器的形狀，所以人類男性生殖器的模樣和其他猿類有很大不同。不過到這裡為止，我們只討論到演化脈絡（2）而已，也就是人類分支和黑猩猩分支從共同祖先分開之後的過程，還沒有談到最近持續進行的生物改變（演化脈絡3），以及文化對生物特性的影響（演化脈絡4）。人類文化影響擇偶的程度之重，不論男女皆

然。某個文化中認為性感的特徵,在另一個文化可能受到斥責。我認為,這些隨意的文化偏好不僅能夠改變人類的社會行為與社會關係,長時間下來也會改變人類的身體和多樣性。

一九八二年,我在蘇利南的布朗山國家公園研究嬌鶲的演示行為,住在公園的工寮裡,一個床位每天花幾美元,其他的工人是年輕的薩拉馬坎人(Saramaccan)。十七世紀初,有非洲奴隸從靠海岸的農場逃出來,往上游移居到森林居住,最後在新世界建立了混合其他文化特色的非洲文化,這些年輕的薩拉馬坎人便是他們後裔。每星期有一、兩次,旅行團會住在公園的招待所,一些當地薩拉馬坎村落的年輕女性會過來打掃客房,為旅客烹煮食物。當工人在屋內或門廊上,看到這些女性拿著床單毛巾、水桶拖把,從小屋之間走過的時候,便對她們投以無數的性暗示話語,那些女孩則報以玩笑話。受到最多人注意的女孩大約一六〇公分高、一〇〇公斤重。雖然她的腰臀比和演化心理學教科書上理想的腰臀比相去甚遠(寫那些教科書的人,心中的美麗標準都是西方式的),但是對工寮裡的工人而言,她極富魅力。她自己也知道這一點。

如果造就人類的是生物性演化,那麼,對於人類之美的概念為什麼會那麼多樣呢?之前我們所專注討論到的人類性取向的生物特徵,可以合理推測是人類和黑猩猩從共同祖先分開之後,在五百萬到七百萬年間演化出來的過程(演化脈絡2)。現在,應該來看看最近發生的一些獨特演化改變。

　　人類演化出語言能力、高階認知能力，以及複雜的社會生活和社會互動。人屬動物離開過非洲好幾次：直立人（*Homo erectus*）、尼安德塔人（Neanderthals），以及現代智人（*Homo sapiens*），散播到世界各地。在跨越各大洲的路途上，人類持續演化，遺傳組成也變得多樣（演化脈絡3）。這使得人類的能力越來越複雜，經歷過的事物也越來越多，人類的文化也以前所未有的速度改變與多樣化（演化脈絡4）。

　　受到文化影響而發展出來的特徵，是個人社會環境與人類歷史偶發事件交互作用的結果。換句話說，不同的文化來自人類族群因為地理的相隔，這些文化不僅是在各自的環境中適應的結果，也受到歷史事件的影響。人類語言的多樣性是人類文化歷史中隨意性的絕佳案例。沒有人會認為英語、日本語和納瓦荷語之間的差異，是因為這些語言在發展的過程中要適應不同環境的結果。因為文化，我們成為深深受到出生時與之後共同生活的社會群體、社群、國家影響的個體。

　　另一個深受文化影響的特徵，是我們對人類之美的概念，求偶與婚配的習俗，以及由此衍生出的各種性行為。雖然演化心理學家相信有普遍的「配偶值」，但是人類的性取向沒有不受到文化影響的，文化之間唯一的共通特性就是多變。如果我們回到數千年前，就能夠馬上了解，然而這麼長的時間，在人類演化史中有如彈指般短暫。

　　古羅馬與希臘時期雕像呈現的女性之美深具代表性，值得受到讚頌。可是流行變化速度很快，許多臉形和身材在現代的

西方世界已經不具特別的吸引力。這些品味的變化很快就會出現，不需要花上幾千年。美國文化在幾十年內，就對男性和女性應有的外貌產生巨大的改變。我們只要把一九四○和五○年代瑪麗蓮・夢露（Marilyn Monroe）和麗塔・海華斯（Rita Hayworth）的照片，和現在憔悴、甚至帶有厭食感的女影星與模特兒相比較，便能了解到美麗的文化標準轉變得如此快速。雖然豐滿性感的瑪麗蓮・夢露其魅力足以傳世，但是她可能連參加實境節目《超級名模生死鬥》（America's Next Top Model）首輪選拔的機會都沒有。對男性身體魅力的概念也改變了。現在的男性電影明星要維持明顯的肌肉線條，才能位居一線地位。一九四○和五○年代則偏好比較柔軟的體型，例如卡萊・葛倫（Cary Grant）、克拉克・蓋博（Clark Gable）和賈利・古柏（Gary Cooper）。

　　有些文化和美國文化不同，對女性肥胖的觀感完全相反，認為是性感的。在非洲的茅利塔尼亞（Mauritania）和其他一些地區，人們認為肥胖的女性非常有魅力，一般體重的女性會去「肥胖營」吞下大量食物，好增加體重。[31] 年輕的茅利塔尼亞男性認為，女性快速增肥而在皮膚上造成的拉痕特別性感。在美國則相反，年輕女性為了讓體重大減而參加「肥胖營」。

　　雖然社會上的性美麗流行趨勢改變得飛快，依然能夠影響人類的性慾和擇偶行為。幾年前，有個匿名的傢伙在八卦部落格「Gawker」上寫了一篇文章，描述幾年前他和一位女性的性接觸，這篇文章發表的時候，那位女性正在競選茶黨的高層幹

部。[32]他在文章中寫道，兩人首次見面後的幾個月，萬聖節當天晚上，她和另一個熟人來到他的公寓，邀請他參加宴會。他們去了一間酒吧，喝了很多酒，然後他和這位未來的候選人回到自己的公寓，最後上床。這一切看起來就像是既定的流程，卻出乎意料地突然中斷了。這位洩漏名人私情的部落客寫道：「當她脫掉內衣之後，我馬上就注意到她完全沒跟上熱蠟除毛的潮流。[33]顯然這令人倒足胃口，我馬上就失去興趣。」讀到這裡，我對這位右派政治家的同情油然而生，更出人意料的是那個男的認為，大家都和自己有相同的性偏好，而且那些網友也認同，這讓我大為震驚。雖然這個說閒話的人認為選擇消除陰毛是一種「潮流」，但他覺得如果沒有「順從」這種潮流的女性，顯然會讓他這種完全追隨性潮流的人「倒足胃口」。

　　這個故事不只點出了性品味的多樣性，而且再次指出演化心理學家的錯誤：男性並非完全受到天擇影響而在性事上隨便放蕩。事實上，男性在性這件事情上很挑剔，他們挑剔的形式深深受到所處文化的影響。[34]

　　我會提及一些不同文化中對美的標準，在於這些標準可能會回過頭來影響生物本質、遺傳與演化。當文化偶爾影響了演化過程，這個影響力是從上往下發揮的。

　　人類文化從上而下影響遺傳的例子當中，最為驚人的是成年人乳糖耐受的演化，這使得有些人能夠吃乳製品。[35]乳糖是一種特殊的糖，僅出現在乳汁中。哺乳動物新生兒全都能製造

乳糖酶，用以分解乳糖，但是斷奶之後便停止製造了。不過，在最近一萬兩千到一萬五千年間，有些地方的人類族群馴養了綿羊、牛、山羊、馬，因此更容易取得乳汁（動物的乳汁富含熱量和蛋白質），這種狀況下的天擇在許多族群中篩選出讓成人也能製造乳糖酶的遺傳變異。畜牧文化便是如此從上發揮作用，往下影響了人類遺傳的演化。簡單來說，文化足以影響生物特質。

我認為，文化概念也能以類似的方式影響美麗與性活動，具有從上而下的效應，經由性擇作用在人類外貌與行為的遺傳上。[36]要檢驗這個概念，需要蒐集能拿來比較的資料，這當然是困難重重。不過，希望這個概念可以激發出一些研究。在此我會提出一些僅僅是推測的方法，不過性擇可能以這些方法影響了人類的外貌與行為。

不同文化的各個民族，外貌上變化很大，但這些變化只有少數是因為天擇造成的。舉例來說，膚色變化和緯度的關係很強，可能是強烈的天擇造成的。[37]赤道附近區域的人為了要減少皮膚癌或（更可能是為了）保留葉酸，所以膚色比較深；高緯度的人膚色淺，有助於維生素D的合成。頭髮的顏色和眼睛的顏色往往和膚色一起變化，因為這些特徵牽涉到許多同樣參與了黑色素沉著的基因。

不過，其他族群與種族的外貌變化，就不太可能是由天擇造成的。這些特徵包括了毛髮質地、毛髮長度、鼻子的形狀和大小、顴骨的形狀、臉部寬度、嘴脣大小與形狀、眼皮形狀、

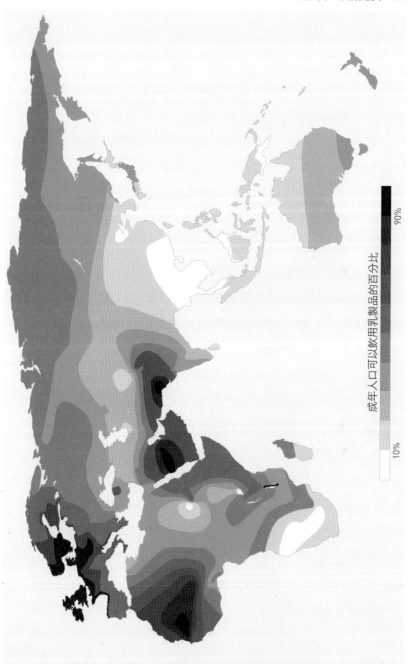

成年人口可以飲用乳製品的百分比

10% ▬▬▬▬▬▬▬ 90%

世界各地人類族群中，成年人具有乳糖耐受的比例。

耳朵大小與形狀、耳垂分離程度、乳房大小、女性身體脂肪分布模式、男性體毛在身體和臉部的分布範圍、陰莖大小。這些特徵都是可以遺傳的，在不同地區的人類族群上，變化很大。但人類各族群中演化出來的這些變化，顯然不可能是適應各地不同環境的結果。雖然還有其他可能的解釋，我相信最具有說服力的說法，來自文化中對於美的概念從上而下影響了外貌的改變。

為了推測這個過程，我們來看看薩摩亞人（Samoan）與夏威夷人，他們大約在一千五百年前便居住在太平洋的薩摩亞群島與夏威夷群島上。就全世界的標準來看，這些族群的身高和體重都大到非比尋常。在他們的傳統文化中，身高體重的人受到尊敬，並且具有性吸引力。他們的國王與王后都以體型高大壯碩出名。如果文化中對美的標準意味著讓某些人在社會中、性活動上比較成功，那麼他們的後代可能也比較多，得到的資源也是，因此文化所偏好的特徵在基因庫裡出現的頻率也會增加。如果以薩摩亞人與夏威夷人來說，便是高大豐腴的身體。文化上對於吸引力的概念，能以相當快速的方式推動外貌的演化。

另一個這種從上往下影響的例子，出現在非洲南部。在科依桑族（Khoisan）這個古老的民族中，女性以有大量體脂肪堆積在臀部而出名，這使得她們的臀部線條非常圓潤而且突出。大部分的文化中，獨有的特徵都和文化本身有強烈的關聯，所以毫不意外，科依桑族男性認為這種特徵非常有吸引力。現

在，大多數人認為儲存體脂肪是天擇的結果，但是很難解釋這樣特殊的體型為何在某個特定環境受到偏好，而在其他環境卻沒有。其實，這些特殊的體型變化很可能完全是隨意性偏好的結果。在科依桑族中，文化對某種女性體型的看法，有可能推動了影響身體脂肪分布的遺傳演化。換句話說，對於女性這種體型的文化偏好，可能促進了這種體型的出現。[38]

生物學家納森・貝利（Nathan Bailey）和艾倫・摩爾（Allen Moore）使用了非常類似費雪「脫韁野馬」式的性擇模型進行研究，指出了文化擇偶偏好能產生正回饋循環，使某些特徵演化得越來越精緻，這些特徵受到喜愛，但是和生存與生殖能力無關，也就是只具美學價值。[39]這些擇偶偏好不是天擇的僕人，而是如同費雪、蘭德和柯克派屈克主張那樣，文化上脫韁野馬式的發展可能解除美麗和品質誠實訊息之間的遺傳關聯，使得這些特徵的演化可能朝著與協助生存相反的方向前進。

這種文化—遺傳演化回饋程序，足以解釋人類族群與種族之間各式各樣體型外表上的美學多樣變化。人類文化的多樣性可能造就了許多人類身體上的多樣性。這種機制在完全不受到天擇適應的影響下進行。事實上，人類的文化使得人類身上關於性的誠實訊息越來越難以演化。

西方文化中，人類適應性擇偶的概念無孔不入，隨意美學人類擇偶的可能性與這種概念對立。如果本章的目的達成了，我希望我有好好指出，我們不能自動認為人類外貌上的變化有

辦法揭露出人類內在遺傳的價值。在提出「某個裝飾特徵是出自適應」的結論之前,我們必須先要能排除「美麗會發生」這個零模型。如果我們找不到排除的證據,就應該接受人類的美麗也是會發生的。

第 九 章

快感會發生

　　希臘神話中，統治世界的兩位創造神宙斯與希拉，是一對
關係糟糕的夫妻。宙斯成天到處想方設法勾引年輕女孩子，生
下許多小孩。希拉當然一直因為宙斯老是出軌而嫉妒暴怒。希
拉有許多頭銜，其中包括婚姻女神，她的老公宙斯並不願意對
她忠誠，不但造成希拉的痛苦，也讓她在眾人之前難堪。就在
這樣持續緊張的狀況下，有一次宙斯和希拉爭論，到底男性還
是女性體驗到的性快感比較棒。這兩位都為了保衛各自對婚姻
忠誠的道德觀點，宣稱對方的性別所體驗到的性快感更高。為
了解決爭端，最後前去諮詢他們所知唯一的權威人士：智者忒
瑞西阿斯（Tiresias）。

　　現在的生物學家會稱忒瑞西阿斯是順序雌雄同體（sequential
hermaphrodite），這種個體在一生當中的性別會變換，有些植
物和動物會這樣。忒瑞西阿斯生下來時是男性，在底比斯
（Thebes）長大。有一天，他在鄉間散步，看到兩條蛇在交配，
他用手杖擊打了這兩條蛇，然後自己馬上就變成了女性。七年
後，女忒瑞西阿斯走在同一條路上，又看到同一對蛇在交配。
她可能是希望讓自己變性的力量能夠再度出現，於是又用手杖
擊打蛇，這次馬上就變回了男性。

　　希拉和宙斯認為，忒瑞西阿斯是唯一親身體驗過男性和女
性性快感的人，所以找他來解決爭議。希拉和宙斯向他提出這
個性快感高低的問題，忒瑞西阿斯馬上回答說：女性的體驗是
男性的九倍。

　　為什麼會是九倍？希臘人著迷於幾何學，九是非常特殊的

數字。九是三的平方，所以說女性的性快感是男性的九倍，不只說明了比較高，而且是另一個次元的高。忒瑞西阿斯只用一個數字，就表達了女性性快感增加的程度不是線型的，而是指數型的。[1]

　　忒瑞西阿斯的神話提醒了我們，女性的性快感可能是性迷思中最持久也最為重要的。女性性快感的目的何在？為什麼會存在？如果想要研究女性性快感（包括性高潮）的演化，現代研究擇偶的科學對性快感的主觀體驗是說不出什麼來的。不過，美學演化理論能講的內容就多了，我在這一章會敘述這些內容。美學理論認為，快感是組織擇偶的主要力量，而擇偶是演化改變的主要動力，因此女性對快感的追求，位於人類美麗與性取向演化的中心地位。

　　美學共同演化的理論指出，在每個精巧的性演化背後，都有一個同樣精巧且共同演化出來的性偏好。舉例來說，如果人類陰莖的大小與形狀是為了展現裝飾功能，那麼，必然有一組女性偏好和陰莖上的演化改變共同演化著。如同我在上一章所說明的，這些偏好和能夠促進性愉悅的感官體驗有關。所以，到這裡我們直接面對的問題便是女性的高潮、高潮的起源，以及高潮的目的。最後得以仔細打造出給宙斯與希拉的答案：為什麼女性的性高潮經驗要比男性來得強烈與深刻。

　　最近幾十年，在人類性演化的研究領域中，大概沒有比女性性高潮的起源激起更多科學熱情和激烈的爭論。[2]演化學對

男性高潮的解釋顯而易見：男性的高潮直接關聯到射精，男性的性快感必定是由天擇推動演化出來，好推動男性追求生殖的機會。總的來說，從種族續存的角度觀之，讓男性有性高潮是一個乾淨俐落的解決方式，同時完全貼合適應主義者的觀念。相較之下，女性性高潮的起源與功能便充滿爭議了，理論專家們熱切提出許多可能的解釋。讓人驚訝的是，這些對性快感的解釋卻完全讓人冷感。

二十世紀初期，「精神分析之父」佛洛伊德提出了女性性高潮的解釋，這個解釋對科學研究很有影響力。他找出了女嬰性快感的來源部位是陰蒂，而成年女性的性快感來源部位是陰道。根據佛洛伊德的說法，「正常」女性性發展的過程中，需要從刺激陰蒂自慰所引發的高潮，轉移到由陰道引發的高潮，後者需要和異性性交，不需要刺激陰蒂。女性如果沒有完成這種神話學上的轉變，就會被貼上「性冷感」標籤，也就是在性事上有所不足、情緒上尚未成熟，不能當成是完整的「女性」（feminine）。

佛洛伊德的假說受到了米瓦特和華萊士的學術傳統影響（見第一章），不承認有性自主，也反對美學演化。他認為，女性性快感只是適應性的生理刺激、用來協調兩性之間的性行為，以確保種族的續存。[3]佛洛伊德、米瓦特和華萊士都先排除了女性性快感本身就是其目的的可能性。米瓦特很清楚地說明自己反對女性性自主，任何「邪惡的女性奇想」如果有辦法影響演化，都會讓他覺得恐懼害怕。[4]有趣的是，佛洛伊德解

釋女性性高潮的錯誤理論，可能同樣來自類似的焦慮，他害怕承認女性性慾自主之後造成的結果。[5]

　　現代科學對女性性高潮的爭議，始於唐納德·席孟斯（Donald Symons）在一九七九年出版的《人類性活動的演化》（*The Evolution of Human Sexuality*）。他在書中指出，人類女性的性高潮就像是男性的乳頭，是天擇作用在另一個性別的性功能上演化出來的副產物。副產物理論指出，男性之所以會有乳頭，是因為天擇作用在女性身上的力量很強，女性需要乳頭哺育後代。同樣地，女性有性高潮只是因為天擇強力作用在男性身上，因為男性需要在性交時送出精子。這樣的副產物會出現，是因為兩性遺傳和發育分化上並不完全。這就像男性的乳頭和女性的乳頭有同樣的演化來源，女性的陰蒂和男性的陰莖也是同源的。因此，席孟斯假設女性能夠有性高潮這種反應，基本上是意外得到的好處，是天擇對於男性性反應的副產物。

　　席孟斯的副產物理論，後來受到演化生物學家史蒂芬·傑伊·古爾德（Stephen Jay Gould）和科學哲學家伊莉莎白·洛伊德（Elisabeth Lloyd）的支持。[6]洛伊德在接受《衛報》的採訪時說：「男性和女性在胚胎發育的頭兩個月中，具有相同的身體結構，之後才分化成不同性別。[7]女性會有性高潮是因為男性之後需要性高潮，就像是男性有乳頭是因為女性之後需要乳頭。」

　　副產物理論最為有力的證據，是一個簡單的事實：人類的

性交行為並不適合引發女性的性高潮，除此之外，女性的性高潮和女性的生殖能力完全無關。就如同支持副產物理論的人主張的，在性交時完全沒有達到高潮的女性，依然可以好好生下小孩，所以性高潮不應當成有助於繁殖的適應結果。許多非人類的雌性靈長類動物也具有性高潮，包括短尾猴、黑猩猩和巴諾布猿，這也支持了副產物理論。[8]根據這項理論，女性有性高潮一事沒什麼需要從演化方向來解釋，她們就像是其他雌性靈長類那樣，也是因為意外得到高潮的能力，和「適應」完全沒有關係。

不出所料，一九八〇和九〇年代的適應主義社會生物學者極度不滿這個副產物理論。相反地，他們認為女性性高潮是適應的結果，也就是說，是由天擇驅動而演化出來的，目的是為了加強伴侶之間的關係。基本上，這個假說便是「性生活愉快，婚姻就愉快」。不過在一九八〇年代末期，伴侶關係假說就失寵了，因為科學家發現，女性具有高潮的能力，對於推動和伴侶之外的人發生性關係，力量也一樣強大。在想法轉變的同時，科學家也發現到許多看似「一夫一妻」制的鳥類，其實只是「社會關係一夫一妻」制（socially monogamous），牠們在養育責任上維持穩定的社會伴侶關係，但是也經常和伴侶之外的個體交配。一九九〇年代中期，這項發現讓許多早期的演化心理學家把焦點轉移到性演化中精子競爭扮演的角色，然後他們把相關的理論和女性性高潮連結在一起。

他們假定女性性高潮在那些「伴侶之外」的交配行為中具

有重要的地位，跟著這個思路，指出伴隨女性性高潮時發生的子宮收縮是一種演化出來的適應機制，好「吸收」（upsuck）來自於遺傳高品質男性的精子，讓這些優質男性的精子更容易讓卵子受精。

　　這麼說來，是哪些高品質男性的精子會如此受到歡迎呢？根據演化心理學的標準情節，因為女性會運用策略，偷偷地亂交，她們的「社會伴侶」並不是真正高優質的男性，因此這種演化機制得以發揮作用。社會伴侶會受到選擇，是因為他能提供資源、照顧、護衛等種種直接有利於她後代的好處。他非常可靠，但是不夠性感。女性在繁殖期間找尋伴侶之外的交配對象是高品質男性。高品質意味著性感、更具吸引力。女性希望這樣的男性成為自己孩子的父親，因為他可以提供好的基因，這是間接的利益。適應主義者的理論是，女性只有和更有魅力、遺傳品質佳的男性性交時，才會產生高潮，因為高潮時吸收的機制有利於精子前進，讓自己的卵子受精。

　　洛伊德在她的著作《女性性高潮的實情》（*The Case of the Female Orgasm*）中，提出了反駁「吸收精子」假說的毀滅性實情。她在書中詳細描述了爭論女性性高潮的歷史，回顧關於人類高潮的科學文獻和性學文獻，同時提出大筆資料，清清楚楚地指出，沒有證據支持女性高潮影響受精這個概念。甚至沒有任何證據可以支持能夠引起女性高潮的男性，在讓卵子受精這件事情上要比其他男性來得成功，或是這樣的男性在遺傳上具有優越之處。如果女性性高潮和受精與生育沒有關聯，男性遺

傳品質和男性引發女性性高潮之間也沒關聯，那麼就不可能主張，高潮是為了仔細調整後代遺傳品質而演化出來的精子區分機制。洛伊德還進一步指出，那些支持「吸收精子」假說的重要論文，基本上採用了有瑕疵的統計方式，運用資料的方式也不合理，而且研究中許多地方都受到了研究者性別偏見的影響。[9]

副產物假說和吸收精子假說在解釋女性性高潮的演化時，彼此發生了爭議，其中一個重要的特徵是女性性高潮有很大的變化，兩方都把這個事實當成自己理論的佐證。不同女性在性交時，能否性高潮的差異非常大，有些女性從來都沒有性高潮，有些女性可以一直高潮，另一些女性則介於兩者之間。洛伊德在主張副產物理論時，認為這種狀況十足證明了高潮沒有受到天擇篩選。如果高潮受到天擇篩選，那麼女性達到高潮的機會應該更一致。她指出，如果高潮不是由演化所設計的，那麼就應該視為意外，是偶然得到的幸運。

提倡吸收精子理論的人則主張，女性之間高潮反應本來就會有變異，這點剛好證明了女性高潮是適應而得的功能。演化心理學家大衛‧帕茲（David Puts）寫道，女性之間性高潮能力（orgasmability）有變化，反映出「交配狀況的合適程度」。[10] 換句話說，配偶值越高的女性（也就是性吸引力越高的女性），就能吸引到遺傳品質更高的伴侶，性交的時候也就越容易達到高潮。更具魅力的女性，遺傳品質與身體狀況比較好，能吸引到更具魅力的男性，他的遺傳品質高，這樣具有魅力的

男性會更容易讓女性產生性高潮，吸收到優質精子，為優質卵子受精。所以，不只是因為美麗女性真的就是比較好（因為她們的基因、健康、地位與狀況都比較好），而且她們得以吸引到具有更高遺傳品質的男性做為伴侶，得到的回報便是更多的性快感。

在演化心理學中，應該很難遇到比這個概念更能加強男性偏見印象的了。吸收精子理論把對優質男性的幻想供奉起來，並且當成女性性高潮最初與最終的原因。

吸收精子假說的基本問題在於，它無法解釋為何女性在性交時不論對象的魅力高低，高潮都來自自身內在的能力。[11]最近，金‧瓦倫（Kim Wallen）和洛伊德共同發表了一篇論文，其中引用證據說明女性性交時高潮的機率，可能和女性性器官的構造有關。[12]他們統計分析了一九二〇和四〇年代得到的古老資料（這個主題僅有的資料居然如此古老），指出女性的陰蒂如果距離陰道口越近，就越容易在性交的時候高潮。女性身體結構差異影響到性交時高潮能力這件事，不只和他們檢閱過的資料一致，也符合男性未經科學統計過的個人經驗。畢竟，男性在一生當中，遺傳品質是不會有變化的，但是在和不同女性性交時，讓對方體驗到性高潮的難易程度和頻率，是有變化的（姑且不論有些男性可能會說沒這回事）。吸收精子假說無法解釋這種變化。

吸收精子假說另一個基本缺陷是，它建立在一個假設之上，這個假設是：只有在女性策略性地偷偷亂交這樣的狀況

下，才會發生精子競爭。提出吸收精子這個理論的人認為，在女性能受孕的那短短期間，女性和多個遺傳品質不同的男性性交，為了得到「好基因」才演化出性高潮。如果他們的論點是正確的，在女性性高潮的演化中精子競爭真的位居核心地位，那麼，在人類演化的過程中，隨著女性性高潮的出現，精子競爭的情況應該會變得更加激烈才對。但是這個推測和比較研究的結果所說明的現象完全相反。精子競爭的最佳演化史證據是睪丸的大小，人類祖先和黑猩猩的祖先從共同祖先那裡分開來之後，女性性高潮在人類性活動的角色越來越重要，但是男性的睪丸卻縮小了。相較之下，黑猩猩有較大的睪丸，並且面臨強烈的精子競爭，雌性黑猩猩雖然有性高潮的能力（從心跳速度增加，以及陰道和子宮快速收縮得知），但是在性交時雌性顯然很少出現高潮。[13] 根據吸收精子理論，雌性黑猩猩和多個遺傳品質不同的黑猩猩交配，我們應該可以發現在雌性黑猩猩交配時，與精子篩選機制同時出現的性高潮，但事實上這樣的事情並沒有發生。

最後，提倡吸收精子理論的人，完全沒有考慮到這個模型的適應性內涵。如果女性性高潮演化出來，是為了以機械的方式增加受孕的機會，那麼，男性應該也要演化出適應性的反制策略，好讓女性每次性交都能達到性高潮，以便讓女性吸收自己的精子。如果男性的智能不能用於促進自己的生殖成功，那還有什麼用處？為了反制女性的高潮篩選精子過程，男性演化的結果應該是要很關切女性有沒有性高潮。但是女性會向你在

在證明，這種事情沒發生過，而且證據不只來自口耳相傳的話語而已。人類學家研究了許多文化，發現到很多男性對女性性快感和性高潮完全沒有興趣。[14]在許多社會中，男性在性交開始時幾乎沒有前戲，只顧著自己高潮，完全不關心女性是否有快感。事實上，在許多文化中，男性甚至不知道女性有可能達到性高潮（至少在網路發達之前，幾乎沒有相關的知識）。二〇〇〇年的一項調查中發現，在巴基斯坦具有大學教育程度的男性當中，有四二％不知道女性有性高潮的能力。[15]除此之外，許多父權文化中，會切除陰蒂或是執行其他破壞女性性器官的手術，好壓抑女性性高潮。世界上許多文化之下的男性，對於女性性快感與性高潮抱持漠不關心的態度（甚至經常懷有敵意），顯然是吸收精子理論無法解釋的。

　　女性性高潮演化的爭議尚未解決。吸收精子假說已經完全不可信。雖然主要的資料支持副產物假說是全然正確的，也就是兩性之間性器官在發育上是同源的、男性和女性的性高潮反應在生理上是相似的。可是問題依然存在：是否有副產物理論沒解釋到的其他演化內容。女性性高潮是自己演化出來的嗎？

　　有意思的是，這個問題是由女性主義者提出來的，他們認為副產物假說把女性的性能動性（sexual agency）排除到邊緣地帶，成為無關緊要的瑣事。[16]我認為他們在這方面說對了。許多女性生活中位於中央地位的性快感，只是來自歷史上發生的意外事件？女性性高潮與性快感巨大奇妙的特質與潛能，不該

有副產物理論之外更扎實的解釋嗎？

　　這項爭論中一直沒有提到的，是達爾文真正的美學演化觀念，科學家在爭論時並沒有直接研究他們要解釋的基本議題：女性對性快感的主觀經驗。那兩個理論在解釋女性性高潮時，都以不同的方式把女性性快感排除到邊緣、加以忽略，認為和女性性高潮的歷史成因沒有關聯。

　　在解釋快感這件事情上，科學研究沒有成功，這點並不值得驚訝，因為就如同我在前言所說，科學把真實的愉快體驗排除在研究之外。現代科學對於人類和其他動物的擇偶研究，並不是設計來直接回答性快感這個問題。不能研究其他動物性快感的原因在於根本辦不到。對於雌琴鳥（lyrebird）聽到雄琴鳥在演示土堆上發出一連串模仿其他聲音的鳴唱聲時的快感，或是看到雄鳥尾部薄紗般的羽毛如同雨傘展開晃動時的快感，科學家完全沒辦法研究。雄蓋亞那動冠傘鳥會在自己求偶場領域的泥地上待著不動鳴唱，雌鳥會站在橘黃色的雄鳥身邊，他們周圍有其他雄鳥發出嘈雜喧囂的聲音，炒熱這個求偶場景的氣氛。科學家也不了解雌鳥的美學體驗。我們科學家在評估這些狀況時辦得到的事情，只有看結果而已：雌鳥選擇了哪隻雄鳥。由於只注重結果，生物學家遮掩並且忽略了在擇偶時豐富的愉快感覺以及認知標準。

　　不過，當我們研究的是人類的快感時，就有機會完整了解性快感，因為人類和其他動物不同，是能告訴科學家自己的體驗的。這種溝通能力可以改變我們對性高潮演化的分析。現

在，演化生物學應該要好好把握這個機會，幸好美學演化的理論非常適合幫助我們進行這方面的探究。

美學演化明確處理了伴侶偏好快感的主觀體驗。為了了解性快感的演化，我們需要從美麗會發生出發，創造一個新的理論，我稱之為「快感會發生」。在美麗會發生的機制中，某一性別的慾望和另一個性別身體上的慾望目標（也就是演示特徵），兩者會共同演化。在快感會發生的機制中，我們集中研究的是主觀的快感體驗與引發快感的特徵兩者之間的共同演化。也就是說，我們認為擇偶的體驗本身就足以帶來快感，擇偶的科學文獻中很少承認這一點，不過達爾文當年便提出來了。

雖然達爾文因為太高尚與害羞，或是害怕讀者反彈，他在《人類原始》中並沒有詳細討論人類的性快感，但是他好好討論了動物的性快感，並且認為動物的性演示之所以能演化出來，是因為這些特徵可以激發許多感官上的愉悅。用同樣的思維推演，女性的性快感和性高潮本來就屬於擇偶行動中會產生的重要體驗（那些行動包括了所有和性行為有關的身體接觸），所以從事性評估這件事本身就是愉悅的。性高潮的體驗本來就具有快感，而且特別有快感，這種快感可以用在擇偶上，更重要的是，用在伴侶重選這件事上（見第八章）。因此，我們要回頭去看這些快感是如何演化出來的。

根據快感會發生假說，女性性快感與性高潮是經由間接篩選而演化出來的，它來自與女性擇偶時，偏好那些讓自己覺得

在性事上愉快的特徵和行為（人類和黑猩猩的共同祖先便有這種能力，人類擴張了這份能力，並且增加了強度，這屬於演化脈絡2）。由於人類的擇偶偏好是以反覆的性接觸為基礎建立的重新擇偶偏好，因此女性的擇偶包含了評估性的生理、感覺與認知體驗。在女性擇偶偏好的篩選之下，男性擇偶行為也逐漸改變，到頭來女性對於體會主觀快感的能力也共同演化了，並且擴張、加強，變得更為複雜而且能提供滿足感。直白地說，就美學論點而言，女性的性快感與性高潮會演化出來，是因為女性偏好和能激發自己性快感的男性性交，而且反覆性交，因此間接篩選出得以擴大自己快感的遺傳變異。女性經由篩選可以更常激發自己高潮的男性特徵和行為，也在演化上改變了女性自身快感的本質。

在快感會發生理論中，女性性高潮並不是具有外在功能、經由天擇所篩選出來的適應性結果，例如吸收精子、或是任何適應主義者想到的功能。女性性高潮也不是從男性性高潮中胡亂產生的意外歷史事件。相反地，女性性快感與性高潮是女性慾望與選擇的演化產物，它們本身就是目的所在。

快感會發生理論對性高潮演化的解釋，和許多女性的性活動與性反應方面的證據相符，比方在遺傳變化性上。我同意洛伊德的說法，女性性高潮的能力各自不同，這意味著性高潮不是由適應性天擇推動演化出來的，因為天擇的結果應該是比較可靠完善的功能、更為一致的經驗。不過，我不同意洛伊德自

此提出的結論：性高潮只是幸運的歷史意外。我認為，女性性高潮是因為某種事情演化出來的某種經驗，這裡的「某種」就是指快感，快感會經由女性的擇偶這種演化作為而演化出來。

雖然現在比較各種猴類和猿類得到的證據，沒有多到足以證明人類女性的高潮是演化自人類與黑猩猩的共同祖先，或是由之前的性快感擴張而來。我希望提出快感會發生的假說之後，會有人進一步測試這個假說。到目前為止，我們可能看到快感會發生假說符合許多現有的資料。舉例來說，驅動快感會發生的間接性擇機制，在形成演化設計上的效果比不上直接天擇。除此之外，女性選擇並不是人類性擇的唯一方式，所以這種機制在女性性活動的演化中，可能沒有居於決定性的主導地位。女性性高潮基本上變化很大，這也符合快感會發生的機制。

還有其他事實支持這個假說：人類性活動中和許多其他猿類親戚不同的演化特徵，這些特徵只能由性快感的擴張來解釋。舉例來說，大猩猩和黑猩猩的性交時間是以秒來算的。平均來說，人類會持續數分鐘，當然也能持續得更久。（可能會讓許多女性沮喪的事實：在男性性交時間變化中，傾向黑猩猩那樣短時間的人比較多。）性交時間長有助於刺激女性，更容易引發高潮，但是這其實沒有什麼適應性的功能存在，因為延長交配時間並不會增加受精成功的機會，或是讓男性在精子競爭中獲勝。[17]任何說明人類較長交配時間的演化理論，本質上都是說明性體驗中快感增強的理論。

　　女性性快感位於主導地位，推動了人類性演化中的許多面向。這種理論還有另一個證據：人類性交的姿勢很多變。雄性大猩猩和黑猩猩都是從背後壓上雌性。男性和女性性交的時候，創造力就豐富多了，這一點和美學假說符合，因為人類性行為中的花樣是為了增加陰蒂刺激與性快感的機會。同樣地，性交頻率增加、隱藏排卵期，以及性活動和女性生殖周期完全分開，都使得性行為與性快感在人類的生活中擴張了。

　　女性性高潮和生殖完全無關的事實，也和美學論點完全符合。性高潮不會影響女性生育能力，因為性高潮並不是因為某種適應目的而演化出來的。女性性高潮完全沒受到需求，這點或許可以解釋性高潮本身的變化性以及會讓人非常愉快的原因。性高潮就是因為不具備演化出來的功能，所以才能如此廣大奇妙。這種性快感是自己產生的，完全是女性追求快感的結果。相較之下，男性性高潮總是伴隨著射精發生，目的是為了生殖。因此，男性性高潮的主觀體驗受到了天擇的限制，關聯到器官蠕動擠壓黏稠的精液通過輸精管，從尿道射出。基本上，男性的性高潮等同於東西通過管子而已。因為射精和性高潮連接在一起，男性需要時間補充由攝護腺、儲精囊、考伯氏腺（Cowper's gland）產生的精液之後，才能再度有性高潮（年輕男性如果知道這個時間會隨著年齡增長而增加，可能會感到驚慌）。所以，男性性高潮這個受到天擇篩選的生理功能，使得男性從性高潮得到的快感，在幅度、頻率和持續時間上，都是有限度的。

　　相反地，女性的性高潮就沒有受到限制，也不附屬在任何生理功能之下。女性性高潮並不需要傳遞任何東西，或是達成任何任務。陰道、子宮、會陰和腹部等部位肌肉的收縮，都只是為了提供快感，不會為了達成其他功能而需要妥協、受到限制。這也說明了為何許多女性能有快速、反覆的性高潮。因為女性的性高潮除了帶來快感，沒有其他目的，所以女性的慾望就只是慾望，不需要恢復的時間，沒有重複體驗的次數限制。

　　因此，美學理論支持忒瑞西阿斯的說法。由於女性性高潮是經由純以美學觀點進行的擇偶演化出來的，女性能到達的性快感程度高出男性，女性的性快感在品質上更高、量值上更大。當美麗發生的時候，快感也會出現。

　　人類女性性高潮的精緻巧妙，也許是美學演化力量的最佳證明。可能也是美學演化的非理性繁榮中最顯眼的泡泡，這種演化的目的除了隨意出現的快感之外，別無其他。幸好，人類高潮的快感還沒有極端演化到太過愉快而受到天擇的抗衡。

　　以上種種全都在談論女性的性快感，可能會讓男性覺得渺小、受到忽略，自身快感的幅度遠不及女性，這種比較令人不快，感受到高潮也被貶低成東西通過管子造成的感覺。可是，這並不意味著男性沒有了不起的性體驗。所以，為什麼男性的高潮也非常有快感呢？回想一下，男性性高潮總是解釋成鼓勵男性追求性交機會的適應結果。天擇對任何行為造成的演化結果，通常會讓那種行為帶來生理上的快感。動物需要吃東西，

所以餓的時候吃東西就會覺得滿足和愉快，這是一種報酬。不過我想大部分的男性都同意，性高潮帶來的快感要比吃東西得到的報酬還要巨大和強烈。所以我說，男性性高潮愉快的程度超過促進生殖應得的程度，應該是相當合理的結論。[18]換句話說，那是比天擇所能解釋的更大快感。這讓我認為，不只是天擇機制造成了男性性高潮的演化，美學演化也扮演了重要的角色。

雖然僅僅是推測而已，我認為在人類、大猩猩和黑猩猩之間的共同祖先時期，雄性的性高潮快感便開始在演化過程中擴張了。其他猿類也和人類一樣熱烈追求交配的機會，卻不像人類那般如此享受性行為。雄性大猩猩和黑猩猩的高潮不如人類男性高潮那般強烈，他們很少進行前戲與撫摸，或是眼神接觸。在短暫的快速衝刺之後就完事了，雄性和雌性各自回到森林裡。還有另一個事實。雄性黑猩猩性交時平均約七秒鐘達到高潮，人類男性約要數分鐘。如果性高潮的快感程度和產生高潮所需要的時間相關（這項生理推測並非不合理），那麼，人類男性體驗到的性快感要超過雄性黑猩猩。

倘若實情如此，那麼我們就得思考為何男性性高潮會演化出來？是如何演化出來的？答案可能也是透過美學擇偶。雄性黑猩猩和大猩猩在性對象上並不挑剔，有交配的機會一定會衝上去好好把握。在沒有擇偶的介入下，能影響性快感演化的，就只有天擇造成的效應。不過，人類演化得非常挑剔。女性和男性擇偶的歷史、性行為在演化的過程中擴張、交配的頻率與

時間長度增加等，使得審美演化有機會出現，並且讓男性的性高潮變得更為精巧。男性的性快感在演化過程中增強了，可能是因為男性演化時偏離了生理上的固定作用，不再是隨便揮霍廉價精子的一方而已。只有避開某些性交的機會、和其他偏好的對象交配（也就是說，只有通過擇偶的方式），男性的性快感才能在美學上共同演化，越過了生殖功能所需的底線。

男性和女性的基本差異，可能在於男性快感的演化受限於天擇對於射精的功能，而女性的快感則沒有受到限制。總之，男性和女性兩方對於性對象的選擇，都要比猿類近親挑剔。我們在選擇伴侶時的挑剔造成的演化結果是幸運的，因為我們演化成可以體驗到比其他猿類更多的性快感。

男性和女性當然是一起共同演化的。我認為，相互擇偶很可能作用在男女的快感時間增長和快感程度增加的互動上，使得男性和女性的高潮都更為精巧。演化心理學家傑佛瑞・米勒（Geoffrey Miller）在二〇〇〇年出版的《交配的心智》（*The Mating Mind*）一書中，對人類性高潮的演化提出了一個費雪式的「脫韁野馬」過程。[19]或許出於對審美式思考的不安，米勒想像的程序是一種在陰莖和陰蒂之間「刺激感的軍備競賽」。這種武力競爭的比喻很不幸地掩蓋了男性和女性性高潮的廣大快感與感覺規模。陰莖的形態和男性性行為的改變是由女性的慾望造成的，但是這不會剝奪男性的性快感。相反地，性高潮不是兩性戰爭的結果，比較適合的比喻是美學上共同演化出的愛之盛宴。

　　另一種描述擇偶機制的方式，指出美學共同演化是由個體的性能動性所達成。這是一種令人愉快又出乎意料的女性主義說法，快感會發生假說指出了在女性演化出性高潮快感的過程中，自己就是主動的推手。女性性高潮本身就是女性追求自身所要的事物時，得到的直接體驗和演化結果。因此，每位女性的性高潮，都來自演化過程中女性有能力滿足自己持續擴張的性慾望所進行的慶典活動。

　　女性自身的性體驗可能會讓我們提出一個問題：「如果反過來會怎樣？」

第 十 章

利西翠妲效應

　　我們都看過《紐約客》（New Yorker）雜誌上刊登的漫畫：一對情侶躺在雙人床上，床頭櫃上方的牆壁掛著無聊的畫作，床頭兩側的櫃子各放一盞同款式的檯燈。在這固定模式之外，其他細節便多有不同了。可能是兩個人穿著整齊的睡衣在閱讀，床單被子都一絲不亂地蓋在相敬如「冰」的軀體上；或是蓬頭散髮的兩人躺在凌亂的床單上，進入做愛之後的反思模式。有些情侶最近飽受數年惡劣關係的折磨，有些年輕情侶則開始討論兩人之間的關係或是偶爾上床而已。此情此景下，其中一個會說出簡潔、挖苦、夢幻、尖刻、惱怒、痛苦或傷感的話語。在這個房間小宇宙中，這種話語呈現出現代伴侶（通常是白人異性戀）之間的關照、渴望、迷戀和慾求。

　　　　「今天晚上不行」的漫畫多到可以自成一類：

　　　　她說：「比頭痛還糟，我有三個孩子要養，還要整天工作。」

　　　　或是——

　　　　她說：「親愛的，今天晚上不行，今天的瑜珈課已經讓我高潮過。」

　　做愛之後的漫畫通常描述了關於親密關係、滿足感、失落感與不忠的反思，以及各種異想天開的慾望。有些漫畫甚至諷刺了扎哈維的誠實缺陷概念。

她說：「我剛剛假裝高潮。」

他說：「沒關係，我的勞力士也是假貨。」

有些漫畫的主題則是冰冷的性關係。一對俊男美女躺在床上，兩人隔得遠遠的，男的在滑平板電腦，女的穿著漂亮的睡袍，雙臂交叉著。

她說：「觸碰一下即可開始使用。」

還有一類漫畫是關於出軌的。一男一女躺在床上，女人的丈夫穿著上班的西裝走進這間臥室。

她說：「抱歉，巴特⋯⋯工作外包了。」

這些漫畫如同許多好故事那樣，體現了衝突。這些伴侶在床上演出的喜劇場景，呈現的是人類最重要的戲碼：性衝突。當然，伴侶之間的意見不合，並非全都是演化意義上的性衝突案例。我們每個人的興趣和喜好可能和伴侶有所不同。不過我們可以看到，那些關於性愛、婚配、忠貞、教養、投資、離婚與家庭生活的戲碼一再出現，對此可以清楚地想成，凡此種種都是從古持續到今演化出來的性衝突現象。

兩性只要在生殖上的演化利益有所歧異，性衝突便會發生。如同鳥類世界出現的，人類在許多狀況下也會發生性衝

突，例如性伴侶的數量與身分、性忠誠、性交的頻率、性行為的種類、受精的控制權、生殖的時間、後代的數量，以及伴侶之間對照顧後代的投資多寡（包括能量、時間和資源）。

　　就遺傳階層來說，有性生殖本質上就是需要自我犧牲的合作行為。所有進行有性生殖的個體都要犧牲一半的遺傳成功，讓自己一半的基因和另一個個體一半的基因結合，才能產生下一代。這是有性生殖無法避免的遺傳代價。兩性之間有差異，始於產生的配子大小與數量不同，與有性生殖相關的身體結構、生理作用、行為特徵上，也跟著受到影響，這讓兩性之間有許多發生衝突的機會。

　　完整的生殖成功，包括有多少個後代、他們能活多久以及接續產下多少後代等。當然，如果出現了性擇，這些後代的性吸引力當然會影響他們後代的數量。對雄性個體和雌性個體來說，要讓生殖成功達到極限，交配的次數可能要多也可能要少、交配的對象可能要多也可能要少、產下的後代可能要多也可能要少、對每個後代的投資可能要多也可能要少。所以，我們可以輕易想像到在這種種面向中，兩性之間可以發生多少衝突。

　　性衝突可能來自性壓迫，性壓迫是指以力量或恐嚇方式影響性衝突的結果。不只男性才會使用性壓迫，或是只有在性相關行為上才會出現性壓迫。有些由繼母或繼父造成的社會衝突，其實是因為擇偶和對自己孩子的生殖選擇造成的性壓迫。不單單只有人類會這樣。棲息在非洲東部莽原的白額蜂虎

（*Merops bullockoides*）是群居的鳥類，雄雛鳥長大之後，通常會於雙親處於繁殖期時留在巢裡幫忙協助養育弟妹。[1]乾旱時節，這種協助特別重要，所以雄鳥的雙親會經常打擾雄鳥對其他雌鳥的求偶過程，不讓自己的兒子討到媳婦，這樣才會回到自己的巢中幫忙。這些親鳥的騷擾行為，包括在兒子拿食物給配偶時打斷他，或是阻礙兒子進入新巢所在的洞口。這樣干擾後代的性選擇（也就是讓孫子比較少）的目的，是為了自己的生殖利益（讓兒女比較多）。

許多夫妻漫畫中出現了關於丈母娘或婆婆的笑話，不過在真實世界裡，性衝突絕對不是什麼好笑的事情。新聞報導時時可見各種揪心的悲劇，包括性暴力、家庭暴力、女陰殘割、性交易、遺棄子女、強暴、亂倫等。本書說明了擇偶讓好幾個類群的雌鳥演化出各種機制，擴張自己的性自主權、降低性壓迫的效能，甚至減少了性暴力。研究人類和人類靈長類祖先的性衝突歷史，我們會發現，人類在演化的歷史中，也經歷過這些解決性衝突、克服性壓迫與性暴力的辛苦工作，並且受到這個過程的影響，最後女性的性自主權也擴張了。我們將會看到，女性性自主權的增長以及雄性性控制的減少，可能是重要的創新，讓人類許多獨特又複雜的生物特徵得以演化出來。

現在，稍微重提一下鴨子的性生活。

我們在這本書探究了擇偶與美學多樣性之間的共同「演化之舞」。我們也看到了性壓迫會對抗、扭曲、干擾、推翻或破

壞擇偶。以及在面對持續不斷的性暴力和性壓迫時，雌性會演化出增加自己性自主權的手段。

在鳥類的世界，基本上有兩種機制推動雌鳥性自主權的演化。例如，在許多雁形目物種中，雌鳥演化出身體防禦機制，減少強迫性交的效力。如果雌鳥具有能改變陰道形狀而阻止強迫受精的突變，那麼，生下的雄鳥就會遺傳到來自父親的那些造成性吸引力的特徵，其他雌鳥會因此受到自己兒子的吸引，孫子輩的數量變得更多，這樣的雌鳥便取得了更大的生殖成功。更正確地說，如果沒有遭受痛苦的傷害或是殘殺的話，就會得到更大的生殖成功。

很不幸地，我們在第五章看到了，這些複雜的陰道形狀有很大的缺點，因為會刺激代價高昂、持續升溫的性軍備競賽──雌鳥會增加防禦能力、雄鳥會增加強迫手段和能力，整個物種的生殖成功會因此受損。

花亭鳥和嬌鶲則不同，牠們以美學擇偶的方式，讓雄性協助促進雌性的性自主權，避開了性軍備競賽。要特別說明的是，這些限制雄性壓迫能力的共同演化之舞，並沒有讓雌性擇偶時偏好懦弱的雄性以便控制，或是在社會關係上居於主導地位。雌性持續演化出的偏好對象是能量充沛，可以做出誇張、精細、複雜、刺激多種感覺演示的雄性。從雌性的角度來看，在社會關係上控制雄性，並沒有什麼演化利益可言。[2]對雌性來說，演化利益是具有選擇性伴侶的自由以及生殖成功，這種自由造成的生殖成功，便是後代具有性吸引力。我們將會看

到，人類女性的性自主權也是以相同的方式得到的，產生的影響也更深遠。

　　人類的性活動和人類靈長類祖先的性活動，有著巨大的差別。「一般」舊世界猴類的雌性，生活中性活動受到抑制，能展現性自主權的機會非常少。[3]在有求偶群行為的鳥類中，雌鳥攬下了所有孵卵和育幼的工作，也演化出完全的性自主權，可是舊世界猴中的雌性在育幼和性自主權的狀況都更糟。基本上，養育幼猴的生殖投資全都來自雌猴，雄猴則把資源都投入爭奪更高的社會階級上。[4]一旦雄猴登上了主宰地位，就會盡力奪取所有的交配機會。

　　對於雌猴來說，這是非常不幸的。靈長類動物的社會階級構成本來就很不穩定。年輕力壯的雄猴總是在自己所屬的社會中找各種機會幹掉主宰的雄猴，好取而代之。這種階級不穩定性會對雌猴造成衝擊，也帶來啟示*。當某隻雄猴取代了原先主宰雄猴的地位，就能以自己新取得的社會地位控制其他雌猴，好促進自己的生殖成功。不過，這些新上任的主宰雄猴並不會馬上得到生殖機會，因為在群體之中，大部分的雌猴往往不是處於懷孕狀態、就是要餵養還無法獨立生活的幼猴。哺育幼猴通常得花上數個月、甚至數年，在這段期間，母猴的排卵受到抑制，不會想要交配。

---

* 譯注：這裡原文使用 instructive。

　　這樣的結果，便是許多靈長類物種中的雄猴演化出創造新生殖成功機會的方法：殺掉自己控制群體中所有還需要母猴哺育的幼猴。當那些還沒能獨立生存的幼猴死亡之後，雌猴不需要哺乳，便會進入發情期，這樣就能繼續交配了。殺嬰行為（infanticide）是一種自私的手段，讓在雄性競爭中獲勝的一方能快速利用到獲勝的優勢。不過，這種手段破壞了雌猴的生殖成功，同時使得族群縮小。例如棲息在波札那的阿拉伯狒狒（Papio hamadryas），幼猴的死亡有三八％是由雄猴的殺嬰行為造成的，有些年分中還高達七五％，遠超過其他造成死亡的因素。

　　雖然殺嬰行為能讓新奪下主宰地位的雄猴取得交配機會，但是對雌猴一生中的生殖成功，卻造成全然負面的巨大影響。雌猴懷孕和哺育的時間很長，殺嬰行為讓這些生殖投資化為泡影。雌猴的一生中，能夠生育的後代數量不到十個，每個死於殺嬰行為的後代，都嚴重影響到她把基因傳到下一代的能力。

　　雄性的殺嬰行為是性衝突中重要的例子，位於主宰地位的雄性以這種損及雌性生殖利益的方式促進自己的生殖利益。[5] 這個過程不僅是該物種中的雌性受到傷害，本質上也是不良適應行為，因為物種的族群會因此縮小。殺嬰行為並不會讓個體更適應環境，不屬於適應性行為。每個新的雄性首領都想要勝過之前在主宰地位上的雄性，這樣的雄性競爭推動了殺嬰行為的演化。不過，這種雄性之間的競爭和雄麋鹿用角彼此爭鬥不同。殺嬰行為禍及了雌性的演化利益，因此是一種性衝突。

生物人類學家兼靈長類學家莎拉・布萊弗・赫迪（Sarah Blaffer Hrdy）在一九八一年的著作《從未演化的女人》（*The Woman That Never Evolved*）中，首先提出雌性對殺嬰行為的演化反應。在那個時代，科學家通常認為雌性靈長類在性行為和社會行為上並不活潑，只會對雄性的社會主宰與階級制度產生被動的反應。赫迪研究了印度的葉猴多年，她認為雌性的舊世界靈長類會主動追求自己的社會利益和性利益，這是演化的結果。她觀察到許多雌性靈長類對殺嬰行為的演化反應，是在發情期和數個沒有居於主宰地位的雄猴交配。為什麼要這樣？赫迪提出的假設是，一頭雌猴和多頭雄猴交配，能讓他們認為自己可能是孩子的父親，這樣雄猴就比較不會殺死可能是自己後代的幼猴。雌猴演化出這種雜交行為，等於是一種「保險政策」。如果那些雄猴後來有一頭登上了主宰地位，這種行為可以和殺嬰行為相抗衡。

赫迪提出的這種親權保險政策，和鴨子陰道形態的共同演化一樣，是為了對抗性衝突才演化出來的。雌性靈長類並沒有因為具多個配偶而真正取得了性自主權，她們只是在這種恐怖的狀況下使出全力而已。雌猴找尋多個配偶並不是因為喜歡，而是因為和那些追求社會地位的雄猴交配，或許可以防止自己的後代將來遭到殺害。在靈長類學的文獻中，充斥著對於雌性策略性欺瞞其他雄性的詳細描述，這些作者都想像雌性的親權不會威脅到主宰雄性的性控制權。但是，就如雌鴨陰道形態變化的抵抗策略，雌猴交配的抵抗策略也有嚴重的缺陷，因為那

也會引發嚴重的性軍備競賽。為了對抗雌猴的雜交行為，主宰雄猴會更為嚴格地控制雌猴的繁殖活動，那些增強的壓迫策略包括保衛配偶（mate guarding）、對身體施予暴力處罰，以及恐嚇脅迫。從性生活上來說，舊世界雌猴處於左右為難的狀況。當一頭雌猴一點都不好玩。

　　人類的近親非洲猿類的狀況也好不到哪去。大猩猩中有類似雄性居於主宰地位的群體結構，通常有一頭大型的主宰雄性和數頭雌性。主宰雄性會把群體中所有（或是幾乎所有）雄性都驅逐出去，因此在交配上不太有性衝突。可是雄性大猩猩依然使用暴力，營造出具壓迫感的社會氣氛，好強化自己的主宰權。因此，新加入群體的雌性大猩猩會受到更多來自雄性大猩猩的攻擊，就如同某位靈長類研究者所說，他們「努力要和這些新來的雌性發展出新的關係」。[6]竟是這種關係！

　　如果一頭新的雄性大猩猩主宰了群體，或是一個大型群體分裂了，新的雄性大猩猩帶著一些雌性大猩猩離開，成立新的群體，那麼雄性殺嬰行為就會經常出現。[7]這種行為有多普遍？我們難以知曉。除非親眼見到真實的殺害場景，否則難以確定幼猿是失蹤或是死於新主宰的雄性大猩猩的暴力行為。如果你想要研究猿類的殺嬰行為，就得化身為在茂密叢林裡調查嬰兒殺害事件的偵探，那裡沒有能和你說得上話的目擊證人。這是件艱鉅的任務。不過，我們可以從許多資料推估，在年幼大猩猩中，約有三分之一的死因是出自由性動機造成的雄性殺嬰行為。[8]這個巨大的不良適應代價影響了整個大猩猩的生殖

成功，對於牠們的族群成長造成嚴重的衝擊。

黑猩猩的群體比較大，其中有多個雄性與雌性個體，經常會分成小群，之後又融合在一起，分出來的小群可以維持數個小時、數天或數個星期。在這些社會性群體中，有複雜的主宰階級關係，雄性的性競爭規模龐大，雄性親權和雌性投資之間產生了性衝突。雌性黑猩猩進入發情期時，會陰部位因為腫脹而非常顯眼，讓大家知道自己進入繁殖狀態。許多雄性會要和這頭雌性黑猩猩交配，這頭雌性黑猩猩也會默許順從所有的雄性。不過，到了發情期第十天，繁殖機率到達高峰，主宰雄性會增加對這頭雌性的保護，並且加強控制她的性行為。因此，雖然雌性黑猩猩默許和所有雄性黑猩猩交配，不過首領雄性達成受精的機會高達五〇％。[9] 在雌性黑猩猩發情期時，有時也會和另一頭雄性大猩猩結伴、暫時離開群體，這種配偶關係（consortship）可能是雌性擇偶的表現方式之一，不過雄性黑猩猩經常會使用暴力攻擊與恫嚇，去脅迫雌性黑猩猩和他暫時離開群體進行性交之旅，所以我們不知道有多少雄性黑猩猩真的是雌性黑猩猩自由選擇的對象。在配偶關係成立期間，其他的雄性不能加以干擾，因此可以確定親權。[10]

雖然我們完全不知道在黑猩猩的世界是否有強迫性交的行為發生，這不是因為雌性黑猩猩有性自主權，而是雌性黑猩猩實際上從未排拒想與她交配的雄性黑猩猩。在大猩猩中，雄性對雌性採取的暴力造成了性恫嚇的氣氛。事實上，在雌性黑猩猩生育期高峰時，關係最密切、最常尋求與之交配的對象，就

是那些在整個生育期對她最富攻擊性的雄性黑猩猩。[11]

科學家的確記錄到雄性黑猩猩的殺嬰行為,但是大部分的具體觀察結果都類似道聽塗說,就如同大猩猩那般,難以估計出確實的殺嬰數量。不過,雄性黑猩猩的確也面臨到殺嬰行為造成的存亡風險,雌性黑猩猩的生殖成功也因此受到侵害。

巴諾布猿(矮黑猩猩)也和黑猩猩一樣,集結在一起生活的群體中有數頭雄性和數頭雌性,但是牠們的性行為和黑猩猩大相逕庭,事實上和所有的哺乳類動物也都截然不同。之前提到過,巴諾布猿演化出利用性行為來減緩社會衝突,牠們性行為的對象包括兩性、所有年紀和社會地位的個體。通常雄性和雌性的社會地位是平等的(也就是共同位於主宰地位),分享所有生態系中的資源。雌性之間會形成牢靠的聯盟或是友誼。因此,為了受精而產生的性壓迫,在巴諾布猿中幾乎不存在,也沒有任何能夠指出有殺嬰行為的證據,或是有其他靈長目的群體內極端暴力的行為。[12]不過,巴諾布猿和黑猩猩與大猩猩一樣,都由雌性負責照顧幼猿。

總的來說,黑猩猩和巴諾布猿這兩個與人類親緣關係最接近的物種,雖然出自截然不同的原因,雌性濫交的程度都很嚴重,偶爾才出現特殊的擇偶偏好,也都負擔起所有養育的投資,但是只有雌性黑猩猩的後代才有可能被雄性殺死。

雖然地球上每個人類社會中都有性衝突和性壓迫的現象,可是不論從頻率高低、嚴重及致死程度上,這些現象都和與我

們親緣關係密切的那些猿類不同。[13] 如果從雄性殺嬰行為這件事來看，人類和其他絕大部分的猴類和猿類親戚之間，差異就又更大了。從人類生物特性的角度來看，一般的雄性狒狒、大猩猩或是黑猩猩，簡直就是殺嬰狂魔，隨時等待出手的機會。狒狒嬰兒死亡中有三八％是因為殺嬰行為造成的，大猩猩則有約三三％。這種猴類和猿類世界的普遍行為，在任何人類社會中幾乎都看不到。雖然人類世界絕大多數的暴力行為是由男性做出來的，包括偶爾出現的兒童死亡，但是男性不會為了自己的生殖利益而殺害幼小的兒童。[14] 事實上，大部分關於人類殺嬰行為的人類學文獻，研究的是母親殺嬰。[15]

人類沒有雄性殺嬰行為，是靈長類動物重大的演化轉變，這個轉變牽涉到雄性之間的性競爭、性壓迫，以及女性的性自主權在品質與程度上都增加了。這個轉變是怎麼發生的？

真正的問題是，雄性是在什麼狀況下願意放下武器？什麼樣的演化機制足以對抗讓性壓迫惡化的雄性競爭？對我們人類來說，押在演化上的賭注的確非常高。絕大部分讓人類如此不同的特徵，包括智能、複雜的社會意識、社會合作行為、語言、文化、物質文明等，主要都出自人類兒童的發育期增長，隨之而來的還有雙親為了養育所付出的更多投資。要有更為複雜的腦，才能具備以上種種全新的認知能力，這樣的腦需要更多的時間發育，以及來自雙親更多的投資。如果在人類的祖先中，最常造成嬰兒死亡的因素是雄性暴力造成的殺嬰行為，那麼，投資更多資源在每個後代上這件事情又是怎麼演化出來

的？答案是，這件事情可能永遠都不會發生。演化出解決殺嬰行為的方式，絕對是人類演化生物學中最重要的事件。

主流的演化人類學看法是，人族（hominin）複雜的社會行為是經由雄性彼此競爭與在生態系採集食物的天擇（於環境中獲得更多的食物且更有效率地採集），兩者交互影響下演化出來的。例如，演化人類學家和靈長類學家布萊恩‧海爾（Brian Hare）、維多利亞‧沃伯（Victoria Wobber）和理查‧藍翰（Richard Wrangham）認為，巴諾布猿那截然不同的成熟與行為上的合作性情，是經由「自我馴化」（self-domestication）的過程演化出來的，這是消除攻擊行為的生態天擇。他們想像，這個過程是由巴諾布猿採集食物的生態環境中特別的因素所推動的，例如有許多可以當成食物的植物，或是沒有大猩猩爭奪食物。這個概念的細節雖然還沒有確立起來，但可以指出其中的個體越是能夠合作，社會狀態會更為穩定，增加整體的生態效率。簡單來說，「自我馴化」假說指出，社會耐性（social tolerance）與社會合作的演化是物種適應生態環境的結果，而不是雄性在社會行為與性行為上的轉變。[16]

海爾和麥可‧托瑪塞羅（Michael Tomasello）把這個概念推得更廣泛。他們認為，採集生態行為也有利於讓人類降低攻擊性、增加對社會關係的耐性。由於巴諾布猿和人類的社會合作演化史是分開的，他們認為人類的社會性格可能也是經由類似的「自我馴化」機制演化出來的。[17]不過，海爾和托瑪塞羅很難說明人類的自我馴化實際上是如何展開的，他們推測那可

能和合作性攻擊（cooperative aggression）有關——這是指下層社會階級的成員聯合起來，殺害、驅逐或是懲罰攻擊性過高或是暴虐的（雄性）個體。但是，現在還不清楚為什麼對合作攻擊進行的篩選，結果只有減少暴力，而不是更強的攻擊行為。除此之外，這個說明社會合作性格的起源機制，本身就需要所解釋的那種合作關係。也就是說，個體要能彼此合作才可以集結起來，對抗某些人的攻擊行為。最後，他們沒有勾勒出讓偏好人類自我馴化出現的生態環境，這對假說而言是必要的舞台。

除了少數幾個例外，人類演化生物學無法把女性擇偶、性衝突、性自主權等納入人類起源的理論中。更進一步來說，人類社會智能與合作的演化，需要改變雄性的攻擊行為、雄性的性格，更重要的是改變雄性的殺嬰行為，這是極為關鍵的。這些演化機制作用在雄性暴力行為上，所以我們理所當然要研究在這種改變下獲利最大的演化對象，也就是雌性。

許多關於人類性活動演化的基本問題，古希臘人就已經有見解了，這次也是，不過他們不是發表科學理論，而是放在了喜劇之中。阿里斯多芬尼斯（Aristophanes）的戲劇作品《利西翠妲》（Lysistrata，公元前四一一年首演）中的主角是雅典婦女利西翠妲，當時雅典和斯巴達交戰中，她召集兩方的婦女共同發誓，如果自己的丈夫或愛人不同意進行和平協商，好終結代價高昂、死傷無數的伯羅奔尼撒戰爭（Peloponnesian War），

就不和他們發生性關係。婦女的性罷工讓性衝突朝喜劇的方向前進，最後男人全然同意女性的要求。女性聯合在一起，發揮性自主權，讓希臘重新得到和平。

雖然利西翠姐的行動不是在演化的時間尺度中展開的，不過這齣戲劇的確提出了一些和演化相關的見解。女性對暴力的忍耐程度遠遠不及男性。雖然在暴力事件中，男性死亡人數多過女性，可是就生殖成功的角度來看，女性付出了高昂的代價。因為女性在養育兒子這件事情上，投資得要比男性更多，但是兒子卻死於戰爭或其他暴力事件。這就像是殺嬰行為，女性在戰爭中失去了兒子，使得一生中的生殖成功遭到了重擊。除此之外，這部喜劇也顯示了女性的交配決定足以產生巨大的力量，反制男性的暴力行為。雅典和斯巴達所有的女性都同意性罷工，由女性達成的共識賦予了她們力量。利西翠姐改變男性的機制，不只出自於性，也出自於美學。在這齣戲中，希臘女性壓抑自己，選擇不和男性做愛，除非他們的攻擊性降低。利西翠姐建議雅典和斯巴達女性，如果她們的丈夫要硬上，也不需要反抗，但是要確定做愛的過程盡可能讓男性享受不到快樂。她認為男人很快就會覺得無趣，想念以往兩情相悅時的性愛之美。也就是說，如果遭到強迫，女性就會想方設法拒絕共同演化出來的美妙性愛。最後，雅典和斯巴達的女性不需要發展代價高昂的侵略性軍備競賽，就減低了男性的攻擊性。

所以，針對「男性在什麼狀況下才願意放下武器？」這個問題，利西翠姐教導我們最有效反擊男性暴力的方式，是攻擊

他們最脆弱的部位：兩腿之間。

我假設的男性攻擊性降低、合作社會性格、社會智能的演化機制，就完全是這樣子的。我認為，這個改變的過程不是經由天擇推動，而是經由雌性擇偶的美學性擇所推動。

這個機制運作的方式是這樣的：想像古代人族族群當中，受精一部分是經由雄性暴力壓迫所決定，另一部分是由雌性擇偶時對雄性特定的演示特徵偏好所決定。就如同花亭鳥或是嬌鶲那般，倘若雌性對雄性新出現的演示特徵產生新的擇偶偏好，而這個新的演示特徵剛好又能增加雌性的性自主權（花亭鳥中能夠保護雌鳥的亭子，或是嬌鶲中雄鳥密切的社會合作關係），那麼，這些新的擇偶偏好將會持續演化，因為那些特徵和偏好可以讓族群中所有雌性不受壓迫的擇偶偏好增強。換句話說，雌性選擇將會進一步促進雌性選擇的自由。針對這些特徵的偏好，將會削減雄性經由身體力量與壓迫達成受精目的的能力，越來越高比例的受精是經由雌性選擇而發生。之前就曾看到，美學共同演化這樣自我組織而成的機制，經由其他許多身體和行為特徵，產生新的回饋，強化雌性在面對性暴力和性壓迫時維護自身性自主權的能力。

根據這個假說，女性經由「一致同意男性跟攻擊及性壓迫相關的特徵是不性感的」，改變了男性社會行為的本質。

不過，如果我們的猿類祖先缺少了雌性擇偶行為，那麼人類的雌性擇偶行為又是從哪裡開始的呢？很不幸，人類擇偶起源難以研究，因為可能是人類祖先從與黑猩猩的共同祖先那裡

分開之後，擇偶很快就出現了。雖然大猩猩和黑猩猩都沒有演化出這樣的雌性擇偶，但是我們依然能看到猿類祖先有這種認知潛能。熟悉黑猩猩和大猩猩的人都知道，不論牠們處於自然環境還是圈養狀況，都有豐富的社會個性，對於其他個體的喜惡也會表現出來，顯然牠們的認知能力足以認清和評估其他個體。在大猩猩的群體分割、或是黑猩猩的「配偶關係」中，雌性猿類有些配偶選擇權，因此雌性猿類具有進行擇偶偏好與選擇的認知能力，不過牠們在社會中沒有隨著自己意願行動的機會。不論當初讓人族祖先的擇偶選擇得以出現的生態與社會狀況細節是如何，我們很容易就可以想像到早期雌性人族在社會中如果有機會，就能進行擇偶。

　　我之前稱這種演化機制為美學改造，因為在這個過程中，雌性利用美學擇偶改造了雄性，讓他們的壓迫、破壞和暴力行為減少。在人類的世界，美學改造牽涉到一個特殊的過程，稱為美學去軍備化（aesthetic deweaponization）。去軍備化基本上便是經由雌性擇偶減少雄性的武器（這些武器是經由雄性之間競爭演化出來的）。在人類的演化歷史中，這個程序作用在雄性身體的兩個重要特徵上：比較大的體型，還有又長又鋒利的犬齒。[18]雄性靈長類用這兩樣武器施展暴力、控制彼此，同時用於雌性和沒有自立能力的幼兒身上。

　　雖然現在男性的身體還是比女性大，但是在演化歷史中，這種身體大小的「兩性異形」（sexual dimorphism）差異，已經

大幅度降低了。雄性紅毛猩猩和雄性大猩猩的身材巨大，體重
平均來說是雌性的兩倍。黑猩猩和巴諾布猿身體的兩性異形差
距沒那麼大，雄性體重通常只比雌性多出二五至三五％。可是
在人類身上，這個差距更小，平均來說男性只比女性重了
一六％。男性如果和女性發生衝突，體型差距縮小，身體優勢
也隨之減少。當然，光從體型大小來看，兩性發生肢體衝突
時，男性依然占了很大的上風。拳擊和摔角比賽為了保持公
平，會依體重區分量級，每個量級之間的差距只有二·五至
五％。因此，出現身體對抗時，一六％的體重差距基本上已經
決定了結果。

　　不過，身體的兩性異形差距縮小並不是意外造成的，因為
當一個物種的體型增大時，身體的兩性異形差距往往會走向極
端而非拉近，自從人類的祖先和黑猩猩的祖先分開之後，男性
和女性的體型逐漸演化得比較大，但差距卻縮小了。（哺乳動
物學家伯恩哈德·藍許〔Bernhard Rensch〕指出，動物身體變
大後，兩性之間體型的差異也會變大，這稱為藍許法則。）[19]

　　顯然女性偏好兩性的體型更為相等，這樣男性的體型優勢
便會減少，女性對性壓迫和其他型式暴力的抵抗能力便會越
高。也可能是女性在選擇伴侶、讓體型的兩性異形減少的同
時，也改變了男性相關的行為，特別是降低了攻擊性、增強了
社會耐性。有趣的是，家犬的各種美學特徵之間也出現了這種
遺傳關聯。那些特徵包括捲曲的尾巴、下垂的耳朵、短小的吻
部與牙齒（人們剛好覺得這種樣子很可愛），以及守規矩的性

格（低攻擊性、高度社會耐性、對社會性跡象的認知更為敏
銳）一起出現。舉例來說，蘇聯有個進行了幾十年的實驗：馴
化野生狐狸。[20]實驗中，科學家只會篩選社會耐性高的狐狸，
最後狐狸卻演化出類似家犬的可愛特徵。海爾、沃伯和藍翰指
出，巴諾布猿在演化的過程中，攻擊性降低和其他許多相關的
改變有牽連，包括兩性之間體型的差異減少、成年個體有幼兒
般的粉紅色嘴唇、社會發展比較慢、較為順服社會壓力，對人
類的社會性指示更為敏銳（對圈養的巴諾布猿進行實驗），這
些改變都沒有出現在黑猩猩中。[21]所以，雌性對於雄性特定身
體特徵（例如體型）的選擇，也會對雄性性行為和社會行為的
演化有巨大的影響。

　　另一個舊世界靈長類幾乎都具備的兩性異形特徵，是雄性

犬齒的大小：雄性低地大猩猩（左）、黑猩猩（中）、人類（右）。
照片提供：Shtterstock（左）、羅南・唐納文（Ronan Donovan）（中與
右）。

與雌性犬齒的構造，差異極為巨大。獼猴、狒狒、紅毛猩猩、大猩猩和黑猩猩中，雄性的犬齒比雌性的更長、底部更寬。這些加長的犬齒會持續和下顎上的第三前臼齒摩擦而保持鋒利。[22] 在舊世界靈長類中，雌雄之間犬齒差異最大的是紅毛猩猩和大猩猩，這個特徵指出雄性會為了生殖成功而進行身體競爭。在黑猩猩和巴諾布猿中，犬齒的兩性異形狀況比較沒有那麼明顯，這和牠們兩性體型差異較小的狀況是相符合的。

　　只要看一眼男性微笑的臉，就會知道在人類祖先與其他猿類祖先分開之後的演化過程中，男性的犬齒已經大幅度減小。男女之間犬齒的大小幾乎相同，不過男性的身材還是比較高大，這是違反藍許法則的另一個例子。人族犬齒的兩性異形在演化的過程中減少，始於人類與黑猩猩的共同祖先分開之後，七百萬年前的查德沙赫人（*Sahelanthropus tchadensis*）和四百四十萬年前的始祖地猿（*Ardipithecus ramidus*）的犬齒，已經不像黑猩猩的犬齒般呈現錐形，而且也不會靠前臼齒磨利。[23] 在三百二十萬到三百五十萬年前，阿法南猿（*Australopithecus afarensis*，包括著名的露西）的犬齒已經縮小到和現代智人相同。人類考古學家傳統上對雄性阿法南猿犬齒縮小的解釋是，他們上下顎要左右移動好咀嚼各種複雜的植物，是適應的結果。[24] 但是近來我們已經知道，在人類的演化歷史中，犬齒縮小的時間發生得更早，早在始祖地猿（暱稱阿爾迪〔Ardi〕）時期就已經發生了，那個時候的人族還沒有如同南猿那樣有特定的飲食。所以，人族的犬齒兩性異形減少，缺乏由生態與飲

食造成的適應性解釋——這時就需要新的演化假說了，也就是雌性擇偶。

　　基本情況就是如此。絕大部分雄性舊世界猴類和猿類，口中具有雌性所沒有的致命武器。這個大型的犬齒不具有取用食物的生態功能，而是雄性用來確保性控制權的社會性武器。就如同達爾文所假設的，這些武器會演化出來，不是因為有助於生存，而是有助於以暴力控制雌性配偶、對抗其他雄性對手，也就是有助於自己的繁殖。非人類的雄性靈長類會使用這些武器攻擊其他雄性，並且以暴力壓迫雌性，殺死其他還需要照顧的年幼個體。雄性阿拉伯狒狒會控制發情的雌性狒狒，如果雌性狒狒稍微離開一點，或是接近群裡面流浪的單身雄性，雄性狒狒就會用巨大的犬齒去咬或是威脅這些雌性狒狒。[25] 雄性山地大猩猩在爭奪群體主宰權時會用犬齒彼此相抗，也會用犬齒對付群體中還需要照顧的年幼猩猩。[26] 黑猩猩的部分，雄性針對雌性的攻擊手段中，就包括了劇烈的噬咬。[27]

　　就像是雌性擇偶時偏好體型接近自己的雄性，她們的擇偶偏好也讓雄性去除了犬齒這項武器，以促進自身的選擇自由。雄性少了武器，壓迫與殺嬰的效率會跟著降低，讓雌性有更多機會成功選擇自己的配偶。雌性如果偏好犬齒比較小的雄性，會得到間接的遺傳利益：自己的兒子比較有辦法吸引其他雌性，因為其他比較能自由選擇的雌性會挑選這樣的雄性來當配偶。結果便是雌性的社會自主權和性自主權因為美學選擇而擴張。[28]

　　再次說明，雖然美學去軍備化會使得兩性異形減少，但是並不會因此產生懦弱、無力、低階的雄性。相反地，雌性擇偶偏好會持續演化，選擇有吸引力的雄性特徵，例如身體比例與更強烈的性刺激。個別雌性具備了性控制權並沒有演化上的利益，只有選擇自由才有利益。因此，整個過程和適應無關，並不會讓生物體更適應周遭環境。相反地，這種情況能夠演化是因為雌性性自主可以減少雄性壓迫雌性所要付出的代價，其結果便是幼兒的存活率增加、雌性受到的直接傷害減少，整個族群成長。

　　人類演化中的美學改造／去軍備化假說只是出於推測，但是論點很合理。這個模型能有效解釋人類演化中許多缺乏適應性、生態性解釋的特徵，包括人類身體的兩性異形差距大幅降低、雄性暴力性壓迫（與殺嬰行為）顯著減少、雌性擇偶權提高、雄性演化出性別裝飾等。但是，這個模型能加以檢驗嗎？有支持或是反對這個模型的證據嗎？

　　首先，我們要確立這個假說在理論上是否可行。山謬・史諾（Samuel Snow）和我正在建立美學改造過程的數學遺傳模型：把特徵和偏好的遺傳變異輸入進去，能夠促進雌性自主權的演示特徵突變恰好可以演化出來。[29]該模型無法證明這的確發生在人類演化中的演化機制，只是證明有可能而已。

　　現在，支持雌性美學改造確實發生在男性身上的最強證據，來自有資料指出，現在女性的擇偶偏好就平均來說，並沒有傾向男性涉及身體主宰權的特徵。[30]我們在第八章討論過，

一般女性偏好的特徵為「男性特徵」範圍裡的中間地帶，也就是修長、肌肉較少、額頭沒那麼突出、臉部和身體毛髮量中等。比較男性化的特徵依然存在男性之中，意味著其他偏好男性特徵的演化力量發揮了作用，可能是男性之間的競爭。

如果演化人類學家把美學演化、性自主權、美學改造等概念，帶入他們對哺乳動物行為生態學、人類演化的化石紀錄、演化考古學、比較人類學的分析當中，便有可能對美學去軍備化假說進行更詳細的分析。目前主流看法認為，雄性之間競爭與適應性環境天擇彼此交互作用，推動了人族的演化，我們清楚知道，這樣的觀點並不足以解釋人類演化中出現在認知能力、社會與文化複雜性上的重要創新。我認為，如果把美學雌性擇偶、性壓迫與雌性性自主權納入人類演化的研究，將能更清楚說明人類演化的過程。

對人類性衝突的說明，到目前為止我們都只集中在關於受精的衝突上：誰能決定後代的父母親？後代出生後雙親哪一方來照顧？以及花了多少能量、時間和資源在照顧上？這些也都會發生性衝突。男性在演化過程中減少了殺嬰行為之後，在雙親投資後代這個持續發生的性衝突中，也朝著增進女性利益的方向前進。絕大部分的舊世界靈長類中，紅毛猩猩、大猩猩和黑猩猩的雄性都不照顧後代，即使是過著平等生活的巴諾布猿，雄性除了分享食物之外，不會進行其他親職投資，但是牠們本來就會分享食物給群體中的其他成員。事實上，在這些靈

長類物種中，雌性在迫使雄性進行親職投資的戰鬥上挫敗了。
這些靈長類物種，由於全靠雌性照顧後代，所以沒有明顯見到
因為親職投資而引發的性衝突。人類則顯然不同。實際上，在
每個人類社會和狀況中，男性都會大量投資在自己的後代身
上，提供食物、經濟資源、保護、親緣確認和情感投入。尚未
發展農業之前，後代持續由雙親照料可能更為重要。因此，人
類會合作照顧後代，這是人類繁殖生物學上另一個特殊的模
式，需要演化方面的解釋。

　　可能的狀況是，人類祖先中雌性得到了足夠的性自主權，
讓雄性的殺嬰行為消除了之後，她們開始利用擇偶，在與雄性
持續發生的其他性衝突戰場中獲得勝利。雌性選擇的標的從馬
上就可以認知到的身體特徵，擴張到涵蓋範圍更廣的社會人格
和社會關係經驗，最後造成了雄性親職投資的演化。這種改變
伴隨著性交本身的美學擴張，讓性交的次數更為頻繁、延續的
時間更久、行為更加多變複雜、更愉快也更讓人投入；也讓性
交和生殖之間的關聯鬆動，與親權的關係則更為模糊（因為排
卵期隱藏起來了），同時融入新的情緒與意義。雌性選擇的目
標是對社會關係與人際關係更為投入的雄性伴侶，因此雄性就
漸漸演化得會從事新的親職投資，對伴侶和伴侶的後代提供食
物、保護，以及合作性社會關係。最後，雄性競爭也會讓雄性
生殖投資演化出來，這是因為雄性要爭著討好挑剔的雌性，這
樣才能持續建立性關係與社會關係，產生配對鍵（pair bond）。

　　男性對後代的生殖投資當然會大幅增加雌性後代的健康、

福利與生存機會，幫助後代，直到他們存活到自己性成熟、進行繁殖的年紀。這也可以增加女性的生存、福利和生育能力，縮短她們兩胎之間的時間（人類這段時間要比其他猿類短得多），並且增加她們一生中的生殖成功。兩胎之間的間隔時間減少，的確讓人類增加族群數量的能力遠超過其他猿類。因此，雄性親職照顧是由雌性擇偶所得到的適應性直接利益。

　　人類在這個演化階段，擇偶演化到能促進一連串社會和情緒互動。人們經由這些互動，有機會接觸到其他人，仔細檢查他們的社會、情緒、甚至是心理特質，這些對於要找尋適合的伴侶而言是極為重要的。長久的性連結因為這層演化緣由發展出來，而非拘泥於僵硬的賽局理論（game theory）溝通方式所產生出來的結果。為什麼許多人認為婚前協議既不浪漫又惹人厭惡？因為陷入愛情是深刻的美學體驗，牽涉到社會互動、認知與身體吸引力。

　　許多文化理論學家認為，配對鍵是經由壓迫性雄性控制權作用在雌性生殖自由之上才演化出來的，但是美學演化理論並不認為如此。換句話說，人類配對鍵並不是只有一人的男性後宮，而是雌性與雄性在親職投資上出現了性衝突，結果為了促進雌性利益而演化出來的。到頭來，人類的配對鍵是一種美學共同演化出來的社會關係，在這種關係之下，女性和男性都讓彼此的生殖利益增加。當然，人類配對鍵並非絕對或是不可違背的。這並不是一夫一妻制的演化理論，並不是「至死不渝」。配偶連接是演化出來的，只需要持續到對後代發育和生

存有絕對正面影響的時候就可以了。在男性生殖投資演化過程
的某個時間點上展開了文化演化，全新的社會複雜度和變化接
著出現。

　　直白地說，人類親職照顧的演化是重要的事情。在靈長類
和哺乳動物中，雄性投資在親職上極為罕見。[31]親職照顧對人
類演化來說特別重要，因為人類的幼兒需要許多關照與投資，
得花更多時間才能長大成熟，並且要面對更為複雜的社會、文
化和認知發育挑戰，這些都是其他靈長類動物不會面對的。在
殺嬰行為這個問題解決了之後，我認為在人類認知與文化複雜
性起源之中，下一個重大的演化挑戰是親職照顧的起源。有趣
的是，這第二項重要的演化轉變，也和雌性在性衝突中的利益
擴張有關。[32]

　　我認為雌性擇偶在人類這個物種的演化過程中，扮演著影
響力非常強大的角色。經由美學改造雄性特質，解決了雄性性
暴力、壓迫與殺嬰行為，顯然讓女性具有更大的性自主權。但
是，雄性去軍備化也是一項重要的創新，使得後來人類得以演
化出社會、認知與文化複雜性。攻擊性降低、合作行為增加的
男性，和女性發展持久的關係，這樣更為穩定的社會狀況有助
於他們的後代成長，結果是讓人類有更長的發育時間、對於每
個後代有更多的投資，我們看重的所有人類特質：智能、社會
認知、語言、合作、文化、物質文明、科技，都是因為這樣才
有辦法演化出來。這個人類演化的新看法需要更多的研究才能
夠檢驗，但是值得投入。

第十一章

人類的酷兒行為

幾十年來，《紐約客》雜誌上那些已經成為標誌的漫畫，描繪的都是異性戀伴侶。不過《紐約客》如同許多美國文化界的組織一樣，慢慢注意到男同性戀者和女同性戀者的存在，有的時候讓他們成為「床上伴侶」系列漫畫中的主角──以往經常出現的，是異性戀伴侶做愛完之後躺在凌亂床單上的情境，相較之下，最早出現的同性戀漫畫顯得一本正經。事實上，其中一個最早的「男同性戀伴侶在床上」漫畫，深刻顯現出僅僅要把床上的一對男同性戀者帶入公共對話時，這樣笨拙的跨文化溝通必然產生的焦慮氛圍。威廉・哈菲利（William Haefeli）在一九九九年有一幅絕妙的漫畫，圖中兩位男性穿著整齊的冬季大衣，並排躺在百貨公司寬闊展示場地中的一張小床上，床上只有床墊。其中一個人對伴侶說：「我覺得我們還是應該買一張大床墊，不過那些銷售人員一定會拿這件事來說笑。」

本書前幾章關於人類性活動的說明，就像是那些《紐約客》漫畫一樣，可以看成是一種強化「異性戀霸權」（heteronormative）的觀點，認為這種觀點符合「人類本性」、異性戀是唯一「自然」的人類性行為，也是唯一受到演化科學界認可的性行為。不過，性偏好的多樣性屬於人類重要的特徵，因此在研究人類慾望的自然史時，必須要將它納進來。

性多樣性的確是難以用演化好好解釋的現象。演化理論要怎樣才能解釋那些和生殖（精子遇到卵子）沒有直接關聯的性行為？人類各式各樣的性慾一直都是個謎，目前正在興起的美學演化理論最讓人興奮的原因之一，在於有可能解開這個奧

祕。為了了解各式各樣性慾的起源，我們要特別集中研究在個人主觀慾望（也就是個人對性吸引力的美學體驗）的演化。

　　在這裡，我不會討論性身分（sexual identity）的演化，也就是同性戀、異性戀、雙性戀等。把性行為當成個人身分中的記號或是定義，其實是相當晚近才新出現的文化概念，可能只有一百五十年的歷史。我們現在所處的社會，已經習慣把性行為設想為性身分，因此我們傾向認為各種性身分的分類真的符合生物學，所以需要科學方面的解釋。[1]問題在於，對於「同性戀」的科學研究，所要解釋的內容是社會建構物（social construct）的演化。就如同密西根大學英語教授大衛・黑普林（David Halperin）對我的說明：「對『同性戀』這個詞提出演化理論，就好像是對『文青』或『雅痞』這類詞提出演化理論。」完全正確！一篇扎實的「同性戀演化」科學論文，其實完全搞錯了這個題目的方向，而且也破壞了這個題目。[2]

　　因此，我在這裡探索的是人類同性性行為（same-sex sexual behavior）的生物學和演化史。我特別要研究的是，人類祖先和黑猩猩祖先從共同祖先那裡分開之後、在現代文化建構性身分之前，人類性慾望和性行為多樣性在演化過程中的改變（演化脈絡2，見頁290下圖）。在討論中需要牢牢記住的是，就如同親吻、愛撫、口交等種種行為和生殖無關，但確確實實都是性行為，同性性行為的確也是性，只是和「精子遇到卵子」不相關而已。[3]

　　人類的種種性偏好形成了一個連續集合體，其中包括完全只從事同性性行為的人，到完全只從事異性性行為的人，兩個極端之間有各種程度不同的人。人類的性偏好就如同其他許多複雜的人類特徵，受到許多不同基因上各個遺傳變異所影響。在人類發育的過程中，這些變異彼此發生複雜的交互作用，也和環境發生複雜的交互作用，結果讓人類在性偏好、性吸引力、性慾望和性行為反應上的廣度和特別程度上，都有很大的變化。每個人位於這個連續集合體中的哪個位置，部分取決於許多細微遺傳變異加總起來的效果，社會、環境和文化的影響力也會發揮作用。[4]

　　目前絕大部分對人類「同性戀」演化的科學研究論文中更基本的問題，在於論文一開始就假設有個演化難題。不過，在現代的性身分觀念出現之前，人們完全不清楚偏好同性和低生殖成功有任何關聯。相較於猿類祖先，人類演化出的性行為，發生次數更頻繁、每次的時間更長、產生的快感更大、進行的方式更多樣，許多這樣的性行為都和生殖沒有直接的關係，也並非和生殖成功完全配合。從事口交的異性戀者所具備的生殖成功，要低於不口交的異性戀者嗎？這顯然是個愚蠢的問題，我們當然沒有理由認為是正確的。思考同性性行為和思考這個問題幾乎是一樣的。要對屬於文化範疇中的內容找尋演化上的解釋，而不是研究性吸引力（以及性慾望本身）的主觀經驗中各種變化的演化來歷與維持方式。之前許多演化學研究都找錯了目標。

到目前為止，絕大多數對同性性行為的演化理論，都嘗試解釋同性性行為造成的生殖成功損失，為這個推測的損失找尋適應主義的解答。例如很多人認為，偏好同性的個體會幫助大家族中其他有親緣關係個體的存活與生殖成功。在這個親屬選擇假說中，同性性行為能持續存在，是因為偏好同性而沒有進行生殖的個體，對於照顧年輕弟妹、姪甥、堂表弟妹等，有重大的貢獻。這些「叔叔阿姨幫手」和親屬有共同的基因，那些促成偏好同性的基因，可能會以間接的方式傳遞到家族下一代的其他成員。

這個「叔叔阿姨幫手」假說有個問題：同性吸引和幫助年幼親戚的傾向，兩者之間沒有明顯的關聯。[5]還有，親屬選擇理論完全無法解釋最需要演化學解釋的明顯事實：人類性慾望的多樣變化。

簡單地說，沒有證據指出同性性行為會讓人對年幼親屬的生殖投資增加。[6]如果有這類的投資，那麼應該會演化出無性的個體，這些個體完全不會展現任何性行為，就像是螞蟻中的工蟻、蜜蜂中的工蜂。但是缺乏性慾望這個現象，就不是在解釋同性性行為時需要說明的。親屬選擇的論點無法完全說明性慾望的各種變化是如何演化並且持續存在的，而這才是問題核心。[7]

我認為，人類的同性性行為，和前面三章討論過的性特徵和性行為一樣，都可能是經由雌性擇偶這個機制演化出來的，

目的是為了促進雌性性自主權，並且減少因受精和親職照顧所產生的性衝突。[8]根據這個美學理論，人類會有同性性行為，只是對於雄性性壓迫這個持續存在的重要問題演化出來的另一個反應。我認為所有的人類同性性行為，可能都是因為要讓雌性有更大的自主權和性選擇自由而演化出來的，不過我要強調，女性同性性行為和男性同性行為的演化過程是不同的，因為我認為兩者的演化機制在細節上有重大的差異。

我們得先了解到，靈長類的社會群體中，哪種性別的個體在性成熟之後要離開原來的群體、加入其他群體，對靈長類的社會行為和性行為影響深遠。剛成年的個體離開原來的社會群體加入另一個群體，為的是防止近親交配。許多靈長類依照傳統的哺乳動物模式，雄性個體性成熟之後離開群體，在其他群體之間流浪，雌性個體留在原來出生的群體。不過，非洲猿類和其他一些舊世界猴類演化出相反的模式：雌性個體在社會群體之間流浪。[9]人類祖先的狀況也是如此，到現在為止，世界上有些人類文化還延續這樣的模式。雌性散布出去的基本結果是年輕的雌性猿類得和原生的社會網絡切斷關係，跨入世界，加入其他的社會群體中。因此，所有雌性個體散布模式下的雌性靈長類，一開始性生活便在社會上處於劣勢，她們缺乏原先社會網絡提供的社會性支持，好幫助她們對抗性壓迫和性恫嚇。散播出去之後，雌性必須打造新的社會網絡，以化解性壓迫造成的各種危險。

就算雌性仍待在原生群體中，她們依然需要建立具有保護

能力的社會網絡。舉例來說，靈長類學家芭芭拉・史馬茲（Barbara Smuts）等人發現，在狒狒的世界，雄性朋友能夠保護雌性的後代，免於其他雄性狒狒伺機而動的殺嬰行為。[10]最近，生物人類學家瓊・席爾克（Joan Silk）和同事指出，雌性之間的友誼能夠幫助保護彼此的後代，對抗殺嬰行為和其他威脅。[11]

由於雌性靈長類以友誼建立起能支持與保護彼此的社會網絡，我認為人類女性同性性行為之所以演化出來，正是一種建構與加強女性間社會同盟的方式，雌性在離開原生社會群體之後，就失去了這種同盟。天擇對雌性偏好同性性行為的篩選結果，可能是讓雌性之間有更緊密的社會連結，以便更有效地對抗雄性性壓迫，包括了殺嬰、暴力和社會恫嚇。根據這個假說，雌性的同性性行為是為了對抗壓迫性雄性生殖控制而造成的直接與間接遺傳損失，所產生的防禦性美學與適應反應。有防禦的功能，是因為這種行為可以減少雌性生殖成功需要付出的代價；說是美學的，在於牽涉到雌性性偏好的演化；說是適應的，是因為這樣的行為乃經由天擇篩選了雌性偏好，降低了性壓迫造成的直接代價（暴力與殺嬰行為）以及間接代價（雌性的擇偶受到限制與強迫受精）。

我認為，男性的同性性行為可能也是因為能促進雌性性自主權而演化出來的，但是演化機制截然不同。我的想法是，男性的同性性行為經由男性特質的美學改造過程所演化出來，在第六、七、十章中討論過這種過程。這項美學演化的說法主

張，雌性擇偶不只作用在雄性的身體特徵上，也會作用在雄性的社會特徵，因此改造了雄性的行為，接著讓雄性之間的社會關係產生變化。換句話說，雌性在選擇伴侶時，偏好美學、親社會的個人特質，意外地也使雄性的性慾望範圍變得更寬廣，包括雄性的同性偏好與性行為。

　　當族群中雄性性行為演化出來之後，能以數種方式增進雌性性自主權。第一，雖然一個社會群體中只有少數雄性會受到雄性的吸引，但我認為這就足以大幅改變社會氛圍。當有些雄性演化出同性性偏好，便能增加雄性性宣洩的管道，讓雄性對雌性性控制與社會控制的興趣及投入強度都變得比較低，雄性之間因為性競爭而發生的殘暴行為也會減少。由於雄性的性競爭者可能也是性伴侶，這種狀況可以降低雄性之間的競爭，而不需要減少各自的生殖成功。事實上，雄性性偏好會具體出現這樣的演化改變，是因為具有和同性偏好相關特徵的雄性，比較容易被雌性選為伴侶。所以，我們不需要認為他們的生殖成功會因此受到抹煞。一旦人類大部分的性行為都演化成與生殖無關，也脫離了雌性短暫生育期所設下的限制，那麼同性之間的吸引，便可以看成是性行為與性行為社會功能進一步擴張的結果。

　　第二，雄性同性性行為或許能促進雄性之間演化出低攻擊性、高合作性社會關係，這些關係不在性行為的範疇中。這些同性關係有助於發展合作狩獵、防禦和其他需要彼此互動且有利於社會的行為。也就是那個人類「自我馴化」假說想要解釋

的社會行為（見第十章）。

第三，當雌性美學偏好和範圍更大的雄性性偏好持續共同演化時，美學改造的過程可能會讓一小群男性性偏好的對象主要是男性，或是只偏好男性。這些男性可能和女性之間建立起與性無關的連結，得以支持與保護女性。當然，性偏好的排他性（exclusivity of sexual preference）是否出現在性身分這個概念之前，目前還沒有定論。如果遺傳對性偏好的影響就如同對其他複雜人類特徵的影響，是由許多不同基因上的許多變異所造成的，那麼，有些雄性後代可能會遺傳到數量高於平均的社會行為遺傳變異，這些行為是可以吸引雌性的。這些個體最後會位於性偏好連續集合體中主要偏好同性或只偏好同性的那端，並且在社會群體中和雌性形成聯盟，他們和雌性沒有生殖與競爭關係，也不會壓迫雌性。在狒狒的世界，雄性與雌性的友誼能夠發揮作用，保護雌性不受身體攻擊、阻止殺嬰行為，讓群體社會網絡中的雌性與她們的後代社會利益增加。[12]因此我認為，主要偏好同性的雄性與雌性形成社會聯盟（我稱之為「同男直女情誼」），並不是意外或經由文化產生的結果，也不是人類性偏好變化的特徵，而是人類性變化產生的功能，這是演化出來的結果。[13]

同性偏好的演化造成的男性生殖成功減少，並不會成為什麼演化難題，因為雌性擇偶本來就會讓雄性生殖成功產生各種變化。在擇偶的遊戲中，總是有贏家和輸家。任何雄性生殖成功的減少，僅僅是表達出雄性同性偏好不是雄性適應的結果，

而是促進雌性性自主權的結果。

在前面的章節中，我指出雌性對雄性特徵的美學偏好改造，促進了雌性的選擇自由，這對人類的演化有深遠的影響。我認為這個過程擴張所及，也造成了雄性同性性行為的演化。同樣地，這個假說並不認為雄性同性性行為會演化出來，是因為雌性偏好瘦弱、卑屈、女性化或是柔弱的雄性，好讓雌性在身體上或是社會上能夠占優勢，不過這些雌性擇偶偏好會讓後代中雄性對雌性的支配能力降低。經由這個雌性選擇機制，雄性壓迫性性控制權的效果會整個減少，使得將來經由擇偶而達成的受精比例增加。性壓迫的比例降低將會和雌性選擇的成功率建立起關聯，使得性自主權不斷擴張。

男性同性性行為的美學演化理論，並不會指出性取向主要為同性的男性，在身體特質或是社會人格特質上會和其他男性有所不同。事實上剛好相反。這個理論主張，有這種性取向的男性沒有什麼其他特別之處，因為和同性偏好一起演化出來的特徵，已經成為人類雄性特點中普遍存在的代表元素。因此，只具有同性性偏好的人，其獨特之處在於他們的同性性慾望具有排他性，而不是具有這種慾望。

這些關於人類同性性行為的美學理論，當然是推測的。不過，我認為推測的內容是可靠而且能夠被證明為正確的。這個問題如此重要，現在主流的適應性解釋也無法直接說明同性慾望的演化由來，但是很不幸，適應性理論已經影響了公眾與文

化對於人類性活動的論述。把我們人類看成是（有缺陷）的性活動客體，而非主動且投入性活動的主體，這個潮流更加重了適應性理論的影響力。顯然現在我們需要新的理論來說明這個問題。我們可以檢驗美學假說，看看這個假說是否可信，以及能不能和目前從人類和非人類哺乳動物得到的性活動資料相符合。一開始我會檢查這個理論提出的假設，好評估理論的可信程度。

舉例來說，這些美學演化理論認為，性偏好以及與性偏好相關的行為特徵，來自可以代代相傳的遺傳變異。就像是其他許多人類行為特徵那樣，有扎實的證據指出顯著的同性性偏好（這裡指的是自我認定的同性戀）和遺傳的關聯很強。[14]

在雌性的同性性行為演化中，雌性經由天擇這個演化機制建立起社會性聯盟，這個可信程度普遍說來很高。因此，美學論點只需要在新的脈絡中應用這個著名的演化機制就可以了。

不過，雌性擇偶可以造成雄性社會行為的演化，演化的結果能讓雌性性自主權擴張，這是新的概念。史諾和我發展了數學遺傳模型，用來計算美學改造機制在花亭鳥、嬌鶲和人類之中所發揮的效力。這個模型顯示，在某些符合現實的條件下，美學改造機制是會發生的。

美學理論認為，雌性擇偶也會改變雄性的社會行為，那些行為不只是雄性與雌性的社會互動，我們在那些有求偶群行為的嬌鶲中看到了這個過程。雌嬌鶲的擇偶改變了雄嬌鶲的社會競爭本質，讓他們建立起同伴關係好追求雌性。男性的同性性

行為可能是另一種由雌性推動的美學改造所造就的雄性社會關係，是另一種演化出來解決雄性性壓迫的方式。

　　來自巴諾布猿的證據，強烈支持人類同性性行為具有對抗壓迫的社會功能。牠們是和人類親緣關係最近的靈長類之一。巴諾布猿經常出現濫交，包括同性性行為，其中絕大部分都和生殖無關。巴諾布猿的性行為能化解各式社會衝突（特別是因為食物造成的衝突），這讓巴諾布猿的社會充滿平等與和平氣息。巴諾布猿還有另一個值得注意的地方。[15]就算巴諾布猿雄性和雌性體型之間的差異要大過人類男性和女性，但是幾乎完全沒有性壓迫行為出現。因此，巴諾布猿顯示出同性性行為能破壞靈長類動物中雄性性階級制度與壓迫性性控制，雌性的同性性行為能增強雌性間的社會聯盟，減少雄性之間的性競爭和社會競爭，雄性的同性性行為可以降低競爭，增強群體中的社會團結。雖然巴諾布猿和人類的同性性行為有類似的社會功能，但卻由差異甚大的機制所推動而各自獨立演化出來。

　　與巴諾布猿及黑猩猩的共同祖先分開來之後，人類性活動的演化結果也和同性性行為的美學演化假說相符。雄性大猩猩和黑猩猩會把握所有能和雌性交配的機會，不過只有在短暫的繁殖季節才會如此。相較之下，人類男性在女性短暫的可受孕期間之外，依然對性行為充滿興趣，而且也很挑剔。同樣地，其他雌性猿類很少出現擇偶，但是女性也演化得非常挑剔。

　　人類的性行為還演化出許多其他改變。人類性行為不只在女性受孕期發生，頻率也提高了，另外在感官與情感的深度與

廣度上也增加了。人類的性行為演化得不只有生殖功能，也具備了社會功能，後者可能擴大到推動了同性之間的關係。女性排卵期隱藏了起來，以及性快感經由美學演化而增加，也可能促進讓性行為和生殖脫鉤的過程。

　　之前關於人類同性性行為演化的理論，若不是只注重男性同性性行為，就是把女性同性性行為和男性同性性行為當成同一個現象。相較之下，美學理論認為不同性別的同性性行為是由不同的演化機制所促成。因為機制的不同，所以我們可以預期，不同性別的同性性行為，在出現頻率和社會功能上也有所差異。

　　舉例來說，由於男性同性性行為是經由有利於女性的性擇而篩選出來的，並非有利於男性，因此演化出不進行生殖的個體，在演化上就不算是謎團了，因為這只是性擇擴張之後造成的結果。相較之下，讓女性產生聯盟的同性偏好就不應該造成女性重大的生殖成功損失。因此，在男性中排他性同性偏好個體出現的頻率，應該要比這樣的女性高出許多。事實上，男性排他性同性戀者的數量是女性排他性同性戀者的兩倍，便支持這項預測。[16]美學改造機制會假設，和男性同性偏好相關的身體特徵與社會人格特徵能演化出來，完全是因為這些特徵受到女性的偏好。因此，雖然同性性偏好的演化結果會造成某些男性失去了生殖成功，但是這種損失會出現，是因為他們的同性偏好具有排他性，而不是因為這些男性無法成功吸引到女性伴

侶。就如同之前指出的，那些男性並沒有什麼特別之處，因為和同性偏好一起演化出來的種種特徵，將會成為普遍的人類男性特徵。這個預測也和一些資料相符（見第八章的討論）。那些資料指出，女性通常偏好的男性特徵，位於「男性特質」光譜的中間位置。[17]大部分具有顯著同性偏好的男性，如果有喜歡的女性伴侶，往往都可以得到女性伴侶，這也和理論的預期相符。

性自主權理論也預測在人類之中，非排他性的同性性吸引現象如果不是人人都有，也會相當普遍。這樣的預測難以檢驗，因為在許多文化中，從很久之前便以社會道德來譴責同性性行為。我們不是說在沒有這樣的社會譴責氛圍下許多人會有同性性行為，不過有確鑿的理由讓我們相信，同性之間相互吸引是尋常之事。舉例來說，亞弗列德·金賽（Alfred Kinsey）在一九四〇和五〇年代的調查中，包括男性與女性各超過五千人，發現三七％的男性與一三％的女性經歷過某些同性性行為而且達到高潮。[18]我們知道金賽的調查樣本不足以代表整個美國族群，不過他提出的證據清楚指出，雖然只有一小部分人認為自己具有排他性同性偏好，但是同性吸引力與性經驗則普遍得多。在人類之中，不論女性還是男性，普遍來說在生物本質上都能受到同性的吸引。[19]

除此之外，在同性性行為沒有受到譴責和壓迫的社會或是組織中，這樣的行為更容易浮現。舉例來說，女性主義文化人類學家葛羅莉亞·葳克（Gloria Wekker）對蘇利南首都巴拉馬

利波中克里奧爾文化（Creole culture）的工人階級，進行了精采的研究。[20]她發現，約有四分之三的女性具有持續的同性性伴侶關係，同時她們也和孩子的父親具有長期的性關係。在這些關係中的女性對女性伴侶深深投入，會合作照顧小孩、提供情感支持與性快感。我們也知道，在監獄或是寄宿學校這類只有同性存在的群體中，對同性性行為的約束會比較鬆散，同性性行為的頻率則隨之增加。

美學理論同時也假設，女性和顯然具有同性性偏好的男性建立友誼與同盟，可以促進女性的性自主權。這一點難以調查，因為現在的人類文化社會中，已經建構出了複雜的性別、性身分和社會關係。不過我們知道，現在這個社會所稱的「直男同女」（straight-male-lesbian）關係並不屬於上面所說的那種。美國國家廣播公司（NBC）的熱門長壽影集《威爾與格蕾絲》（Will & Grace），主題是同男律師威爾和直女室內設計師格蕾絲這兩位室友之間持久的情誼。這樣的現象不只見於西方文化。一九九二年上映的日本電影《鍋巴》（おこげ），描述了年輕的異性戀辦公室女職員和同性戀男性友人與他的戀人之間的故事。電影標題象徵了直女和同男好友之間的情誼。會用這樣的詞，意味著日本和西方文化一樣，認識到這種現象。

不過，我沒能發現足以代表同女直男之間情誼的例子。並沒有類似《威爾與格蕾絲》這般的影集、但是男女立場對調的例子——或許拿《羅西與洛基》（Rosie & Rocky）來說吧，蘿西‧歐唐納（Rosie O'Donnell）和席維斯‧史特龍（Sylvester

Stallone）主演彼此常喋喋不休聊天的室友。也沒有任何演化理論可以假設這樣的男女關係對男性或女性有什麼利益可言。不過，如果要進一步了解這種關係以及在真實人類生活中發揮的功用，我們需要進行嚴格的社會學和心理學研究，才能了解這種關係的本質。

最後，美學假說認為同性性行為演化出來，是因為這個機制能夠降低性暴力。這個假說也預期與男性同性性行為相關的性壓迫、性暴力和伴侶家暴事件，會比男性異性戀行為低。和這個問題的相關資料是肯定的。根據二○一○年「親密伴侶與性暴力全國調查」（National Intimate Partner and Sexual Violence Survey）的內容，各種類型的性伴侶暴力（包括強暴、身體暴力、跟蹤等）的終身發生機率，對男性同性關係中的男性而言要比異性關係中的女性低很多。[21]

我提出的演化模型指出，影響同性吸引力、偏好和行為的遺傳變異非常多。對許多人而言，提到遺傳學和性偏好，腦中便出現可能找到「同性戀基因」的念頭，以及保險公司和想要生育的父母所進行的遺傳篩檢。不過，有鑑於我們對其他複雜人類特徵的知識，這些恐懼都是沒有事實根據的。

遺傳學研究指出，大部分複雜的人類特徵，不論是心臟病突發的風險、音樂才能、社會人格、害羞到自閉症，都是由許多遺傳變異造成的，這個變異個別發揮的影響力很小，各自位於基因組中許多不同的位置（基因）上。雖然這些複雜特徵的

遺傳性很高，但是每個人的這種特徵，都是基因、基因互動、發育環境等集合在一起造成的結果。舉例來說，最近一項包含數千人的基因體研究發現，在最簡單的DNA序列變化「單核苷酸多型性」（single nucleotide polymorphism, SNiP）中，有八二％出現的機率不到一萬五千分之一，也就是小於〇‧〇〇六％。[22]換算下來，一個人只要有三、四個這樣的單核苷酸多型性，在全球七十億人中便具備了獨一無二的遺傳組成。而你的基因體中實際上有數千個這樣的變異，所以每個人獨一無二的程度都高得不得了。

現代遺傳學發現了關於人類個人特質的壓倒性事實。由於影響這種種複雜特徵（包括性偏好）的遺傳組合多到數不清，因此我們可以自信滿滿地說，沒有「同性戀基因」這樣的東西。對於個人性偏好的遺傳影響，很有可能都是獨一無二的。對人類的性吸引力而言，遺傳學研究不會得出一個化約的科學結論，因為成因實在太多樣了。

總而言之，這個假說指出，人類同性性行為是天擇和性擇篩選出來的結果，是為了要擴張女性的性自主權。有許多關於人類的性偏好與性行為多樣性的證據，與這個理論是相符合的。不過，這樣理論可能和有些文化中的現象不符，例如古希臘和許多新幾內亞的原住民。在這些文化中有男性的同性性行為，女性的社會與性自主權則受到很大的限制。這些看起來是例外的例子，剛好證明了這個法則是正確的。在這些文化當中，男性的同性性行為建構在與年紀和地位息息相關的連結

上,通常發生在活躍、敏銳、在社會上具有主宰地位的年長男性,和被動、順服、社會地位較低的年輕男性之間。這種階級分明的同性性行為可能是一種社會機制,可以把同性性行為納入壓迫性男性階級制度之中,藉此控制本來能促進性自主權的同性性行為。[23]

雖然這些對同性性行為的看法都只是推測而已,但我認為,它們顯示出把美學演化、性自主權和人類性多樣性融合在一起的新領域,將會有豐碩的研究成果。令人驚喜的是,我勾勒出的演化假說和當代性別理論的基本元素有很多相符的地方,也支持這個論述。舉例來說,對於LGB社群(「女同性戀―男同性戀―雙性戀社群」)目前最重要的一項爭論,人類同性性行為的美學演化理論便支持對立兩方的基本論點。有些LGB權利倡議者指出,LGB本質上與異性戀者一樣,只是他們的性慾望對象和性伴侶與異性戀者不同而已。這一派學說的想法清楚呈現在安德魯・蘇利文(Andrew Sullivan)於一九九五年出版的著作《幾近尋常》(*Virtually Normal*)中。該學派對美國和其他已開發國家的同性婚姻進展有重要貢獻。美學演化假說支持「幾近尋常」這樣的觀點,因為美學演化假說預期同性性吸引是演化出來的特徵,大部分的人類都具有這種特徵。同性戀者實際上就「幾乎和尋常人一樣」,他們特殊之處不在於對同性有性偏好,而是只對同性有特別的性偏好。

然而,有許多LGB人士把這種理論視為同化主義者

（assimilationist）觀點，因為他們把性取向、性慾望和性行為的變化，看成本質上對異性戀社會是有破壞性的，而這種本質是健康的。麥可・華納（Michael Warner）的著作《和正常人相處挺麻煩》（*The Trouble with Normal*），以及黑普林的著作《如何成為男同志》（*How to Be Gay*）充分表達了這種觀念：對於同性的性慾望，其本身會破壞充滿規範的異性戀文化、結構與權力。[24]有趣的是，對人類同性性行為的美學解釋，也大力支持同性性行為內含的破壞性質。根據我的論點，同性性行為演化出來的功能，便是專門要去破壞雄性的性控制與社會階級制度。因此，人類這個物種演化出來的酷兒行為（queering），可能通過女性性慾望而逃離壓迫性男性控制。

　　除此之外，如果對同性的性慾望是演化出來破壞壓迫性雄性性控制的手段，就能解釋為何許多父權主義社會採用了非常激烈的道德和社會約束來反對同性性行為。從這個觀點來看，壓抑同性性行為成為男性強化對女性與生殖性控制與社會控制的手段之一。

　　因此我希望，美學演化理論和性衝突理論將可以融合演化生物學、當代文化與性別研究，成為有豐碩成果的學術領域。這幾十年來，社會生物學和演化心理學中的化約主義者和適應主義者的論點，不是把同性性行為看成是失常而加以忽略，便是錯誤地解釋成一種非性行為（nonsexual behavior），誰能想像演化生物學和酷兒理論可以出現在同一個領域中？事實上，我認為在將來會有許多共通的內容值得探究。

第 十 二 章

美學生活觀

約翰・濟慈（John Keats）著名的詩〈希臘古瓶頌〉（Ode on a Grecian Urn）中，最後兩句是這樣寫的：

「美麗即真實，真實即美麗，如此而已。
你終究知道此事，也只需知道此事。」

濟慈是在達爾文出生前數十年寫了這首詩，他當然不知道演化，但是這結尾的兩行句子卻剛好可以用來當成口號，說明長久以來演化生物學視美麗等同於誠實的傳統。對於誠實訊息典範而言，這可能是最為簡潔好記的口號。[1]

對一首詩來說，這個結尾是不朽的，但卻不適合用來了解世界上的美麗。濟慈的格言其實就像是喝剩沒氣的可樂，是假造的見解，看似深奧，其實只是把真實世界的知識複雜性壓縮了而已。把這樣的格言當成漂亮的答案，只會造成傷害。

相較之下，早於達爾文數百年而不僅是數十年的莎士比亞，描繪了一個對真實與美麗有著更豐富見解的角色。在《哈姆雷特》（Hamlet）第三幕第一景中，丹麥王子哈姆雷特和他的戀人奧菲麗亞相遇了，她最近一直避開哈姆雷特，而且也沒有多作解釋。奧菲麗亞的行動受到她的父親指使，退回哈姆雷特的情書，並且宣稱不再看重他寫的詩，因為「贈者不仁，使重禮蒙上塵埃」。[2]這樣的行為當然讓哈姆雷特受傷了。他懷疑她的動機，他知道自己並沒有做出她所指控之事。奧菲麗亞一如以往漂亮，而且顯然在說謊，為了打探真相，他問起了真實

與美麗之間的關係：

> 哈姆雷特：哈、哈！你誠實嗎？
>
> 奧菲麗亞：您說什麼？
>
> 哈姆雷特：你美麗嗎？
>
> 奧菲麗亞：殿下的意思是什麼？
>
> 哈姆雷特：如果你誠實而又美麗，那麼你的誠實應該和你的美麗沒有交會。
>
> 奧菲麗亞：殿下，有比誠實更能和美麗交聯的嗎？
>
> 哈姆雷特：啊，有的。美麗的力量很快就能將誠實轉變為妓女，但是誠實卻沒有如此扭轉美麗的力量。之前這還像是自相矛盾，但現在已經得到證明了。我曾愛過你。[3]

　　比起濟慈的〈古瓶頌〉，狡猾的哈姆雷特深深懷疑在美麗與真實之間的「交聯」。他認為美麗能讓真實轉變為妓女，是會在妓院販售虛情假意的女人。[4]事實上，哈姆雷特確實站在費雪這一方，認為美麗的力量足以推翻誠實。[5]當我們想要把美麗看成具有更高的目的、是絕對的善、能普遍反應客觀的品質以調解美麗的顛覆力量時，哈姆雷特心中的矛盾便是我們都會面臨的挑戰。

　　從某一方面來說，我們有濟慈的詩句。他的詩句完美表現出我們想要把美麗看成「誠實」表達出品質的這種慾望，是一

種優越的品質。就另一方面來看,我們有哈姆雷特,他一生中的經驗讓他了解到美麗並不是真實,而僅僅就是美麗而已,不代表本身以外的特質,往往也和真實並不相符。前面那一方堅持「意義」,後面這一方則接受美麗隨意的力量能夠破壞真實。我在這本書中說明了,這些彼此衝突的觀念,是目前科學爭論的核心。

以賽亞.柏林(Isaiah Berlin)在他的文章〈刺蝟與狐狸〉(The Hedgehog and the Fox)中,探討了這樣的學術分野。他採用了希臘寓言故事來比喻這兩種不同的智識類型:「狐狸知道許多事情,刺蝟知道一件重要的事情。」[6]

根據柏林的論點,智識刺蝟追求的是「和諧一致的宇宙」(harmonious universe),他們透過只有單一「中央願景」(central vision)的鏡片看待這個世界。刺蝟的智識使命就是掌握每個機會,拓展這個偉大的願景。相較之下,智識狐狸對單一概念的誘惑力量毫無興趣。他們對「多種不同體驗」的細微複雜性有興趣,不會想要將這些複雜性納入一個無所不包的架構當中。刺蝟是在進行任務,狐狸是在玩耍。狐狸就像是兒童,想要的時候會拋下手中的玩具,開始新的遊戲。

柏林所說的刺蝟與狐狸的智識研究類型,讓我們深入了解天擇說的兩位發現者:達爾文是狐狸,華萊士是刺蝟。他們兩人都憑直覺發現了天擇造成的適應性演化,可是在進一步仔細推展這個重要的概念時,兩人卻走上截然不同的方向。達爾文提出了其他的生物理論,涉及親緣關係學、性擇、生態學、授

粉生物學，甚至生態服務（舉例來說，他研究過蚯蚓對生態系的影響）等。每個理論都有些微不同，需要新的論點與思考模式，以及新的資料。另一方面，雖然華萊士見聞廣博，卻努力打造「純粹的達爾文主義」，想要把天擇推動的適應當成一個無所不能的解釋，好用來說明並且濃縮所有生物演化的現象。

演化生物學界中刺蝟和狐狸之間的衝突，到現在都還沒有平息。最近幾十年來，擁護狐狸般達爾文理念的人，開始在親緣關係學和發育演化學（演化發育學）領域重新站穩位置。這些演化學中的領域之前由適應主義的刺蝟占據（事實上是挾持）。[7]在這本書中，我指出達爾文的美學演化理論也應該在演化生物學中復興起來。達爾文所涉及的每個次領域，都專注在多樣性本身之上：「多種不同」特別的例子，而不是如法律般把所有事物都歸納為適應性過程。

達爾文在《物種起源》的結尾是充滿詩意與靈感的「宏偉生命觀」，之後在《人類原始》說明的美學生命觀也同樣宏偉動人。我的目標是復興達爾文的美學演化理論，介紹這種完整、豐富、複雜且多樣的美學生命觀。在本書最後，我要討論美學生命觀對於科學和人類文化的影響，並且讓這兩者發展出令人看重又內容豐富的關係。

達爾文認為，動物界擇偶的美學評估，是另一個自然界中獨立的演化力量。在許多方面，這個想法的激進程度到現在都還和一百五十年前一樣強烈。達爾文發現，演化不只是最適者

生存而已，還包括了個體的魅力和主觀的愉悅感覺。這個概念對科學家和自然觀察家而言具有很大的意義，讓我們知道了清晨的鳥叫聲、藍嬌鶲屬的合作性群體演示、青鸞的亮麗羽毛，以及自然界許多奇妙的景象和聲音，不只是好看好聽，也是長久以來動物自身主觀評估後的產物。

　　如同達爾文假設的，感官評估與選擇的演化讓一種新的演化方式出現：個體的評估能力本身就驅動了演化的過程。美學演化意味著動物本身就是具有美感能力的媒介，影響了自身的演化。當然，對信奉華萊士主義的刺蝟而言，這讓人不安，因為他們相信天擇這個力量是無所不包的，足以解釋所有的生物現象。但是，就怕實際的情況如同哈姆雷特所說：「天地中含括的事物，要比你在哲理之夢所見到的還要多。」

　　道金斯曾經把天擇造成的演化形容為「盲眼鐘錶匠」，是一種非個人化的無情力量，經由變異、可遺傳性和各種不同的生存差異，產生出具有功能的設計。這種比喻是完全正確的。不過，天擇並非自然界所有生物功能的來源，這點達爾文一開始就了解到，因此道金斯的比喻並沒有完整描述演化過程和自然世界。盲眼鐘錶匠無法真的好好研究大自然，看清那些他無法製造與解釋的事物。自然真的演化出自己的眼睛、耳朵、鼻子等，並且評估這些感官訊息的認知機制。之後許多生物演化出能憑藉這些感覺去做出性選擇、社會選擇和生態選擇。動物的確成為了自身的設計者，只是沒有知覺到這一點而已。動物不是盲目的。美學擇偶創造出一種新的演化模式，這種模式並

不等同於天擇，也不是天擇的分支。美學擇偶的概念位於達爾文美學哲學的核心，到現在依然是一種革命性的概念。

演化生物學界因為無法認同動物個體是美學媒介，難以有所進展。美學生命觀可以指出跨過阻礙的方式。舉例來說，我們看到許多針對性活動的科學研究，處處透露對性快感和性慾望主觀經驗的極度焦慮，特別是對女性快感的焦慮。這種焦慮的症狀之一，是生物學家竭盡全力要避免觸及性快感和性慾望。在拋棄了達爾文的擇偶美學觀點之後，性慾望和性快感只得解釋成天擇之下的次要結果。

不幸的是，因為焦慮而把性科學從性慾望中去除的做法，已經納入了科學客觀性這個結構當中，成為科學教條了。想像動物是美學媒介，可以具有自己的主觀偏好，會被認為是擬人化。科學「客觀性」要求我們要懷疑或忽視動物的主觀經驗。性冷感的適應性擇偶理論發展出來，去解釋動物的擇偶行為和生殖過程，人們認為這些理論就足以解釋人類性活動的演化。性快感不僅被科學解釋清洗得一乾二淨，也沒被當成恰當的科學研究主題，其結果是代代都出現了反美學性生物學理論，例如扎哈維的缺陷原則，或是解釋女性性高潮的吸收精子理論。這些學說完全忽略與否認性快感這種主觀體驗的存在。

對性快感的科學焦慮，目前還存在於當代擇偶科學的許多方面之中，使得性科學經過了消毒，缺乏可以研究與解釋自然界和人類自身性快感需要的理論與詞彙。

這種傳統的架構造成了一種怪異的結果：理性行動的本質莫名其妙反轉了。因為動物不被承認為美學媒介，所以我們認為動物選擇反映出了天擇的普遍性與合理性。當然，我們知道人類對性和愛是極度不理性的，由於動物缺乏可以逃離殘酷適應定律的認知能力，因此愚笨的動物要比人類更為理性。矛盾的是，從這個觀點看來，人類複雜的認知能力只是有機會讓我們證明人類是不理性的。

演化生物學的美學觀點還有另一個重要的意義，關乎二十世紀中一段政治與道德凌虐的痛苦歷史：優生學。[8] 優生學這門科學理論認為，人類的民族、階級和種族特性，是適應的結果，因此民族、階級和種族特性等，在遺傳、身體結構、智能和道德品行上是有差異的。優生學也是一項利用這種有瑕疵科學進行的組織化社會運動與政治運動，想要經由社會與法律操控擇偶與生育過程，好「改進」人類族群。由於優生學特別關注擇偶造成的演化結果，因此和人類的性擇與美學演化息息相關。

由於種種原因，演化生物學家並不願意討論優生學。首先，在一八九○年代到一九四○年代，美國和歐洲每一位專業的遺傳學家與演化生物學家，不是忠誠的優生學支持者，便是全心投入優生學社會計畫的參與者，再不然也是愉快的同路人。就這樣。我們演化生物學家幾乎都不想面對這個尷尬、可恥又嚴重的事實。第二，優生學成了讓侵害人權變得合理的偽科學說詞，人權的種種層面都因此受到波及，包括美國每天都

會發生的種族歧視、性別歧視、對於殘障者的偏見、強迫絕育、監禁和動用私刑，到由納粹發動的猶太人和吉普賽人的種族屠殺，以及歐洲對精神障礙者和同性戀者的大規模殺害。在人類的歷史當中，優生學是罪大惡極的科學誤用例子。科學如果變成了惡，會真的很邪惡。

最後，還有另一個讓人不愉快的事實。現代演化生物學這個領域的知識架構，有許多是在優生學狂熱時期建立起來的。大部分的演化生物學家傾向相信優生學不再是演化生物學中的議題，是因為在二次世界大戰之後，演化生物學家拋棄了種族優越的優生學理論。然而讓人不愉快的是，一些優生學核心的基礎信條已經完全融入演化生物學的知識架構中，並且貢獻出錯誤的優生學邏輯。我沒有打算在這裡進行詳細的分析，而是要指出美學演化能化解這個有毒知識歷史的毒性。

優生學和族群遺傳學發展的年代，擇偶不是無人理會，便是被認為和天擇基本上是相同的。在同樣這個時代中，達爾文口中的適應力（fitness）也被重新定義，而且這個定義擴張到囊括所有的性擇。我們在第一章看到，對達爾文來說，這個適應力指的是個體完成有關生存和繁殖相關任務的能力，就像是體適能（physical fitness）。但是到了二十世紀初，適應力重新定義成一個抽象的數學概念：某個個體的基因傳遞到下一代的相對成功率。這個適應力的新定義把生存、生殖，以及交配／繁殖成功的各種變化，全部攪亂成一個概念，遮掩了達爾文天擇概念和性擇概念之間的差別。儘管在這個新的定義中保留了

適應力和適應（adaptation）之間的原始關聯，卻把達爾文對隨意美學擇偶的概念拋棄，沒有把它納入現代演化生物學的語彙當中，讓人幾乎不得不以適應性相關的專有詞彙討論生殖與擇偶。

適應力新定義的範圍寬廣，意味著篩選都是有關於適應性改進的，也必然為適應性改進。隨意擇偶被定義為基本上不存在，從那時候起，在這個領域中便難以展開隨意擇偶的相關研究。這個學術立場直接讓優生學理論成為邏輯推演上不可避免的結果。如果我們接受了天擇、人類演化、人類族群與族群間有可遺傳變異，以及人類當中有不同的「適應力」和「品質」，那麼，優生學的邏輯實際上不可避免。在生物演化學這個領域中，也的確沒有人躲得過優生學。優生學架構和演化生物學都失去了研究隨意美學擇偶的可能性。

雖然我不認為當代的性擇理論或研究實際上就是優生學，但我的確認為演化生物學並沒有因為僅僅是在二十世紀拋棄了人類種族優越的理論，就戰勝了以往的優生學歷史——人類的優生學歷史。優生學和當代適應性擇偶之間，依然存在明顯的相似之處，這讓人不舒服。優生學理論和社會計畫關係注重推測的後代遺傳品質（也就是好基因），也把家庭的文化、經濟、宗教、語言、品德狀態看成是人類繁殖造成的軌跡（也就是直接利益）。優生學同時關注遺傳與環境品質，這個特性依然留存在今日適應性擇偶的語彙之中。現在使用的「好基因」一詞，和「優生學」的字源是相同的。優生學（eugenics）源

自希臘文「eugenes」，意思是「出身高貴名門」（eu的意思是「好」、「富裕」，genos是「出生」）。優生學顯然也是反美學的，同時對性激情的誘惑所造成的不良適應後果也充滿焦慮。大體上來說，優生學信奉的概念是：篩選都是有關於適應性改進的，也必然為適應性改進。現在的適應性擇偶中，依然有這樣的語彙和邏輯。

現代大部分的研究人員遵守適應性的信條，使他們難以研究人類各種裝飾變異的演化，因為如果他們想要研究，就必須對人類族群之間的遺傳與身體品質做出判斷。演化心理學的研究幾乎全都集中在人類的共通特性（也就是所有人類都具備的適應性行為），這是因為如果運用相同的適應主義者邏輯去研究人類族群之間演化出來的各種變化，顯然會重新啟動優生學研究。

為了讓演化生物學永遠從優生學的根基上分開，我們需要接受達爾文的美學生命觀，並且完全接納由性擇推動的非適應性隨意美學演化的可能性。我們不只需要靜靜地認同費雪「脫韁野馬」這個數學模型的存在，還需要反轉華萊士主義對達爾文主義造成的扭曲：達爾文的理念變成了嚴苛的適應主義者科學。同時放棄一開始就設定好的預期：擇偶本質上都是關於適應性的，也必然為適應性的。為了切斷演化生物學和優生學的歷史連結，演化生物學家應該重拾達爾文的觀念，把天擇和性擇定義成截然不同的演化機制，並把適應性擇偶設想成是這兩種機制之間具體而且特別的交互作用。因此，演化生物學應該

接納非適應性的「美麗會發生」模型——這個由性擇推動的擇偶偏好與演示特徵演化的零模型。

　　把美學演化重新納入演化生物學中，使得這個領域永遠不再犯下以往優生學的謬誤。透過採納美麗會發生的零模型，正式接受會有非適應性、甚至有不良適應的結果，讓我們得以破

DESIRABLE TRAITS IN WOMEN

SOCIALLY:		EUGENICALLY:
Beauty first		Beauty unimportant
Delicate features		Strong features
No "deep" intellect		High intelligence
Vivaciousness		Seriousness
Slim figure		Sturdy figure
Tiny waist		Ample waist
Small hips		Broad hips
Dainty wrists and hands		Sturdy wrists, strong hands
Slender, soft tapering limbs		Solid, sturdy limbs and ankles; good-sized feet
Slim ankles		
Tiny feet		

這幅由閹蘭・賽恩菲爾德（Amram Scheinfeld）在一九三九年於《你和遺傳》（*You and Heredity*）一書繪製的圖片中，可以看出優生學社會計畫明確的反美學目標。圖中比較了「女性社會與優生的良好特徵」。性激情和慾望被視為違背擇偶規則的不良適應結果。

除優生學邏輯必然會導致的結果（見第二章）。之後，真正的達爾文演化科學可以讓每個人去研究包含人類在內任何動物的適應性擇偶，不過要證明適應性擇偶的責任將會更為沉重。這個改變對演化生物學更為有利，對世界也是。

我個人在接受了達爾文美學生物觀之後，有了意想不到的結果：對性壓迫和性自主權的演化影響有了新的見解。當布瑞南一開始向我提出要研究鴨子的陰道時，我心想：「我從來沒有想要研究鳥類的那方面。」我認為我們可以發現許多有趣的結構，但是當時沒有想到這個計畫會發展成後來的模樣，並且徹底改變了我的演化觀，同時帶出許多新奇的研究方向與意涵。

當然，我們很久之前便知道性壓迫和性暴力會直接傷害雌性動物的福祉。但是美學觀點讓我們理解，性壓迫也會侵害個體的選擇自由。一旦了解這種壓迫會破壞個體的性自主權，之後就絕對會發現這種選擇自由對動物來說是很重要的。性自主權並不是女性主義者和自由主義者發明出來的法律概念，充滿迷思、設想又不周全。[9]性自主權其實是許多有性生殖物種社會演化出來的特徵。我們從鴨子和其他鳥類中可以發現到，當性自主權受到性壓迫或性暴力的削減和破壞，擇偶本身就能成為演化的手段，讓選擇自由發揮效力並且擴大範圍。

在本書的最後幾章，我指出女性在演化過程中為了性自主權而奮鬥，這深深影響了人類性活動和生殖活動的演化，對人

類特性的演化也是重要的因子。但如果這個說法是正確的，那麼，現在世界上的女性為什麼沒有享受到這個理論的演化成果呢？女性的性自主和社會自主並不普遍，強暴、家庭暴力、女性器官切除、媒妁之言、名譽殺人等事情始終存在，許多文化在日常中有性別歧視，女性在經濟上無法獨立、在政治上屈居附屬地位。凡此種種，似乎都直接證明這種人類演化史觀是錯誤的。我們要被迫承認這些行為屬於無法擺脫的「人類本性」嗎？是人類永遠都無法克服的演化特徵嗎？我不這麼認為。我認為，性衝突的理論能幫助我們了解原因。

性衝突理論指出，雌性美學改造並不是唯一發揮作用的演化力量（見第五章），雄性同時也經由雄性之間競爭（另一種性擇模式）的力量演化。這個過程會發生，是因為雌性擇偶的效果是有限的。雌性擇偶可以拓展雌性的性自主權，但並非能夠讓雌性演化出大於雄性的力量或是性控制權。只要雄性持續演化出讓性壓迫與性暴力能力增強的機制，雌性就可能會面臨一些不利的狀況。如同在鴨子性生活的章節中解釋的，這個「兩性戰爭」是極度不對稱的，基本上不是戰爭。雄性演化出施加控制的武器和工具，而雌性僅僅共同演化出保護自己選擇自由的防禦方式。這不是公平的戰鬥。

雖然人類的美學改造讓女性的性自主權大幅提升，我認為之後人類文化的演化，讓經由文化機制造成的性衝突得以產生。換句話說，我認為在文化中男性權力、男性支配、社會階級等父權主義的意識形態會發展出來，是因為女性性自主權在

演化的過程中擴張了，而男性想要藉由那些方式與之對抗，好重新控制受精、生殖和親職投資。結果便是人類在性衝突中出現了經由文化機制展開的軍備競爭。

更具體地說，我認為自從人類祖先與黑猩猩的共同祖先分開之後，雌性性自主權在這數百萬年的演化過程中持續擴張（演化脈絡2），但是這項進展受阻於人類近代兩項新的文化發明：農業，以及隨著農業發展出來的市場經濟（演化脈絡4）。這兩個共同出現的創新，大約於現在人類的六百代之前冒出頭來，讓人類首次有機會擁有財富，也造成了財富分配不均。當男性在文化中取得了這些物質資源的控制權，便得到了經由文化鞏固社會權力的機會。在世界各地的許多文化中，都同時各自發展出父權制度，讓男性控制了女性生活中幾乎所有層面——實際上是人類生活的所有層面。父權制度的文化演化，讓現代女性無法完全獲得在之前演化過程中得到的性自主權。[10]

這項文化性衝突理論，可以讓美學演化、性別衝突、文化演化、當代性與性別政治等領域融合在一起，創造出許多令人興奮的研究成果。例如，從這個理論出發，父權意識形態會那麼專注在控制女性性活動與生殖，同時譴責與限制同性性行為，也就不是什麼巧合之事了。因為女性性自主權和同性性行為，都是演化出來破壞男性階級權力和控制的。這種破壞效應驅動出來的文化發明可能就是父權制度的出現，並且維持到今

日。

　　雖然男性在文化上占優勢幾乎是普遍的現象，不過我的這個觀點指出，父權制度並非不可改變，也不屬於人類的生物「天命」（姑且不論這個天命是啥東西）。父權制度並非人類演化過程的產物，也不是人類的生物本質，而是人類文化的產物。男性主宰下的許多禍害，例如攻擊、犯罪、性暴力、強暴、戰爭等，人們覺得厭煩但傾向認為是無可避免的，因為「男人就是男人」。但是，這樣的「男人」主要是父權文化的產物，不是人類演化歷史的產物。對人類性衝突歷史的分析結果指出，男性在演化的過程中去除了武裝，是文化讓男性重新武裝起來。要記得，巴諾布猿的雄性以性情溫和著名，而男性在體型上相對於女性的優勢，還不如雄性巴諾布猿。目前男性在社會和性上面比女性占優勢，無法光以生物與演化歷史解釋成無可避免的結果。

　　如果父權制度是文化性衝突軍備競賽的一部分，那麼我們可以預期，女性會發動文化抗爭，好重新伸張與保存性自主權和社會自主權。事實上也是如此，在十九世紀初，女性主義運動讓女性得到了接受教育的權利、投票權、產權和遺產繼承權，之後便有文化上共同演化的成果，對抗父權制度的控制，女性重新取得性自主權和選擇自由。雖然這些行動作為花了數千年才演化出來，但是在法律上承認女性有投票的權利、普遍的人權、廢除合法蓄奴等，顯示了我們有可能拔除根深柢固的父權制度元素，只不過現在還有許多人依然錯誤地認為父權制

度是生物「本質」。

由文化推動的性衝突軍備競賽目前正持續著，這個概念讓我們了解到，當代女性主義者和父權主義保守人類性活動觀的提倡者之間的戰鬥，他們爭執的關鍵點是什麼？控制生殖（包括節育和墮胎）一直是性衝突的核心。[11]

女性主義就像是鴨子演化出來的性結構那樣，本身並不關乎壓制或控制其他人的意識形態，而是關乎選擇自由的意識形態。父權主義的目標是增進男性的主宰權，女性主義者的信條是選擇的自由，兩者的目標並不對稱，這個本質在從鴨子到人類的性衝突中都是一樣的。但也因為這種不對稱，使得目前兩性平權的文化工作非常艱困，結果也讓人沮喪。

維護父權制度的人經常誤把女性主義描繪成和權力相關的意識形態，好把父權主義的權力和特權解釋成是合理的。他們宣稱女性主義者想要控制男性的生活、拒絕承認男性天生的生物特權，並且要貶低男性的地位。舉例來說，有一位反女性主義的法律學者，甚至錯誤地批評「性自主權」這項法律原則（這是大部分強暴與性犯罪法律的基礎）。[12]他說，這個原則指稱的範圍包括某人把自身性慾強加到其他人身上的權力。不過我們都能發現，這樣的觀念基本上誤解了性自主權的本質，以及性自主權在生物或文化中出現的方式。

看看現在節育和生育權在美國引發的政治戰爭，許多經驗豐富的觀察家都說：「但是我認為，這些爭議幾十年前就已經結束了。」很不幸，這些事件若是屬於文化性衝突軍備競賽，

我們就可以預期，為了女性性自主權的奮鬥會持續下去，因為兩方都會發明新的反制手段，好抵銷對手之前的優勢。

另一方面，女性主義者本身通常也對美麗的標準、性別美學、以及慾望的討論表示不悅。美麗一直被當成由男性設定的嚴苛標準，並且把女人和女孩當成性慾的目標，同時還勸誘女性用這個讓自己受害的標準來評判自己。慾望則被視為在男性權力之下追尋自我的另一種方式。不過美學演化理論提醒了我們，女人並不只是性的對象，也是性的主體，具有自己的慾望，而且演化出能滿足慾望的行動能力。性慾和性吸引力不只是征服的工具，也是個人和眾人進行社會充權（social empowerment）方式，讓性自主權得以擴張。標準的美學協議訂出了哪些伴侶特質是討喜的，這可以有效推動文化轉變。古代利西翠妲的教訓已經說得很明白，個人可以經由堅定的性選擇改變人類的社會。

這本書拿人類的美麗概念應用到科學上，把美麗定義為慾望與演示合跳共同演化之舞產生的結果。現在，我想要從相反的方向拓展：從美麗的共同演化觀點出發，看這個觀點能否應用在人文科學，特別是藝術領域。

事實上，在了解大自然美學演化的過程中，產生了一個新的機會，讓演化生物學和美學哲學（藝術哲學、美感特徵、藝術史、藝術批評）進行學術交流，我正在進行相關的新研究。[13]許多年來，「自然美學」（aesthetics of nature）的內容完全都是

在調查人類對自然的美學體驗：看到風景的感覺，聽到玫胸白斑翅雀（Rose-Breasted Grosbeak）的歌聲，體會到蘭花誘人的形狀、顏色和香氣。不過，美學演化讓我們知道，翅雀的歌聲和蘭花呈現出的美學形式，是和非人類媒介的評估一起共同演化出來的（風景不是）。那些非人類媒介分別是雌翅雀和授粉昆蟲。人類懂得欣賞這些美麗，卻沒有參與打造這些美麗的工作。傳統上，美學哲學無法解釋人類為什麼懂得享受大自然中各式各樣的美麗，這些美麗許多都是經由動物的評估才出現的。我們完全經由人類凝視（human gaze）來看這大自然之美，便無法理解許多非人類動物推動美麗出現的強大力量。[14]美學哲學如果要成為更精確的研究領域，就必須掌握生物世界完整的複雜性。

　　美學生命觀另一個讓人振奮的意義在於使我們了解到，包括人類的藝術在內，共同演化造成的改變是所有美學現象的基本特徵。我在這本書中解釋了，雄孔雀尾巴羽毛等性裝飾是和雌孔雀的認知美學偏好共同演化出的反應。擇偶偏好的改變會改造尾巴羽毛，尾巴羽毛的改變會改造擇偶偏好。在藝術領域中，我們可以看到類似的共同演化過程。舉例來說，莫札特創作的交響曲和歌劇改造了聽眾對音樂的想像力，更了解音樂的樣貌與可能性。這些新的音樂偏好會回饋到莫札特之後的作曲家與演奏者身上，使得西方古典音樂的形式有所推進。同樣地，馬奈、梵谷、塞尚創造出來的繪畫，也拓展了歐洲繪畫的疆界。改造之後的新美學偏好回饋到新一代的藝術家、收藏家

和博物館上,最後在二十世紀初引發立體主義、達達主義和其他現代藝術運動的興起。這些人類藝術中,美學改變的文化機制本質上也是共同演化機制。

只要了解到所有的藝術都是欣賞者和藝術家共同演化過程的結果(慾望與演示間共同演化之舞所產生的結果),我們必能拓展對於藝術本質和藝術可能性的概念。我們不能由藝術品的客觀特質來定義藝術,也不能由任何特殊的欣賞體驗來加以定義(也就是並非「愛好者眼中出藝術」)。成為藝術品意味著成為美學共同演化歷史過程的產物。換句話說,藝術是一種溝通的形式,這種形式與評估的方式共同演化。[15]

這種共同演化的藝術定義,意味著藝術需要在具有美學的社群(有美麗創造者和美麗評估者的族群)中才能出現。亞瑟·丹托(Arthur Danto)在一九六四年發表了一篇現在已經成為經典的論文,文章中他把這種創造品味的美學社群稱為「藝術世界」(the artworld)。這個和共同演化有關的藝術新定義,將會讓演化生物學和藝術之間產生新的連結。[16]

藉由這個藝術的定義,最具革命性的結論可能是鳥類的歌唱、性演示,讓動物授粉的花朵、果實等,全部也都是藝術,是生物藝術(biotic art),來自無數的生物藝術世界,每個藝術世界都是一個社群,能促進動物的美學特徵與美學偏好在時間中共同演化。

當然,有人會爭辯說,任何對藝術的定義,都應該考慮到藝術是一種藉由文化傳播的概念,就如同我們在人類藝術世界

看到的那般。人類的藝術屬於文化現象，在社會網絡中，當美
學概念在人與人之間傳遞，藝術也隨之變化，這是美學創新與
影響的文化機制。如果我們接受美學的文化定義，那麼似乎意
味著美學共同演化的遺傳實體不可能是藝術。不過，這樣的定
義並不會消除生物藝術。舉例來說，地球上有將近一半的鳥類
是從同物種的其他個體那裡學習到鳴唱的內容。[17]這些鳥類具
備了鳥類文化，這些文化已經存在了四千萬年，並且在這段期
間發展得多采多姿。後來，需要學習的歌曲有了區域性變化
（也就是方言），文化傳播可以讓這些歌曲快速改變，有時甚至
從根本發生了變化，就如同有時可以在人類藝術觀察到的現
象。在鯨魚和蝙蝠中也有類似的美學文化過程。[18]

　　簡單地說，當我們從美術館和圖書館走出來，仔細觀察自
然的美學多樣性，思考這種多樣性是如何出現時，我們會發
現，不論如何定義藝術，這個定義都難以在全然排除非人類動
物美學產物的情況下，足以概括所有我們認為屬於人類的美學
產物。[19]

　　有些美學哲學家、藝術史學家和藝術家，可能會覺得承認
許多新的生物藝術形式令人惱怒，甚至令人激憤，而不能對藝
術領域有所貢獻。但是我認為，接納這種包容範圍更廣的「後
人類」藝術觀，實際上是讓美學進展的大好機會。理由是這樣
的。一開始，人類認為自己位居萬物的中心，太陽和星星繞著
我們旋轉，不過到了最近五百年，科學發現讓我們需要重新建
構宇宙觀以及人類在宇宙中的地位。隨著每項新發現，人類距

離宇宙這個組織的核心便越來越遠。事實上,人類居住在一個極為平凡的恆星系中,這個恆星系位於一個無聊星系的偏遠地區、宇宙的窮鄉僻壤。雖然地球的大小以及與太陽的距離的確很特別,不過在宇宙中的位址等方面就很隨機、不可預料也不起眼。雖然有些人覺得這種智識上的轉變令人難堪,我認為這種知識只會讓我們更能深入了解動物世界、人類存在、人類的意識經驗、人類的科技與文化成就,具有驚人又出乎意料的豐富性。

同樣地,我認為重新建構美學哲學,能讓人類從這個領域的組織中心離開,完全包容人類和非人類動物創造出的美學,進一步欣賞人類藝術中神奇的多樣性、複雜性、美學豐富性,以及各種社會功能。接受了後人類美學哲學之後,就可以把人類以及人類的美學世界放到其他的動物世界之中,我們將會更深入了解人類變成現在這樣的過程,以及人類真正的特殊之處。

一九七四年六月下旬一個多霧的清晨,我站在一艘大型捕龍蝦船上,手中緊緊抓著雙筒望遠鏡。這艘船從緬因州的西瓊斯港(West Jonesport)出發,航向馬奇亞斯海豹島(Machias Seal Island),這是當時大西洋海鸚(*Fratercula arctica*)最南端的築巢地。[20] 當船駛入芬迪灣(Bay of Fundy)的深海區域時,霧漸漸散開,巴納・諾頓船長(Captain Barna Norton)馬上為我們指出那些在灰色海水上方飛翔的鳥類:大鸌(*Puffinus gravis*)、

灰鸌（*Ardenna grisea*）和黃蹼洋海燕（*Oceanites oceanicus*）。黃蹼洋海燕和大型的海洋信天翁親緣關係接近，體型比較小。

　　我們抵達這座十五英畝大的草綠色小島時，陽光露臉，照耀在岩石海岸和白色的燈塔上，有如明信片上的風景。穿過島嶼的木板路兩邊草地上，有數千隻燕鷗（*Sterna hirundo*），裡面還混雜著幾百隻北極燕鷗（*Sterna paradisaea*），後者具有血紅色的鳥喙、銀色的翅膀、紅色的短腿、灰色的胸部、比較長的白色尾部羽毛，可以和前者分辨出來。再六個星期後，這些北極燕鷗將會展開長途旅行，往南穿過大西洋，於南極海度過冬天，然後在隔年夏天飛回來這裡繁殖，這是所有生物中最長的遷徙路線。我們在木板道路上走著、穿過燕鷗的築巢地時，讓牠們陷入了驚恐，有好幾對燕鷗鳴叫著飛了起來，用針一般尖的鳥喙攻擊我們的頭部。不過那時我才十二歲，是全隊當中個子最矮的成員之一，所以燕鷗只去襲擊其他高個子的人。

　　我躲在隱蔽的地方，看著岩石海岸，那裡有幾十隻大西洋海鸚。牠們有一身黑白相間的羽毛，大型的鳥喙形狀滑稽，上面有紅色、橙色和黑色花紋（參見彩圖21）。這些海鸚坐在花崗岩卵石上曬陽光，彼此交際，然後飛到海上尋覓食物。有時一頭海鸚從海上飛回來，嘴裡叼著十幾條銀色小魚，看起來像是當時搖滾樂手和年輕男子流行的濃密絡腮鬍。覓食回來的海鸚會降落到位於卵石之間的巢穴，把食物餵給那隻嗷嗷待哺的雛鳥。卵石灘上還有幾對崖海鴉（*Uria aalge*）和刀嘴海雀（*Alca torda*），後者是大海雀（*Alca impennis*）現存親緣關係最近

的物種。數百年前，這座島嶼上滿滿的大海雀，但現在這種鳥已經滅絕了。

時間過得很快，幾個小時後我們懷著狂喜回到蓋滿了臭鳥糞、被陽光曬得發燙的船上。在返回西瓊斯港的航程上，我依然保持警覺，希望能看到更多灰鸌，或是在船後覓食的北極燕鷗。那天發生了許多事，經過四十多年，依然鮮明地保留在記憶中：就像是有天清晨在帳篷中醒來，聽到生涯新種史文森氏夜鶇（*Catharus ustulatus*）的叫聲那樣。

在此之前的幾個月，我只能一直待在陸地上，於佛蒙特南方的家鄉閱讀鳥類的資料，研究牠們，夢想並且計畫去賞鳥。這次看到海鸚和其他海鳥的經驗，遠遠超過我最豐富的想像。從書本上學習到的知識和親身的體驗（知道與認識）結合在一起，讓人無比快樂。這是我早期的領悟，讓我養成賞鳥這項嗜好。接下來，我一生當中有許多時間都在重新體驗觀察大自然、從事科學研究與發現帶來的啟示，並且擴大與加深這些體驗。

我體認到，不論是賞鳥或是從事科學研究，都是讓人探索這個世界的途徑。這兩條道路雖然彼此平行，但是都能藉由接觸周遭自然世界的多樣性與複雜性，進而表達自我、找尋意義。有許多驚奇的新方式讓我了解到這點一直都是正確的，這讓我驚訝。知識會循環並且創造新的機會，我們能藉此有更豐富深邃的體驗，以及更多驚人的發現，並且讓這個過程豐富我們的人生。

下一次機會、下一個發現、下一隻新見到的美麗鳥類，依然會讓我興奮，就如同當年在緬因州，我所期盼的那個多霧清晨一般。

致謝

　　出於許多人的見解、建議、協助與支持,我才能完成這本書。我要感謝我的妻子Ann一路上的編輯建議、耐心諒解、熱心支持,以及各種有用的意見。我也要感謝我的孩子Gus、Owen和Liam,他們具有廣闊的好奇心和興趣。我要感謝我的雙胞胎姊姊Katherine對我的了解與帶給我的靈感。能夠從出生起就有人共享生活,這對我造成無比的影響,包括讓我對女性主義和其他人主觀經驗的奧祕深感興趣。我也要感謝我的父母Bruce和Joan,從小他們便鼓勵我發展對鳥類、科學和旅行的興趣。

　　寫這本書得到了數個單位的支持。我在二〇一一至二〇一二年開始撰稿時,接受了西班牙巴斯克科學基金會(Ikerbasque Science Foundation)和多諾斯蒂亞國際物理中心(Donostia International Physics Center, DIPC)的研究員職位。我要感謝DIPC的Pedro Miguel Echenique與Javier Aizpurua對本書的興趣與支持。二〇一五年,我在擔任柏林高等研究院(Wissenschaftskolleg zu

Berlin）研究員時，這本書將近完成。研究院的環境充滿大學的學術氣息，有助於創作。我感謝在那兒認識的新朋友。這個寫作計畫也受到耶魯大學柯伊基金會（William Robertson Coe Fund）以及麥克阿瑟基金會（William Robertson Coe Fund）的資助。

　　我要感謝下列人士提供的美麗插畫與圖片：Michael DiGiorgio、Rebecca Gelernter、Juan José Arango, Brett Benz、Rafael Bessa、Marc Chrétien、Michael Dolittle、Ronan Donovan、Rodrigo Gavaria Obregón、Tim Laman、Kevin McCracken、Bryan Pfeiffer、João Quental、Ed Scholes、Jim Zipp。

　　我和許多同事與朋友交換意見，他們對本書的內容與方向提供了許多改善建議：Suzanne Alonzo、Ian Ayres、Dorit Bar-On、David Booth、Gerry Borgia、Brian Borovsky、Patricia Brennan、James Bundy、Tim Caro、Barbara Caspers、Innes Cuthill、Anne Dailey、Jared Diamond、Elizabeth Dillon、Michael Donoghue、Justin Eichenlaub、Teresa Feo、Michael Frame、Rich and Barbara Franke、Jennifer Friedmann、Jonathan Gilmore、Michael Gordin、Phil Gorki、Patty Gowaty、David Halperin、Brian Hare、Karsten Harries、Verity Harte、Geoff Hill、Dror Hawlena、Rebecca Helm、Geoff Hill、Jack Hitt、Rebecca Irwin、Susan Johnson Currier、Mark Kirkpatrick、Jonathan Kramnick、Susan Lindee、Pauline LeVen、Daniel Lieberman、Kevin McCracken、David McDonald、Erika Milam、Andrew Miranker、

Michael Nachman、Barry Nalebuff、Tom Near、Daniel Osorio、Gail Patricelli、Robert B. Payne、Bryan Pfeiffer、Steven Pincus、Steven Pinker、Jeff Podos、Trevor Price、David Prum、Joanna Radin、Bill Rankin、Mark Robbins、Gil Rosenthal、David Rothenberg、Joan Roughgarden、Alexandre Roulin、Jed Rubenfeld、Dustin Rubenstein、Fred Rush、Bret Ryder、Lisa Sanders、Haun Saussy、Francis Sawyer、Sam See、Maria Servedio、Russ Shafer-Landau、Robert Shiller、Bryan Simmons、David Shuker、Bob Shulman、Stephen Stearns、Cassie Stoddard、Cordelia Swann、Gary Tomlinson、Chris Udry、Al Uy、Ralph Vetters、Michael Wade、Günter Wagner、David Watts、Mary Jane West-Eberhard、Tom Will、Catherine Wilson、Richard Wrangham、Marlene Zuk、Kristof Zyskowski。我確定我還遺漏了其他人。

這本書裡的許多研究工作，是我和學生與博士後研究員一起完成的，很感謝他們的創意、討論與辛苦工作：Marina Anciães、Jacob Berv、Kimberly Bostwick、Patricia Brennan、Chris Clark、Teresa Feo、Todd Harvey、Jacob Musser、Vinod Saranathan、Ed Scholes、Sam Snow、Cassie Stoddard、Kalliope Stournaras。

我要感謝雙日出版社的編輯Kristine Puopolo和她的助理Daniel Meyer，一路上不斷鼓舞我，提供了深思熟慮的見解。Beth Rashbaum不懈地編輯了這本書的草稿數次，讓文字更清

楚好讀。我感謝她的耐心、堅持與見解。當然,本書中所有的錯誤與疏忽等,都該由我負責。

我要感謝經紀人John Brockman和Katinka Matson的經驗以及對整本書的建議和指導。

寫作是一個寂寞又充滿不確定性的過程。在本書的撰稿初期,我寫了一封電子郵件給詩人Carter Revard,討論鳥類、自然和藝術的美學演化。Revard回信的最後,附上了羅伯特·佛洛斯特(Robert Frost)詩作〈花叢〉(*The Tuft of Flowers*),這首詩的最後兩句是:

「人們是一起工作的,」我打從心底告訴他,
「不論是聚在一塊,還是獨立作業。」

佛洛斯特這首詩的意象是,許多人的生活與工作相異又平行,可能孤獨一人,甚至不曉得有其他人,但確實有相同的目標:為了發現、為了美、為了正義。這個意象鼓勵我完成這個寫作計畫。因此,我要感謝所有一起工作、推動科學,讓科學與文化之間的關聯更為密切的人。

注釋

前言

1. 由於鳥類的名稱是專有名詞,所以鳥類學家在寫鳥類俗名時,第一個字母都會大寫,這樣就能夠區別英文俗名為 Common Loon 的「普通潛鳥」(Gavia immer)和常見潛鳥(common loon)這樣的用法。類似的狀況還有俗名為 Ferruginous Hawk 的王鵟(Buteo regalis)和一般鐵鏽色(ferruginous)的鷹。

2. Gauthier et al. (2000),欲獲取更多視覺方面的神經科學資料,請見 Harel et al. (2013) 及含括其中的參考資料。

3. 雖然賞鳥可能利用了腦中與社會活動有關的神經架構,但也有可能腦中這方面的架構先是來認識鳥類、其他野生動物和植物的,因為這些生物可以當成食物的來源,或是造成威脅。後來,這樣的神經架構在演化時才增加了功能,參與了社會認知的工作。賞鳥可能是最初的心智功能之一。

4. 他在一九七四年發表的那篇經典論文〈身為蝙蝠會是什麼感覺?〉中宣稱,一個生物的知覺體驗如果具備了某種特質,那麼這種生物就算是具備了意識。這種特質是「作為這種生物才

可能會是什麼模樣」。這個意識的定義是否好用，我不想多做說明。不過我想，有大量證據可以說明許多生物（包括鳥類）具有連續的知覺以及認知體驗，其中各有不同的特質。這些知覺和認知特性讓生物在生態、社會和性生活上，做出了不同的決定，而成為美學演化的基礎。

5. 加拉巴哥雀的喙的演化研究，請參見Peter and Rosemary Grant 的整理（1999），以及J. Weiner的《The Beak of the Finch》（1994）。

6. 當然，性美學和社會篩選也會影響鳥喙的形狀。例如大嘴鳥（Ramphastos）便有巨大又亮麗的鳥喙，許多犀鳥也是。這些鳥喙都說明了複雜的社會訊息不僅是因為這些訊息有生態功能而被天擇出來。

7. 感謝 Mary Jane West-Eberhard 經典的性美學和社會篩選研究（1979, 1983），以及她近期發表適應性配偶選擇和倡導的文章〈Darwin's forgotten theory〉（2014）。

第一章　這才是達爾文最危險的觀念

1. Darwin (1871).

2. Darwin to Asa Gray, April 3 [1860], Darwin Correspondence Project, Letter 2743.

3. 參見珍妮・布朗（Janet Browne）所寫、精采的兩大冊達爾文傳。Charles Darwin: Voyaging, vol. 1 (2010), and Charles Darwin: The Power of Place, vol. 2 (2002).

4. Darwin (1887, 15).

5. Darwin (1859, 488).

6. Darwin (1871, 784).

7. Darwin (1871, 794-95).

8. 在珍妮・布朗所寫的達爾文傳記中，對《人類原始》的論述只有短短幾頁，《物種起源》則有一百多頁。

9. Darwin (1871, 61)；其中第一句話在第二版才新增上去的句子。

10. Darwin (1871, 466).

11. 一九九四年，安德森（Andersson）整理了一份性擇理論與數據的摘要，雖然稍嫌過時。關於擇偶的知覺與認知性質的最新回顧，可參考二〇一三年萊恩（Ryan）和康明斯（Cummings）的研究。

12. Darwin (1859, 127).

13. 現在的演化生物學家經常遮掩自己的看法和達爾文看法的不同之處，作法是引用《物種起源》中少部分關於性擇的文字，而完全忽略了達爾文在兩大冊《人類原始》中明白表達對於擇偶的美學觀。

14. Darwin (1871, 516).

15. Darwin (1871, 793).

16. Mivart (1871, 53).

17. Mivart (1871, 53).

18. Mivart (1871, 75-76).

19. Mivart (1871, 59).

20. "vicious, adj.," *OED* online, March 2016, Oxford University Press.

21. "caprice, n.," *OED* online, March 2016, Oxford University Press.

22. Mivart (1871, 62).

23. Mivart (1871, 48).

24. 海倫納・柯若寧（Helena Cronin）所寫的《螞蟻與孔雀》（*The*

Ant and the Peacock, 1991）為達爾文與華萊士的爭辯，提供了極佳的歷史整理。

25. 關於性擇的批評上，達爾文只有一次做出讓步。「不過，對於性擇，我可能推展得太廣了，例如在雄性甲蟲的角和顎的奇特變化上。」換句話說，達爾文在去世之前，針對擇偶的批評都毫不退讓，對於甲蟲角的長度也是。

26. Wallace (1895, 378-79).

27. 班·柏南奇在二〇一三年六月二日，於普林斯頓大學向大學畢業生講演〈十個建議〉（The Ten Suggestions）。

28. Wallace (1895, 378-79).

29. Wallace (1889, xii).

30. Wallace (1895, 379).

31. 二十世紀初期對擇偶的各種研究，見 Milam (2010).

32. Fisher (1915, 1930).

33. 由於有兩個階段，會讓人混淆哪個才是「費雪式」的性擇觀念。「費雪主義」指的是第一個的適應階段？還是第二個的隨意選擇階段？或是兩者結合在一起？在本書中，「費雪主義」指的是費雪所發明的第二階段性擇過程。

34. Fisher (1930, 137).

35. 一九七二年，坎培爾（Campbell）主編的一大冊論文集出版了，顯示科學界又注意到了性擇。這本書中包含了羅伯特·崔弗斯（Robert Trivers）對於不同生殖投資的論文，該篇論文影響深遠。

36. Lande (1981); Kirkpatrick (1982).

37. Zahavi (1975).

38. Zahavi (1975, 207).

39. Zahavi (1975, 207).

40. 有些研究人員認為，好的基因與蘭德—柯克派屈克所提出來的機制，不過屬於整體間接遺傳利益中的一部分而已。不過，這個機制和性裝飾的演化「意義」完全對立，因此最好理解為完全不同的演化機制。

41. Grafen (1990).

42. 有另一種方式有助於想像演示特徵的非線性成本，就是把這些成本想像成錢。有些人很窮，所以錢不夠用；有些人很富有，所以有許多額外的金錢可以花。平平是一塊錢，對於窮人來說很重要，對於富人來說沒什麼。同樣地，對於品質差的個體而言，為了裝飾所付出的代價相對要比品質高的個體多。不過，在自然界的族群中，個體品質的變化真的像是人類社會如此貧富不均嗎？事實上，我們並不知道，這是殘障原則的基本假設，但就我所知，從來沒有在任何動物物種中進行過明確的檢驗。殘障原則快要在學術界失去地位的時候，葛拉分於一九九〇年提出的這個說法挽救了殘障原則，但顯然沒有人去檢驗葛拉分的說法是否正確。

43. Grafen (1990, 487).

44. Grafen (1990, 487).

45. Grafen (1990, 487).

46. Ridley (1993, 143).

47. 恩斯特・麥爾（Ernst Mayr）於一九七二年在紀念《人類原始》發表百年的論文集中，提出了這個議題。

48. 演化生物學家通常認為，造成生物演化的機制有四種：突變、重組（recombination）、漂移（drift）和天擇。新華萊士主義者把性擇定義為適應性天擇中的某一種形勢。為了恢復達爾文對

於演化生物學的正確架構，性擇應該獨立出來，成為第五種演化機制。

第二章　美麗會發生

1. Darwin (1871, 516).

2. Davison (1982).

3. 你可以在網路上找到業餘者拍攝圈養青鸞的影片。

4. Bierens de Haan (1926) cited in Davison (1982).

5. Beebe (1926, 2:185).

6. Campbell (1867, 202-3).

7. Darwin (1871, 516).

8. Beebe (1926, 2:185-86).

9. Beebe (1926, 2:187).

10. Prum (1997).

11. "null, adj.," *OED* online, March 2016, Oxford University Press.

12. Keynes (1936, chap. 12).

13. Fisher (1957). For a detailed discussion of Fisher's advocacy of the safety of smoking, see Stolley (1991).

14. For further details, see Prum (2010, 2012).

15. 演化生物學另一個著名的零模型，是哈―溫定律（Hardy-Weinberg law），這個定律說明了在知道各對偶基因（alleles，某個基因的各種變化）的頻率下，各個基因型的頻率會是如何。哈―溫定律指出，如果在一個族群中，如果沒有什麼事件發生，例如非隨機的交配、個體遷入或遷出、篩選等，那麼，我們可以依照這個定律計算出基因型的頻率。生物學家如果觀

察到了偏離哈─溫平衡狀態的現象，便能察覺到族群中有不尋常的事情發生了。有趣的是，費雪最早在一九一五年提出他的擇偶理論，七年之後，哈─溫定律就發表出來了。費雪的理論和哈─溫定律一樣，最好是能想成在描述僅以現存的遺傳變異造成的演化結果。不過在擇偶中，這種變異是和偏好有關的遺傳變異，會篩選其他和演示特徵有關的遺傳變異。蘭德─柯克派屈克模型就是用數學的方式說明這個過程。

16. Grafen (1990, 487).

17. Prokop et al. (2012).

18. Pomiankowski and Iwasa (1993); Iwasa and Pomiankowski (1994).

19. Mehrotra and Prochazka (2015).

20. 你可以說年度例行健康檢查不符合成本效益，是因為美國人很健康，或是人類的表現型特別演化成能夠對他人隱蔽遺傳品質、健康狀況等訊息，而不是揭露出來。不過我懷疑這兩種解釋有哪一種會是真的。

21. Alberto Gutierrez (director of FDA Office of In vitro Diagnostics and Radiological Health) to Anne Wojcicki (23andMe CEO), Nov. 22, 2013, FDA doc. GEN1300666. FDA後來又開放「23andMe」針對特定基因缺陷給民眾測試。

22. Lehrer (2010).

23. Palmer (1999); Jennions and Møller (2002).

24. 這個概念目前還存在於演化心理學和神經科學的原因，是演化生物學家羞愧到不想再討論這個議題。這樣的空白狀態使得其他領域的學者一直以為這個錯誤的觀念具有穩固的學術地位。

25. For example, Byers et al. (2010); Barske et al. (2011).

26. 絕大部分關於誠實訊息成本的論文，都理所當然地認為有耗費

成本的特徵存在，證明了扎哈維的缺陷原則是正確的。蘭德—柯克派屈克零模型也預測到耗費成本特徵的演化，蘭德—柯克派屈克平衡狀態和天擇造成的最佳狀態彼此抵銷的量，剛好就是用於性吸引力的成本（見頁59圖）。研究人員如果要推翻「美麗會發生」這個虛無假設，就得說明耗費成本的特徵和直接利益或好基因之間有特別密切的關聯，這點幾乎還沒有人辦到。

27. 用芭蕾和音樂來比喻可能有點過頭，但是也有人以同樣的適應性邏輯來解釋人類的藝術與表演。例如哲學家丹尼斯·達頓（Denis Dutton）在二〇〇九年指出，人類藝術的創作與演出能力，演化自對潛在配偶誠實訊息的選擇，這些訊息代表了好基因，以及心智與身體的能力。

28. 金本位另一個更矛盾的地方，在於這個制度本身假設黃金有內在的價值。雖然黃金是化學特性不活潑的金屬，也具有許多實用的物理特性，但是認為黃金具有普遍的價值，其實就是一種隨意的文化現象。這個結果顯示了要建立一個不受隨意美學影響的價值系統有多麼困難。

29. Samuelson (1958).

30. 這裡我暫時違背之前所說「美麗的意義是共同演化出來的吸引力」。雖然人類顯然受到彩虹的吸引，但是人類給予彩虹的評價並不是（也不可能是）共同演化的結果。

31. 美麗價值與金錢價值的類比，也能讓我們了解人們花了多少情緒在保護適應性擇偶這個論點上。現代經濟體系已經把金甲蟲排除在外，而「美麗會發生」這個假說會對適應主義者的世界觀造成威脅。用米瓦特的話來說好了，適應主義的基礎在於「光用天擇就已經足夠」解釋自然界所有的功能與設計。承認

了演化出的美麗本身有內在的價值，等於是讓擇偶和美學演化跟適應脫鉤，那麼適應理論無所不解釋的特性就會崩毀。

美麗價值理論與金錢價值理論還有另一個相似之處。歷史上大部分的貨幣一開始流通的時候，是黃金等其他有價值的貨物作為貨幣價值的擔保品。後來社會發明讓貨幣具有自己的價值，成為經濟交換所使用的媒介。在歷史中，貨幣價值從「外在提供」轉變為「本身具有」的過程，和費雪對特徵與偏好的兩階段式模型完全相同。第一階段中，適應性的指標的確和一些外在、適應性利益的確有些關聯，但是當擇偶偏好基因出現，讓新的價值出現的機會隨之而生，這種價值是讓後代更具有吸引力，屬於間接的遺傳利益。

32. Krugman (2009).

33. Shiller (2015).

34. Conversation with Shiller, Sept. 16, 2013.

35. Akerlof and Shiller (2009).

36. Muchnik et al. (2013).

37. Prum (2010).

第三章　嬌鶲之舞

1. 在二十世紀前三分之二的時間中，生物學家拋棄了生物譜系的研究，有人認為利用遺傳學和族群遺傳學研究演化問題，比較容易得到更多答案，這個想法使得生物譜系更乏人問津。這種狀況造成的結果是在二十世紀中期，「新綜合」（New Synthesis）演化生物學比較像是歷史科學，科學家採用的遺傳學機制想盡力模仿理想氣體公式：$PV = nRT$，壓力乘上時間，等於溫度乘

上氣體莫爾數乘上理想氣體常數。在二十世紀最後幾十年，經過了一場學術大論戰，親緣譜系和譜系遺傳學才在演化生物學領域得到適當的地位。有了親緣譜系和譜系遺傳學，我們才得以重新復興達爾文的美學演化觀念。針對早年學術大論戰讓親緣譜系重回演化生物學，可參 see Hull (1988).

2. 其他社會篩選機制也會促進美學演化。舉例來說，親鳥餵雛鳥時，這些雛鳥的嘴巴會打開，羽毛和嘴構成的形狀可能會演化成更吸引親鳥餵食的圖案。這個過程可能促進了「可愛」的演化，也就是讓雛鳥對親鳥而言更具吸引力。

3. 該小組由魚類學專家比爾·芬克（Bill Fink）指導。當時的研究生包括植物系統專家麥可·唐納修（Michael Donoghue），他現在是美國國家科學院的成員，也是我耶魯大學的一位同事。蜘蛛系統學家韋恩·麥迪遜（Wayne Maddison）與他的同卵雙胞胎兄弟麥迪遜（David Macdison）共同創作，麥克萊德（MacClade），梅斯基特（Mec-quite）和其他計算機程序使對字符進化進行系統發育分析成為可能。布倫特·米斯勒（Brent Mishler）是植物學家，現為加州大學伯克利分校植物標本館館長；蜘蛛系統專家喬納森·科丁頓（Jonathan Coddington），現在任職在史密森尼學會。

4. 我發表在 Prum (1988) and Cracraft (1988).

5. 自然博物館和現在其他工作場所一樣，也注重保護員工健康，因此有法規限制人員在工作場所接觸到的有害化學成分。近幾十年，博物館已經不再以樟腦丸防制害蟲。

6. 關於金頭嬌鶲的行為和繁殖基礎的描述，詳見 Snow (1962b) and Lill (1976).

7. 我的前博士生金伯利·博斯特威克（Kimberly Bostwick）在二

○○五年 PBS Nature 紀錄片《叢林深處》（Deep Jungle）的一次採訪中，第一次將金頭嬌鶲向後滑行的姿勢描述為月球漫步。

8. 有關求偶演化場學的描述，除了第七章之外，也可參見 Höglund and Alatalo (1995).

9. 關於白鬚嬌鶲的行為和繁殖描述，參見 Snow（1962a）和 Lill（1974）。求偶演示的行為與牠們機械式的翅膀鼓動聲音模式，可參見 Bostwick 和 Prum（2003）。

10. 嬌鶲共同祖先求偶場行為的演化起源，是我在一九九四年發表的。在嬌鶲科中，沒有求偶場行為的種類只有盔嬌鶲（*Antilophia galeata*），和這個物種親緣關係最接近的是 *Chiroxiphia* 這一屬，該屬的物種具有一起合作進行求偶場行為的特徵，而且在嬌鶲科的譜系中很早就出現了，因此我們可以認為，盔嬌鶲沒有求偶場行為是在演化的過程中失去了這個行為。

對於現存各類群鳥類的起源時間還有爭議，不過我最近的研究指出，嬌鶲起源於一千五百萬年前，這個結論廣受支持。Prum et al. (2015).

11. 奶與蜜常被用來形容生活富足。巧的是，這兩種自然產物和果實一樣，也是共同演化而來，具備了容易吃下肚和味道可口的特性。

12. 史諾以「吃水果假說」解釋一夫多妻制的演化，這有許多觀察證據予以支持。除了嬌鶲外，許多在熱帶具有求偶場行為的鳥類，也是以水果為生，例如傘鳥、大嘴鳥、園丁鳥。有些只吃花蜜的鳥類，在生態上也處於類似的狀況，例如蜂鳥。花蜜就像是果實，是植物製造出來吸引傳粉者的賄賂物，是要給傳粉者吃的。蜂鳥也和嬌鶲一樣，由雌鳥包辦所有親職工作。如果

雛鳥早熟，孵化之後馬上就能自己進食，這類的鳥也只有雌鳥進行親職照顧，包括了雉雞、家雞、松雞，以及其他血緣關係相近的種類。由於早熟雛鳥幾乎只需要看著與驅逐掠食者，所以單親照顧就和雙親照顧一樣好了。在一些比較極端的例子中，完全巢寄生（brood parasitism）的母鳥會把蛋產在其他種類的鳥巢中，雙親完全都不進行親職照顧。在以上種種例子當中，單親照顧造成的演化結果是強大的性擇，這種性擇是經由雌鳥的擇偶以及雄鳥在求偶場等領域中的演示行為所推動。

13. 耶魯大學的生態學先驅喬治・伊夫林・哈欽森（George Evelyn Hutchinson）在一九六五年的著作《生態劇場與演化戲劇》（*The Ecological Theater and the Evolutionary Play*）指出，環境狀況與生態互動所搭建而成的舞台，是演化改變發生的場所。因此，水果飲食造成的狀況助長了一夫多妻制的繁殖系統，以及極端的擇偶偏好。有另一種生態狀況會造成另一種非常極端的生育系統，這個系統對美學演化影響也很大。鳥類中絕大部分的物種，雄鳥和雌鳥配對關係密切，會一起撫育雛鳥。其中像是企鵝這類的鳥，雄鳥和雌鳥演化出同樣的性裝飾，這樣的裝飾是經由相互擇偶（mutual mate choice）演化出來的。在這樣的性擇下，兩性有相同的特徵與偏好，兩性都能擇偶。有些岸鳥（shorebird）的繁殖系統是一妻多夫制，例如領鶉（*Pedionomus torquatus*）、彩鷸（*Rostratula benghalensis*）和腳長涉水的雉鴴屬（*Jacana*）物種。這些鳥類的雌鳥體形比較大、色彩更為鮮豔，也會鳴唱，同時和其他雌鳥個體對抗，保護自己的領域。如果雌鳥自己的領域物產豐富，便能吸引多隻雄鳥來築巢。雄鳥體形比較小，每隻雄鳥會築一個巢。雌鳥會在每個巢中下一窩蛋。雄鳥負責孵蛋，並且在雌鳥物產豐富的領域中扶養雛鳥。

在這些一妻多夫制的鳥類中，由雄鳥擇偶。不過，在繁殖上最成功的雌鳥與最失敗的雌鳥，兩者之間的差距沒有具備求偶場演示行為雄鳥之間差距那麼大，所以一妻多夫制的鳥類沒有像是一夫多妻制的求偶場行為鳥類那樣，演化出極端的美麗。

14. Snow (1962a, b); Lill (1974, 1976).

15. Haverschmidt (1968); Mees (1974).

16. Théry (1990).

17. Snow (1961).

18. Davis (1949).

19. Théry (1990).

20. Davis (1982).

21. Prum (1985, 1986).

22. 有三種，棲息在哥倫比亞和委內瑞拉境內安地斯山區的白胸嬌鶲（*Corapipo leucorrhoa*），以及棲息在中美洲南部高地的中美白皺領嬌鶲（*Corapipo altera*）和南美白皺領嬌鶲（*Corapipo heteroleuca*）。

23. Snow and Snow (1985).

24. Prum and Johnson (1987).

25. Prum (1990, 1992).

第四章　美麗的創新與衰落

1. 通過簡驗機械性聲音的發展史，我們知道嬌鶲有多種起源。

2. 有關分析形態創新的適應性限制的分析，請參閱 Wagner (2015).

3. Prum (1998); Clark and Prum (2015).

4. 艾德恩・威利斯（Edwin Willis）在一九六六年簡單描述了哥倫

比亞西部梅花翅嬌鶲的翅膀鳴唱。他認為，這個聲音是由「變厚的次級飛羽碰撞」造成的，但是最後的結論是自己也無法排除是由喉嚨發出的聲音。我在一九八五年觀察梅花翅嬌鶲時，這是對牠們鳴唱的唯一描述，沒有錄音。

5. 金伯利・博斯威克（Kimberly Bostwick，2000年）在對威利斯（Willis，1966年）的軼事觀察之後，對厄瓜多爾梅花翅嬌鶲的演示進行了全面的行為研究。

6. Sclater (1862); Darwin (1871, 491; fig. 35).

7. See Dalton (2002).

8. 這一屬的嬌鶲在有了機械發聲之後，雌嬌鶲並不滿意只有這樣類似爆竹的聲音。雄鳥持續發明出其他以機械式發聲造成的聲音，例如一連串爆裂聲和飛行波動聲。（Bostwick and Prum 2003）

9. 脊椎動物最快速的肌肉收縮，全都和發出聲音有關。舉例來說，響尾蛇發出的聲音是九十赫茲，蟾魚（toadfish）用浮鰾發出兩百赫茲的聲音。不過，這些動物發出聲音的頻率都和肌肉收縮的頻率相同。梅花翅嬌鶲把快速收縮的肌肉和能讓頻率增加的摩擦發音器官連接在一起，製造出頻率更高的聲音，用於溝通。

10. Bostwick et al. (2009).

11. 在傳播給異性的訊號中，任何關於適應的資訊，都需要演化才能增進資訊的品質。改進的方式是經由擇偶，讓資訊和相關品質之間的關係越來越密切。不過問題在於，如果吸引配偶的演示已經可以明確指出自己的品質，那麼，何必拋棄已經具有適應性優勢的方式，改變成新的裝飾呢？新的裝飾既沒有通過測試，而且一開始時傳遞資訊的效果也還不完善。誠實訊息假說

會侷限演示內容和美學創新的演化。

12. Bostwick et al. (2012).

13. See Chiappe (2007), Field et al. (2013), and Feo et al. (2015).

14. 梅花翅嬌鶲非常罕見，幾乎沒有圈養的。在邏輯上和法律上幾乎都不可能把牠們帶到實驗室，進行飛行能力與生理學方面必要的研究。

15. 不同鳥類翅膀骨骼的構造維持不變，這是適應主義者由天擇角度提出的看法。在這個例子中，適應主義者陷入了困境：不是要質疑自己的基本教條，就是要否決梅花翅嬌鶲的翅膀是適應性擇偶的論點。

16. 牽涉到隨意美學共同演化的遺傳，造成了「選擇者衰落」（chooser decadence）。配偶對演示特徵的選擇，造成了特徵與偏好之間的遺傳相關變異。所以，擇偶本身就能驅動擇偶偏好。同樣地，當雌性經由擇偶篩選雄性身體上的特徵，這個特徵便以遺傳的方式改變了雌性自己的身體。

17. 雌性本身和雌性偏好的特徵之間的偏好共同演化，雖然難以找到可以加以證明的直接證據，但是雌性表現出雄性的裝飾特徵，可以說是一類重要的證據，讓我們看到雌性的確會共同演化出她們進行擇偶時造成的特徵。

18. 後來會變成橈骨和尺骨的軟骨組織，在雞胚胎六天大的時候就發育出來了，在鴨子身上第七天開始骨質化（Romanoff 1960, 1002）。雞開始發育第七天的時候，生殖腺分化出來（Romanoff 1960, 822），不過和非性腺器官性別分化有關的性激素，要在第十天才會在全身循環，這時因性別而不同的器官（例如鳴管）才會開始分化。（Romanoff 1960, 541, 842）

19. Lande (1980).

20. 這種現象和真正的雌性裝飾演化有所不同。在相互擇偶 （mutual mate choice）或是只由雄性進行選擇的一妻多夫物種 中，雌性的裝飾也會演化。但是像梅花翅嬌鶲這類物種中，雌 性也具有純裝飾性的特徵，但卻從來都用不到，因此有這些特 徵也得不到好處。

21. Romanoff (1960, 1019); Lucas and Stettenheim (1972).

22. 羽毛毛囊的方向在鳥冠發育中扮演特殊的角色，已在家鴿中得 到證明。Shapiro et al. (2013).

23. Shapiro et al. (2013).

24. For a review of avian feather melanins, see McGraw (2006).

25. Vinther et al. (2008).

26. Prum (1999); Prum and Brush (2002, 2003).

27. Li et al. (2010).

28. Prum (1999).

29. Prum and Brush (2002, 2003); Harris et al. (2002).

30. For further discussion, see Prum (2005).

31. Prum et al. (2015).

第五章　讓開，讓鴨子做愛

1. McCloskey (1941).

2. 諾貝爾獎得主康拉德·勞倫茲（Konrad Lorenz）對鴨類的求偶 演示行為進行過詳細的比較分析。這項研究得到了新穎的內 容，同時也預言了未來譜系行為學的發展。勞倫茲在這項研究 和其他的研究中指出，創新溝通訊號的來源之一是「轉移行 為」（displacement behavior）。轉移行為是當個體處於社會緊張

或是動機衝突的狀態時，做出的隨機無意義動作。他從這個論點出發，指出假裝理毛演示是從某種轉移行為演化而來的，就像有人在第一次約會時因為太緊張而玩弄自己的頭髮。長時間下來，這類行為變得像是儀式，演化成為具有溝通意義的演示行為。在演化過程中，原來的行為會變得誇大，同時減少變化，這樣才能從鳥類其他的行為中凸顯出來。

3. Brownmiller (1975).

4. 二〇一〇年，哥瓦第指出鳥類的性強迫能夠助長「制宜性一妻多夫制」（convenience polyandry）的演化。在這樣的系統中，雌鳥可以有一個雄性配偶，也可以有多個雄性配偶，好讓自己免於受到其他雄性的性暴力行為。布朗米勒在一九七五年便指出人類也有類似的狀況。(Gowaty and Buschhaus 1998)

5. 舉例來說，厄柏哈特（Eberhard）等人基於「雌性所有行為都偏向讓雄性受精成功，等同於適應性性擇」這樣的概念，提出論點。他們認為，對性攻擊的抵抗只是一種擇偶的形式。這種「抵抗是一種選擇」的機制引導出來的論點是，強暴本質上是為了雌性才產生出來的適應行為。根據這種說法，如果某個雌性拒絕所有的性攻擊，那麼，最後能成功讓她受精的雄性，就是最擅長性攻擊的雄性。經由這個過程，那個雌性產下的雄性後代，也遺傳到了更為優異的性攻擊能力，這樣對那個雌性來說，是間接的遺傳利益。這個概念的問題在於，忽略了該名雌性要付出的直接代價，以及她的雌性後代所要付出的間接代價。換句話說，女兒因為受到性暴力而使得生存與生育能力下降的代價，會抵銷具有更擅長強暴的兒子所得到的利益。我認為「抵抗是一種選擇」這個假說完整又複雜的學術意涵，被這個假說所沒有談論到的事實所遮掩了：「抵抗是一種選擇」假

說，其實就等於「強暴是一種選擇」假設，兩者一樣正確。

6. see Brennan and Prum (2012).

7. Parker (1979).

8. 就這個機制推動的性自主演化來說，不論擇偶的間接遺傳利益來自於好的基因，或是來自於隨意的「美麗會發生」機制，都一樣有效。

9. McCracken et al. (2001).

10. 現代農業中，人工受精的狀況比比皆是。在農場裡，哺乳動物都不是經由自行交配而受精的。幾乎沒有人知道，人們嚼的每一口哺乳動物的肉，不論是牛肉、豬肉或是羊肉，一開始都是來自得獎雄性的精子、農場員工、人工陰道、液態氮，以及巨大的針筒。不過，家禽絕大多數是自行受精的，所以這個以人工受精方式繁殖的農場挺罕見的。

11. Brennan et al. (2010).

12. Brennan et al. (2007).

13. Brennan et al. (2007).

14. 鴨子性對抗的共同演化機制，被完整呈現在Brennan and Prum (2012).

15. Brennan et al. (2007).

16. 布瑞南一開始進行陰道物理障礙實驗時，使用的人造陰道是用矽膠做的。一如我們所料，在雄鴨要勃起時，把直的或是逆時鐘螺旋矽膠管罩到泄殖腔開口，陰莖的勃起沒有受到任何阻礙。但是，如果用具有彎折或是順時鐘螺旋的人工陰道，陰莖馬上就會塞在管子中，然後從管子一側爆出一個洞來，因為矽膠太軟了。這些有趣的實驗結果證明了我們的想法，陰莖的勃起受到了阻攔，才會穿破模仿陰道的矽膠管。不過我們無法證

明陰莖會完全受困。我們需要證據，這個實驗設計需要改良，所以我們改用玻璃管。

17. Brennan et al. (2010). 這些實驗的縮時影影像截圖可在皇家學會 B 會議紀錄的官方 YouTube 上看到。

18. 家雞可以從非主動的交配後排出雄性的精子。

19. Evarts (1990). Discussed in Brennan and Prum (2012).

20. Brennan and Prum (2012).

21. Brennan et al. (2010).

22. 推動性自主演化的機制，是經由雌性共通的規範所推動的，這種規範由共同演化而來，指定了那些雄性特徵具有吸引力，以及所有雌性因為都有選擇自由而合作所達成的利益。所以，並不像雄性，沒有哪種篩選方式能讓某個雌性占其他雌性的便宜，或是讓自己的慾望壓過其他雌性。也因此，沒有哪種篩選方式能讓雌性直接面對雄性的攻擊，這些攻擊的目的是反制雄性的性控制權。

23. Asawin Suebsaeng, "The Latest Conservative Outrage Is About Duck Penis," Mother Jones, March 26, 2013. Suebsaeng reported, "The $16 muffin ain't got nothing on duck penis."

24. Patricia Brennan, "Why I Study Duck Genitalia," Slate.com, April 3, 2013.

25. 這是二〇一三年十二月十七日的《紐約郵報》，由米勒撰寫的新聞〈政府浪費了 385G 研究鴨子的陰莖〉。我一開始看到這個標題時，想到的是：「那個 G 是什麼？」有人告訴我，那代表了一千美元（grand）。我認為用 385K 美元應該會比較合理，也表達對公制的支持，甚至是在聯合國之下達成世界政府的理想。

26. 這項由美國國家科學基金會資助的研究，受到了那些新聞的攻

擊。該研究特別關注鴨子陰莖隨著季節的發育變化，以及社會
環境與競爭對鴨子陰莖大小的影響。

27. 這個對性衝突演化的看法，也和另一個現代演化學中主流的化
約主義看法相左，後者是自私基因的概念。道金斯在《自私的
基因》（*The Selfish Gene*）這本書指出，基因才是篩選的主要層
級，個別的生物體只是裝著這些自私基因而繁殖的「袋子」而
已。雖然基因階層的篩選會發生，但是鴨子的性生活讓我們知
道，因為受精而造成的性衝突，無法完全化約到用基因階層的
篩選來解釋。雄鴨和雌鴨的基因組中，除了一小部分控制性別
分化的基因之外，兩者的基因是完全相同的。讓陰莖變得長又
多刺、能夠造成傷害的基因，雌鴨也有；讓陰道呈順時鐘螺旋
狀的基因，雄鴨也有。陰道形態基因和陰莖形態基因並不會彼
此競爭，好讓自己的數量在後代中比較多。只有個體才有性
別，也只有在個體這個層級才會因為受精而造成性別衝突。
我們可以從龜類的性別衝突輕易地證明上面的結論。龜類的性
別是由溫度決定的：比較溫暖的卵孵化後成為雌龜，比較低溫
的卵孵化後成為雄龜，雄龜和雌龜之間沒有遺傳差異，但是兩
者之間的性衝突非常嚴重。雄陸龜會持續對雌陸龜性騷擾，他
們會積極地想要爬到雌陸龜背上性交，這種騷擾對雌陸龜來說
會造成許多損失。自私基因理論完全無法解釋在這種兩性之間
沒有遺傳差異的物種中，性別衝突是怎樣演化出來的，也無法
解釋同時產生精子和卵子的雌雄同體動物之間的衝突。在這個
例子中，篩選發生在器官（性腺）這個階層上，而不是基因階
層。

28. 陰莖最早只在哺乳動物和爬行動物的共同祖先中演化出來。平
胸鳥類（ratites）、鵝形目（鴕鳥之類的鳥）和雁形目的鳥，全

都有陰莖。雞形目（Galliformes）中有些和雁形目親緣關係相近的物種也具有陰莖。這些鳥類是一些最古老鳥類支系的後代，遺傳到了恐龍祖先具備的爬行動物陰莖。在�形目的演化過程中，曾經個別發生多次陰莖消失的事件，在雞形目多個類群中也發生了相同的事件。所有新鳥類的共同祖先也失去了陰莖。世界上九五％的鳥類物種屬於新鳥類。

29. Pizzari and Birkhead (2000).

30. 有趣的是，許多新鳥類演化出了泄殖腔突起，這種在泄殖腔口的鈕釦狀隆起在繁殖季節時會發育出來。這可能是因為雄鳥沒有了陰莖之後，能讓雄鳥在強迫性交時打開雌鳥的泄殖腔而演化出來的。

31. Darwin (1871, 466).

第六章　美麗來自野獸

1. 針對花亭鳥的生物學和自然史的優美紀錄，可參閱 Frith and Frith (2004).

2. "bower, n.1," *OED* online, March 2016, Oxford University Press.

3. 這個很冷的雙關語可能要多些解釋才能讓人明白，不過的確讓人想到一個有趣的議題。發育演化生物學上，體型呈現（body plan）指的是在同一個「門」（phyla）這個分類階層中的物種共有的身體構造基本形式。這個詞是由詩人、作家兼博物學家歌德（Johann von Goethe）所創造，當初的德文是 Bauplan。現在的問題是，如同體型呈現的延伸表現型，要怎麼稱呼才好呢？「外體型呈現」（ExBauplan）嗎？雄花亭鳥奇特又美麗的延伸表現型，那些通道亭子和五月柱亭子建築的種種變化，完

全符合「亨型呈現」的概念。

4. 我們很「榮幸」透過此方式描述藍色象鼻蟲的這些非凡的晶體結構。(Saranathan et al. 2015).

5. Frith and Frith (2004).

6. Frith and Frith (2004).

7. Dawkins (1982).

8. 熱情擁抱「新華萊士主義」這個標籤的人，就我所知，只有道金斯。他在二〇〇四年出版的《祖先的故事》（*The Ancestor's Tale*）中，熱心地把扎哈維、漢彌爾頓和葛拉分描述成「精雕細琢的新華萊士主義者」，並且勝過了達爾文的含糊不清。道金斯是這樣描述達爾文和華萊士之間的爭論的：

> 對達爾文來說，驅動性擇的那些偏好是理所當然就存在著，是已知的事實。男性就是偏好皮膚光滑的女性，就這樣。華萊士和達爾文一起發現了天擇，他厭惡達爾文性擇的隨意性。他希望雌性選擇雄性是出自雄性的美德而不是雌性一時的念頭……對達爾文來說，雌孔雀選擇雄孔雀單單就是因為在她們的眼中，那些雄孔雀漂亮而已。後來費雪發展出來的數學論述，讓達爾文的理論有比較穩固的數學基礎。對華萊士主義者而言，雌孔雀選擇的雄孔雀不是因為他們漂亮，而是因為光亮的羽毛代表了羽毛背後的健康與適應力……達爾文並沒有解釋女性的偏好，但是這點卻當成了解釋雄性外貌來源的公設。華萊士主義者則找尋那些偏好本身的演化解釋。

道金斯沒有把達爾文關於美學的話，當成是詳細說明特徵與偏好的演化假說。他搞混了，把達爾文主義中關於性特徵的隨意

性，當成了自己所覺得的達爾文對偏好起源機制的含混性。反對美學的華萊士主義被描述成科學的進步，注重美學的達爾文主義則成為含混懶惰、尚欠完善的學說。雖然道金斯承認費雪對隨意性建立了比較穩固的理論基礎，可是他並不接受現代達爾文主義中任何異於華萊士主義的概念。因為費雪式的回答並沒有如新華萊士主義說法那般「合情合理」，所以沒被看成是符合科學的答案。

9. 最新的花亭鳥譜系是在一九九七年提出來的，這個譜系的品質和資料量可能有點過時了，不過，歸在貓鳥屬（*Ailuroedus*）的澳洲貓鳥（*Australopapuan catbirds*）和常見的北美灰貓鳥（*Dumetella carolinensis*），兩者沒有什麼親緣關係，後者屬於嘲鶇科（Mimidae）。

10. Frith and Frith (2001).

11. 在二十世紀末性擇理論復興之前，科學家對亭子的解釋來自更新後的米瓦特感官刺激概念，把亭子當成雌雄鳥之間適應性生理協調（adaptive physiological coordination）的一種形式。喬克・馬歇爾（Jock Marshall）在一九五四年指出，古代的花亭鳥由於雌雄之間的關係不再密切，雌鳥需要額外的性刺激才有辦法引發交配與繁殖的慾望。他的假設是，亭子像是花亭鳥祖先的鳥巢，雄性建造亭子，是為了讓雌鳥想起鳥巢而達到性刺激的目的，這樣雌鳥才會想要交配，並且自己築巢、持續繁衍。這個概念在各個層面上都滿是缺陷，最好留在歷史當中就好了。不過，我們可以從這個概念中看到二十世紀在沒有以擇偶為基礎演化理論出現之前，學術界對演化的解釋有多麼的扭曲。

12. Uy et al. (2001).

13. 有關齒喙亭鳥的自然史，請參見 Frith and Frith (2004).

14. Diamond (1986).

15. Diamond (1986).

16. Uy and Borgia (2000).

17. Diamond (1986).

18. Madden and Balmford (2004).

19. Endler et al. (2010); Kelly and Endler (2012).

20. 在第二章中，我也認為大眼灰雉的次級飛羽上三百多個金色圓形排列起來，一樣有強迫透視造成的幻象。

21. Kelley and Endler (2012).

22. 除非這種推測讓雄花亭鳥能創造出視覺幻象的「好頭腦基因」，雌性不但可以遺傳得到還有助於她們的生存或生育，否則視覺幻象不可能演化成「好基因」本身的指標。雌鳥對雄鳥演示行為的審美篩選，可能造成神經系統的演化與創新，不過如果這些神經系統上的進步只用來從事美學演示和美學評估，那就僅僅是美學上的創新而已。當美麗出現時，這種狀況就有可能發生，而審美的心智會共同演化。

23. Bhanoo (2012). 我會在第十二章回頭來談動物藝術這個話題。

24. Borgia et al. (1985).

25. Borgia (1995).

26. Borgia (1995).

27. Borgia and Presgraves (1998).

28. 更深入的討論，請參見 Prum (2015).

29. 雖然波吉亞同意雌性依照偏好的篩選是為了掌控親權，以便得到間接的遺傳利益，但是他認為這是雄性和雌性兩方利益妥協之後產生的結果。不過，我認為有許多證據支持的理論是「雌

鳥因為演化而能完全自由地選擇交配對象，並且得到完整的親權」。雄鳥建造庭園，收集並且整理各種裝飾品，對來訪的雌鳥演示與歌唱，全都是雌鳥對雄鳥的篩選造成的結果，除此之外沒別的原因。雌鳥設定了美麗的標準，並且讓美麗的標準演化，使得雌性握有自主權且能幾乎完全控制性擇的結果。

30. Prum (2015).

31. 為了讓讀者容易看懂，我把和讓雌性得到性自主權的演示特徵和表現型之間的關係，稱之為「關聯」，但是這種說法並不精確。這種關係其實是「共變」（covariance）：具有和特徵相關的特別遺傳變異的個體，同時也具有能促進自主權基因型特徵的特殊遺傳變異，也就是兩類特殊的遺傳變異在同一個個體中發生。

32. Patricelli et al. (2002, 2003, 2004).

33. 他們也發現到，雌鳥對雄鳥強烈演示的忍耐程度，和造訪的順序無關*，也和在之前的繁殖季節是否已經認識了雄鳥無關。雄鳥的吸引力、裝飾的品質、亭子的品質，才能最準確預測雌鳥對強烈演示的忍耐程度。

第七章　嬌鶲兄弟情

1. 針對求偶場的多樣性跟演化總覽，請參見 Höglund and Alatalo (1995).

2. Darwin (1871, 468-77).

---

* 譯注：這裡的意思是，雌鳥不會因為是第幾個造訪的庭園就比較有耐性或是沒耐性。

3. Darwin (1871, 477-95).

4. Welty (1982, 304).

5. Emlen and Oring (1977).

6. 布萊伯利在一九八一年指出，雄鳥的數量增加可以使群體發出的求偶聲音呈等比例增加，但是聲音傳播的減弱程度是正比於距離的平方，所以光是增加群體中雄鳥的數量、讓音量增大，並不足以增加每隻雄鳥在求偶場中活動的區域，以及讓來訪的雌鳥數量呈等比例的增加。

7. Bradbury et al. (1986).

8. Beehler and Foster (1988).

9. Durães et al. (2007).

10. Durães et al. (2009).

11. 布萊伯利的雌鳥選擇模型屬於適應性模型，天擇作用於雌鳥偏好，以讓雌鳥花最少的代價便能找到配偶。

12. 奎勒這個在一九八七年提出的模型，是柯克派屈克一九八二年單倍體模型（haploid model）的簡單改編版本。這個模型採用了費雪式的過程，把求偶場大小當成雄鳥的演示特徵。當然，單一隻雄鳥無法光靠自己的基因就展示出求偶場的大小，不過成群活動的雄鳥族群如果夠大，這些雄鳥又具有從事更多社會活動的基因，雌鳥又偏好配偶聚集在一起，那麼，這群雄鳥為了生殖利益，便會聚集在一起。

13. 在嬌鶲科中，雄鳥協同與合作的演示行為，曾經多次獨立演化出來。

14. Prum and Johnson (1987).

15. 這些行為的描述可見Snow (1963b), Schwartz and Snow (1978), Robbins (1983), and Ryder et al. (2008, 2009).

16. 關於藍嬌鶲的演示行為和繁殖系統的綜合描述，可以參見 Snow (1963a, 1976), Foster (1977, 1981, 1987), McDonald (1989), and DuVal (2007a).

17. 有些藍嬌鶲屬的物種中，沒有群體演示也會發生交配行為。例如杜瓦爾在二○○七年指出，尖尾嬌鶲中將近有五○％的交配事件是在單一雄鳥獨自演出之後發生的，稍早之前並沒有協同演出。但是我們並不知道，這些雌鳥之前是否觀察過那些雄鳥參與的群體演示。除此之外，那些進行交配的雄鳥都是首領雄鳥，領地中有一隻次級同伴，這個次級同伴可能是在雌鳥來訪時不在場而已。顯然沒有和同伴或群體一起演出的雄鳥，是不可能和雌鳥交配的。所以，就算是沒有個別雌鳥的來訪，在這個生殖系統中，協同演示本身依然是必要的。

18. Trainer and McDonald (1993).

19. 關於長尾嬌鶲的換羽，請見 Foster (1987) and DuVal (2005).

20. 杜瓦爾觀察到，有些雄尖尾嬌鶲在羽毛完全換成成熟形態之後，就成為首領雄鳥，之前沒有當過次級雄鳥或是其他身分的雄鳥。顯然這些特別的雄鳥已經具備贏得社會競爭所需的資質了。

21. McDonald (1989).

22. DuVal and Kempenaers (2008).

23. Prum (1985, 1986).

24. McDonald and Potts (1994).

25. 在第三章中，針尾嬌鶲的祖先最先演化出尾巴朝上的姿勢，這使得牠們的尾巴也有機會演化得比較長，成為針尾嬌鶲演示中的特徵。不過，我們也看到這樣的模式並非固定不變的，因為金翅嬌鶲也會進行相同的尾巴朝上的演示，卻沒有演化出針

尾。藍嬌鶲屬的狀況也類似。雖然最初的協同演示最後轉變成雄性求偶時必要的協同演示，但在其他嬌鶲中並沒有發生這般的演化改變。

26. McDonald (2007).

27. McDonald (2007).

28. Ryder et al. (2008, 2009).

第八章　人類之美

1. 當代演化心理學傳承自社會生物學（sociobiology）這個科學研究領域。一九七〇和八〇年代，E. O. 威爾森（E. O. Wilson）等人撐起這這門學問。社會生物學的基礎假設是，我們在人類和其他動物身上觀察到的社會行為和性行為，能用天擇造成的適應性演化來解釋。最近幾十年，演化心理學繼承了人類社會生物學，兩者具備同樣的適應主義者目標，不過演化心理學走得更遠，並且納入了新華萊士主義的概念，後者完全排除了達爾文美學擇偶這個真實機制的可能性。

   當然，研究人類的演化史以及演化史對人類性活動、心理、認知、語言、性格等影響，是極為有趣而且收穫豐富的領域。事實上，在這幾章關於人類演化的內容，可以當成是屬於廣義演化心理學界的新推測理論。問題在於，這樣演化心理學領域目前並不認為是那個領域。

2. 有兩個簡單的例子可以讓人一窺演化心理學對擇偶研究的樣貌。二〇〇九年，亞基・辛柯寧（Aki Sinkkonen）指出，對於以雙足直立步行、身體無毛的人類來說，肚臍是演化出來顯示伴侶品質的誠實訊號，不過兩億年來，所有胎盤哺乳動物都有

肚臍，這遠在雙足直立步行（和身體沒有毛髮）出現之前便是如此了。二○一一年，哈布斯和蓋洛普也「發現」到，《告示牌》榜單中九二％熱門歌曲的歌詞中包含了「隱藏的生殖訊息」。誰知道呢！當然，流行音樂中具有關於忠誠、承諾、拒絕、衝動、身體部位等，便能支持他們的理論：流性音樂具有「配偶值」。

3. 關於演化心理學的學術批評和經驗問題更廣泛的評論，請參見 Bolhuis et al. (2011), Buller (2005), Richardson (2010), and Zuk (2013).

4. 演化心理學領域有些失敗的僵屍概念，其中最明顯的例子之一是假設身體偏離左右對稱的程度，代表了遺傳或發育缺失，結果便是人類演化出對於對稱臉部與身體的適應性擇偶偏好。這個「波動性不對稱」（fluctuating asymmetry）假說源自一九九○年代早期的鳥類研究，但是後來很快受到徹底地排拒，成為著名的失敗理論（見第二章）。不過，過了二十年，這個理論依然在演化心理學領域中活得好好的。

雖然演化心理學界也承認，並沒有證據指出人類臉部的對稱和優質基因與發育有關，也沒有與之相關的證據指出人們真的偏好對稱的臉孔。事實上，臉部多樣性（包括不對稱）並不是意外出現的。其實人類臉部外貌的多樣性，可能是經由強烈的社會選擇而演化出現，因為這樣才容易辨認出不同的個人。複雜社會互動關係的基礎之一，是要能辨認出不同的人，這樣才有辦法採取相應的對待行為。臉部變得多樣的演化利益在於讓別人可以辨認出你。讓臉容易辨認的基本特徵之一便是不對稱。基於人類辨認臉部的神經機制，對稱的臉就是比較難以讓人留下印象、辨認出來與納入記憶。人類辨識與記憶個人臉部特徵

的能力非常高，這是演化的結果，因此也偏好不對稱勝於對稱。這個現象不只發生在人類，例如高度社會化的胡蜂（paper wasp）便演化出不對稱而且有差異的臉部斑紋，並且有能力藉由這些斑紋辨識不同的個體。

對稱的臉並不特別漂亮，因為對稱圖型淡而無味，淡而無味就不漂亮，臉部對稱就非常淡而無味。相較之下，不對稱就有吸引力，原因之一在於容易辨認出來。所以，二十世紀美國三位最富魅力而且性感的女性：瑪麗蓮·夢露、瑪丹娜、辛蒂克勞馥，臉上都具有明顯的痣，能夠打破左右對稱。同樣的原因，促進臉部不對稱的旁分髮型會是主流。當然，極度的不對稱並不會有吸引力，但是極度的對稱也是。想想大鼻子情聖（Cyrano de Bergerac）就知道。

適應主義者認為，身體對稱指出了遺傳品質，所以人類演化出對於對稱的偏好。這樣的僵屍概念雖然有種種反駁的證據，但是依然無法消失，因為人們意識形態受到束縛，想要相信這種假設。研究人員會不遺餘力讓這個僵屍活著，不論那些證據有多含糊曖昧，都會引用來支持這個理論。例如羅格斯大學的一個演化心理學團隊，包含著名的社會生物學家羅伯特·崔弗斯（Robert Trivers），二〇〇五年在《自然》（Nature）期刊上發表了一篇關於一百八十五位牙買加男性和女性身體對稱的論文。這篇論文宣稱，人類的舞蹈能力代表支持舞蹈動作的身體對稱，是遺傳品質的誠實訊號，所以我們喜歡舞蹈，認為舞蹈性感，這是演化的結果。這篇論文登上了《自然》期刊的封面，而且成為世界各地的報紙與媒體的頭條新聞。不幸的是，其中的資料太完美而顯得不真實。論文出版後幾年，崔弗斯本人發現資料中不合常理之處，並且懷疑有一位共同作者造假而寫出

了這篇論文。最後羅格斯大學進行全面調查，結論是「有明顯且確定的證據」指出，擔任第一作者的博士後研究員假造資料。《自然》期刊在二〇一三年十二月完全撤回了這篇論文。

5. 極其完善的演化脈絡(1)展示在 Neil Shubin (2008) Your Inner Fish.

6. See Bramble and Lieberman (2004) and Lieberman (2013).

7. Grice et al. (2009, 1190).

8. 人類一生中性伴侶數量的正確資料很難得到，許多研究指出，男性和女性是怎樣在調查報告中謊報自己的性伴侶數量：男性多報、女性少報，好符合文化上的預期結果。泰瑞·費雪（Terri Fisher）在二〇一三年的論文指出，年輕美國女性在接上了假測謊器之後，報告出曾有性伴侶的數量要比沒有接上假測謊器時多；報告內容和性行為無關的時候就沒有這種現象。有趣的是，在一個不具代表性的男性和女性樣本中（這些人是美國一所著名大學的心理課程學生），女性報告的一生中性伴侶數量要比較多。毫無意外，人們所報告的一生中性伴侶數量，受到了報告者的扭曲，以便符合文化上對男性與女性性行為的標準，以及演化心理學所預期的結果。

部分當代一生中性伴侶數量的資料，來自瑞典一項性行為的研究。盧文（Lewin）在二〇〇〇年的報告指出，兩性在一九六七年到一九九六年間，一生中性伴侶數量都大幅增加了，但是伴侶數量的中位數沒有差異。（一九六七年：女性一點四人，男性四點七人。一九九六年：女性四點六人，男性七點一人）。男性和女性之間的差異，主要來自有少部分的男性在性事方面特別活躍的結果。男性和女性之間的數量差異，小於一九六七年和一九九六年之間的差距。

9. 雌性在性對象上挑剔，不只出現在人類，在雄性沒有插入器官的昆蟲中，這種現象也很普遍。這些昆蟲和新鳥類一樣，雄性在演化時失去了「陰莖」，也就是插入雌性的器官，受精和生殖投資之間的性衝突讓雌性促成了相關的發展。這些昆蟲為了讓雌性接受自己的精子，在交配前會拿「求偶贈禮」（nuptial gift）給雌性，這種禮物通常是營養成分豐富的蟲子，或是特化的高熱量精莢（spermatophore）。求偶贈禮能讓雌性的生育力增加，因為雌性會把這些營養成分轉變成卵，這樣卵就更多了。就此下來，雌性演化得越來越需要雄性的投資（直接利益）在生殖上。我們可以預期，許多雌性昆蟲演化出和多個雄性交配，以取得更多求偶贈禮。可是對雄性來說，製造求偶贈禮的代價高，因此許多昆蟲的雄性就演化得在選擇伴侶上相當挑剔。舉例來說，有些種類的雌舞虻（dance fly）口器已經完全消失，只能依靠雄性的求偶贈禮過活。雄性擇偶偏好的結果，讓雌性演化出在腹部膨大的裝飾囊。有科學家認為，雌長尾舞虻（long-tailed dance fly）這種誇張的膨大裝飾，是一種「欺瞞」雄性擇偶偏好的手段，假裝自己的腹部膨大、有很多卵，是優質雌性。不過，這個資料完全符合費雪最早發明的模型，這個模型指出，一開始當成傳遞訊息的演示特徵和偏好共同演化，之後成了完全隨意且不具備意義的特徵：膨大的美麗腹部。

10. 配偶值是一個絕佳例子，說明了文化規矩（需要把性成功和社會成功看成是客觀上品質較佳的結果）具體化後，成為排除其他任何可能性的科學概念。當配偶值這個概念存在了之後，所有關於擇偶和性成功的問題，都會納入這個概念的框架中，接下來只會得到符合適應主義的答案。

11. Jasienska et al. (2004).

12. 一旦男性是經由女性臉上的「女性特質」特徵，演化出對更年輕、生育力更強女性的偏好，那麼之後任何誇張的女性特質，都有可能在族群中出現，而且變得非常有吸引力。不過，這些變異會成為「女性特質」和年紀（或是說「生殖價值」）兩者關係中的雜訊，這些新出現的隨意女性特質並不誠實，會讓人偏離原來對女性特質偏好的理由：誠實說明女性真實的年紀。這個發展過程和費雪提出的「脫韁野馬」模型完全一致。隨意又受歡迎的特徵，是從原來誠實的適應性特徵演化而來的（見第一章）。這個狀況也好好說明了，誠實的性特徵訊息是非常難以維持的。

13. Gangestad and Scheyd (2005, 537).

14. 承上，指出兩項研究支持女性偏愛男性特徵，兩項支持偏愛女性特徵，以及三項沒有發現特定的模式。

15. Neave and Shields (2008).

16. 這個詞最早是由蘿拉・莫薇（Laura Mulvey）發明，出現於一九七五年在她的論文〈視覺快感與敘事電影〉（Visual Pleasure and Narrative Cinema）中，原本是用來指電影或是藝術中對女性的描述，但是後來意義擴張了，成為男性沙文主義和父權主義中對女性和女性身體的態度，以及女性本身將女性魅力的自我概念內化成為符合這些預期所造成的結果。

17. Eastwick and Finkel (2008); Eastwick and Hunt (2014).

18. Eastwick and Hunt (2014, 745).

19. Darwin (1871, 248-49).

20. Diamond (1992).

21. Gallup et al. (2003).

22. Romer (1955, 192).

23. 我向兩位哺乳動物學家諮詢陰莖骨演化的過程，他們告訴我這個PRICC的記憶法，不過這兩位科學家都警告我，現在食蟲動物已經不算是單系群（monophyletic group*），然而現在PRICC還是用於哺乳動物學的課堂筆記中，因為便於記憶，所以就算食蟲動物是多系群，還是可以通融一下。

24. 哺乳動物和爬行動物的陰莖是同源的。脊椎動物原始的陰莖外部有溝槽，用以運輸精液，現在的鳥類、鱷魚、蜥蜴和蛇的陰莖上，依然有這樣的構造。哺乳動物的陰莖在演化時，溝槽的兩側融合起來，本身便成為了尿道。

25. Dawkins (2006, 305-8).

26. Cellerino and Janini (2005).

27. 除了人類之外，靈長類中只有蜘蛛猴屬（*Ateles*）和絨毛猴屬（*Lagothrix*）沒有陰莖骨，牠們的陰莖也都垂在外面明顯地晃著。這會是巧合嗎？有趣的是，蜘蛛猴和絨毛猴的雌性陰蒂也是掛在外面垂晃。我們現在還不清楚這種雌性性器官演示的功能和演化。不過，有些哺乳動物的陰蒂中有和陰莖骨同源的骨頭陰蒂骨（*os clitoridis*）。在蜘蛛猴和絨毛猴中，可能是造成陰蒂骨消失以及讓陰蒂垂掛的社會性選擇，使得與陰蒂骨同源的陰莖骨也消失了。

28. 一九八九年，梅可馨·席特斯—約翰斯頓（Maxine Sheets-Johnstone）指出，人類陰莖的形狀、大小與演示方式，是演化出來的美學演示，其中包含了視覺與觸覺元素。她還進一步推論，這種推動性器官演示的性擇，可能是雙足直立步行演化出

* 譯注：類群中所有物種都來自於一個共同祖先。

來的原因之一。

一九九七年，戴蒙反對這種垂掛美學假說，因為從一般聽聞到的狀況來看，許多女性並不認為男性的陰莖有什麼吸引力。不過，我認為這些現代女性的反應深深受到現代社會的影響：大部分的陰莖都覆蓋在衣服之下。由於女性很少看到陰莖，因此幾乎沒有機會比較不同的陰莖。相較之下，我認為如果我們很少看得到鼻子，只有接吻前才會顯現出來的話，鼻子本身看起來還滿奇怪的，而且完全不具吸引力。

29. Smith (1984).

30. William Eberhard (1985, 1996) 確立了擇偶的評估標準可以在反覆性交的過程中進行。

31. See Haworth (2011).

32. 在競選的時候，匿名發表這種不利於候選者的私通性事，非常不公平又不負責任，所以我曾猶豫是否要提這件事。但是，這個男的故事是非常鮮明的例子，解釋了文化流行是如何影響男性的性行為，所以我把那位政治家的名字和其他細節都省略了。

33. 美國女性對陰毛進行極端形式修飾，其流行率不斷提高，並且最近迅速增加。相關紀錄可以參見 Rowen et al. (2016).

34. 如同這篇匿名報導呈現的，許多文化以強烈的噁心感維持性習俗。雖然噁心這種感覺有強烈的生物基礎，但是哪些事物（食物、氣味或性習俗）會造成噁心感，受到文化的影響很深，而且變化範圍很廣。性習俗特別容易受到文化上的典故調控，引發噁心的感覺。這篇匿名部落格文章提到了陰毛造成了噁心感，十足說明了文化機制造成改變的速度有多麼快。

35. 基因、文化與人類多樣性共同演化的研究，最早由威廉·德罕

（William Durham）進行，他認為乳糖酶表現的演化是文化從上往下影響的例子。如果沒有了乳糖酶，進入消化道的乳糖會由大腸中的細菌分解、產生氣體，造成肚子發漲與疼痛。

由於這個演化過程發生的時間距離現在太近，因此讓成年人製造乳糖酶的基因尚未固定下來，世界上還有許多人無法耐受乳糖。最近，關於乳糖耐受現象的研究發現到，乳糖基因的上游有許多突變，這是天擇篩選的結果，這些突變能調整乳糖酶基因的表現。不過，這個天擇還不夠強力，或是不夠普遍，因此嶄新的遺傳特質還沒有在所有人類中固定下來，世界上仍有許多族群沒有演化到成年人依然可以製造乳糖酶，特別是缺乏食用乳製品文化的東亞人和許多非洲族群。

36. 相關的概念之前已經討論過了，可參見 Charles Darwin (1872), Jared Diamond (1992), and Jerry Coyne (2009, 235).

37. Jablonski (2006); Jablonski and Chapin (2010). Diamond (1992) 以上等人質疑膚色是否具有適應性基礎，並假設人類膚色的所有變化都是任意社會和性別選擇的結果。

38. 文化從上到下的影響力，也可能改變人類的未來。腋下和陰部具有毛髮，強烈指出由人體分泌出的費洛蒙、汗水與微生物群聚交互產生的體味，是共同演化出來的性溝通手段。許多人都可以靠體味辨別出特定的人，並且覺得伴侶的體味特別有吸引力。但是衛生文化可能影響到人們認為哪些體味是可以接受的，以及哪些體味具有性吸引力。這些衛生文化包括常用肥皂清洗身體、使用去除體味的除臭劑，以及刮除體毛。除此之外，衛生文化習慣中，擔憂潛藏於人類身體各部位、孔竅與體液中的細菌可能會引起的危險，也影響了人類的性行為。到頭來，衛生文化可能擾亂了數百萬年來人類兩性之間的化學溝通

方式與美學共同演化。人們遵從現代的衛生習慣，代代下來，擇偶可能會讓人類費洛蒙的獨特性與對費洛蒙的敏感性消失。衛生文化可能讓人類之美中關於嗅覺的面向整個消失。當然，人們還是有嗅覺，只是不再認為體味是美好的。

39. Bailey and Moore (2012).

第九章　快感會發生

1. 我的數學家同事麥可・弗蘭姆（Michael Frame）對我的說法表示不解。他指出，如果只有一和九兩個數字，就不能指稱兩個數字之間有線性以外的關係。但是我希望我們用詩意的想法，想像自己是希臘人，對九這個數字來說，我想到的就是三的二次方，這意味著快感的差異程度是次方等級，而不只是比較大而已。

2. 洛伊德在《女性性高潮的實情》中，針對這個問題有傑出的回顧評論。帕夫里切夫（Pavličev）和華格納（Wagner）在二〇一六年提出了新假說，說明胎盤哺乳類動物性高潮的古老起源。他們認為，雌性性高潮最初演化自排卵時的感覺訊號，交配會引發排卵。

3. 佛洛伊德對女性性高潮的理論，也是一種性功能的「適應性」理論，只是站在心理學的角度，而不是站在演化學的角度。對佛洛伊德來說，如果女性要完全的性成熟和情緒成熟，就必須從由刺激陰蒂得到高潮轉變到刺激陰道得到高潮。「正確的」高潮種類能直接幫助女性克服心理障礙，讓她從嬰兒時期對母親的依附中成熟，建立有利於生育的異性關係。從這個意義上來看，演化和心理的「適應」都涉及到性狀與環境之間恰當的

配合，好讓性狀發揮功能。

4.　Mivart (1871, 59).

5.　佛洛伊德的理論對歐洲和美國受過教育與上流階級的女性，造成了很大的傷害。一九五三年，金賽在《女性性行為》（*Sexual Behavior in the Human Female*）寫道：「主要拜那篇論文所賜，這個問題被認為相當重要。許多醫師、心理分析師、一些臨床心理醫師和婚姻顧問，都很努力地教導病人從『陰蒂反應』轉移到『陰道反應』。在我們的研究中，有數百名女性因為無法完成這個就生物學來說不可能的事，而感到極度沮喪，其他醫師治療的更多女性病人也是如此。」

6.　Gould (1987); Lloyd (2005).

7.　Sutherland (2005).

8.　馬斯特斯（Masters）和強森（Johnson）在一九六六年提出了雌性性高潮的定義，包括心跳速率增加、陰道與子宮收縮，在飼養的短尾獼猴身上可以測量到這些變化。雖然飼養中的雌性短尾獼猴和雄猴交配時顯然體驗到性高潮，但是被雌猴壓上的時候，產生性高潮的機會更高。

9.　洛伊德特別注意一篇有許多人引用但是有嚴重瑕疵的論文。除此之外，她還挑出好幾個深具影響力的實驗，這些實驗指出，女性在性交時達到高潮與男性伴侶的魅力和身體對稱有關。她指出，這些研究有缺陷，是因為研究人員沒有辦法檢測精子競爭假說的正確性。沒有任何公開發表結果的研究真正檢驗了吸收精子理論：女性在一段發情期時有多個性伴侶，而且和遺傳品質較優異的男性交配時，性高潮出現的頻率比較高。

10.　Puts (2007, 338).

11.　例如，有研究人員認為女性性高潮能力的變化，指出了女性之

間性高潮的策略變化，以及交配時狀況的差異。不過，這是一種先手必勝的說法，阻止了有讓這個理論「證明為錯誤」的機會，因為資料中的各種變化都可以重新解釋成是特別的變化，被當成是另一種特殊適應性策略的例子。

12. Wallen and Lloyd (2011).

13. Allen and Lemon (1981).

14. Davenport (1977).

15. Qidwai (2000).

16. 洛伊德整理了女性主義者對席蒙斯最早關於副產物論述的反對意見。她正確地指出，女性性快感的文化地位不會因為性高潮是否為適應結果而改變。也就是說，「適應性價值」並沒有決定文化或是個人價值。不過她沒能反駁浮士托—史塔林（Fausto-Sterling）等人的批評：在吸收精子理論中，「女性主動性的程度」要超過副產物理論所能解釋的。

17. 雄性黑猩猩之間精子競爭非常強烈，但是交配的時間很短，這說明了交配時間和精子競爭之間缺乏關聯。狗和一些哺乳類動物演化出非常長的交配時間，稱為性交配閉鎖（copulatory lock），這可能是為了延長雌性無法和其他個體交配的時間，以便自己在精子競爭中獲勝。不過，這個機制是在射精之後發生的，和人類的性行為不同。人類交配時間延長的是射精之前的時段。

18. 這個論點有其他的事實支持。雄性魚類和雄性鳥類會積極追尋交配的機會，牠們幾乎都不具備能夠插入的器官，因此在交配的時候，沒有機會產生觸覺感官體驗或是快感。

19. Miller (2004, 240).

第十章 利西翠妲效應

1. Emlen and Wrege (1992).

2. 每個雌性具備的卵子數量非常有限,這意味著在生殖上最成功的雌性和普通成功的雌性,兩者之間差距不大,但是雄性在生殖上成功與否就差很多,所以雄性可能會盡量獨占許多生殖機會。可是,雌性就算具備了這樣的社會控制,並無法讓生殖成功增加。就算有,增加的程度也有限。

3. 由於靈長類動物中,社會結構與繁殖方式的變化很大,所以並沒有所謂「一般」的舊世界猴類,只有「非一般」的舊世界猴類。我對繁殖系統的粗略描述其實是有缺陷的,但我認為在古代的舊世界靈長類分支中,這個總結大致上來說是正確的。

4. 生殖投資包括了一個個體讓自己的後代得以出生與健康成長所需投入的所有能量、時間和資源。許多舊世界靈長類物種中,由雌性完全負責親職照顧且又缺乏性自主權,這樣的狀況從沒在鳥類見過。相較之下,嬌鶲和花亭鳥的雌性擔負起照顧後代的全部責任,可是她們演化出擁有完全的性自主權。

5. 有時候,殺嬰行為本身就是雄性在爭奪社會主宰地位時的顛覆性策略之一。

6. Robbins (2009).

7. 我使用「雄性殺嬰」一詞來表示「雄性殺死了幼嬰」,而不是「雄嬰的死亡」。群體的分裂為雌性大猩猩提供了難得的擇偶機會,因為雌性也許能夠決定她加入哪個群體。當然,她也選擇與該組別的其他女性一起參加,因此,這可能並非完全由配偶決定。

8. David Watts, personal communication.

9. 黑猩猩繁殖行為的一般統計來自Muller和Mitani（2005）。親子關係的統計來自Boesch等人（2006）。

10. Muller et al. (2009).

11. Muller et al. (2009).

12. 巴諾布猿的親權並非隨機發生的，而是偏向社會地位比較高的雄性，這個地位有部分取決於雄性的母親在群體中所處的地位。

13. 人類在從與大猩猩的共同祖先分開之後，性暴力的本質就產生了轉變。夏儂‧諾瓦克（Shannon Novak）和瑪洛里‧哈奇（Mallorie Hatch）在二○○九年進行了一項絕佳的鑑識研究，檢查了黑猩猩和人類頭顱在暴力衝突時受到的創傷。他們發現，雌性黑猩猩在頭部頂端和背後的傷顯然比較多，雄性黑猩猩的傷口則多在臉部。這是因為雄性黑猩猩會面對攻擊者，雌性黑猩猩受到攻擊時往往會逃走或是縮在地上。相較之下，在男性伴侶暴力攻擊中，女性的臉部受傷要比顴骨受傷來得多，這點和雄性黑猩猩的狀況是一樣的。雖然性暴力嚴重傷害了女性，但是這些資料指出，面對從與黑猩猩的共同祖先那時就有的雄性暴力，人類女性演化出正面對抗的新方向。

14. 在美國，嬰兒主要的死亡原因有三：先天畸形、早產且體重不足，以及嬰兒猝死症候群（sudden infant death syndrome），三者加起來占嬰兒死亡原因的四四％。雖然嬰兒被無血緣的繼父母殺害或虐待致死的案例超過了由親父母致死的百倍，但是在嬰兒死亡的案例中，原因是殺嬰的比例不到萬分之一。

15. 例證請見Scrimshaw (2008).

16. Hare et al. (2012).

17. 在這裡，我說「演化史是分開的」，是指現代人類的祖先和巴諾

布猿是在不同的時間和地點，演化出比較有耐心的社會性格。

18. Gordon (2006).

19. 藍許法則基本上是兩性體型異形演化的零模型，這個模型建立在許多各自獨立的觀察結果之上。如果體型增大了，而且這個增大過程中沒有受到什麼特殊事件的影響，那麼，雄性和雌性的身體大小差距便會成比例地變得更大。但是在人類中發生的現象卻剛好相反：人類體型變得更大，但是兩性體型的差異卻變小了，這意味著我們得拋棄零模型，在人類演化的過程中（演化脈絡2）的確有特別的事情發生了。可能是篩選作用讓兩性體型異形縮小。現在問題在於，是哪種篩選發揮了作用？天擇還是性擇？我認為，是雌性擇偶這種性擇使得人類兩性體型異形縮小，也就是說，女性偏好身體大小接近自己的男性。

20. Trut (2001)；這項研究的意涵被深入討論，參見 Hare and Tomasello (2005).

21. Hare et al. (2012).

22. 上犬齒內側的琺瑯質比第三前臼齒外側的琺瑯質要薄，因為持續地咀嚼運動讓犬齒變得鋒利。

23. Lieberman (2011).

24. See Jolly (1970), Hylander (2013), and Lieberman (2011).

25. Swedell and Schreier (2009).

26. Robbins (2009).

27. Muller et al. (2009).

28. 美學去軍備化假說指出，微笑可能是經由雌性伴侶偏好所推動演化的正面、非攻擊性的社會訊號，目的是有助於對犬齒大小進行美學評估。在此之前關於微笑起源的理論，可以追溯到達爾文。他認為，人類的微笑演化自靈長類祖先各種露出牙齒的

演示，這些演示傳達的訊息是主宰／攻擊，或是恐懼／屈服。
不過，這些說法都沒有明白指出微笑的「意涵」，也沒有說明
其他露出牙齒的訊息可能演化出的新意義。事實上，微笑不只
能露出牙齒（扮鬼臉也可以）。微笑可以有效且清楚地讓犬齒
露出來，表現出正面、非暴力的意圖。展示犬齒和非攻擊、具
魅力、正面的社會訊息之間建立起新的關聯，可能演化自對犬
齒大小美學演示的篩選。

29. Snow et al. (forthcoming).

30. Gangestad and Scheyd (2005); Neave and Shields (2008).

31. 在其他靈長類動物中，一些長臂猿、絹毛猴和夜猴中都有父職
照顧。參見 Fernandez-Duque et al. 2009。

32. 人類考古學家 C. 歐文・洛夫喬伊（C. Owen Lovejoy）分析了
根源基盤人的生物特性。他認為，雌性選擇比較不具攻擊性的
雄性，使得雄性之間的暴力行為減少、犬齒縮小、犬齒在前臼
齒磨利的情況消失，這些人族的演化事件都在上新世晚期
（late Pliocene）之前發生。洛夫喬伊設想的演化過程是由天擇
驅動，產生了新的「適應性組合」，包括了形態、行為以及生
活史特徵。這個組合和合作行為、雄性生殖投資及擇偶有關。
舉例來說，他認為兩足步行會演化出來，出自雄性攜帶食物給
雌性好交換性交。不過，對同時發生的男性社會主宰程度降
低、雄性投資的出現、雄性與雌性的擇偶，洛夫喬伊並沒有勾
勒出特別的生態、生活史或是篩選解釋。他提出的演化情節顯
示出，本章提出關於人類繁殖的演化問題，在演化人類學界普
遍認為是重要的，需要解釋。但是，演化人類學界還沒建立在
沒有性衝突、美學擇偶和性自主權的狀況下，讓這些改變發生
的明確演化機制。

第十一章　人類的酷兒行為

1.　文化上對性身分的分類，就像是對種族的分類那樣，加諸在一個更為豐富、多變、連續與複雜的生物現象上。這個生物現象的多變與複雜，遠超過文化上的分類，而這種文化分類會消抹真實的狀況。對女同性戀者、男同性戀者、雙性戀者和跨性別者來說，在努力爭取政治與社會認同他們的權利時，性身分分類一直是重要與進步的政治工具。但這種分類也可能是包袱，因為分類遮蔽了一個事實：人類性偏好與性行為的變化與多樣，其實構成了一個連續集合體。

2.　對此傾向一個絕佳的解釋Bailey and Zuk (2009).

3.　眾所皆知，許多動物都有同性性行為。二十世紀大多數時間中，生物學家往往把同性性行為看成是偏差行為而加以忽視，或是努力把這種行為詮釋成和性沒有關係的社會行為。例如，維多利亞時代的冒險家兼博物學家喬治‧穆瑞‧列維克（George Murray Levick）曾經出版過一本書，介紹阿德利企鵝（*Pygoscelis adeliae*）和其他南極洲企鵝的自然史。他觀察到很多同性性行為，可是沒有發表出來。他用古希臘文把這些觀察內容寫在筆記本上，除了最有學問的讀者之外，其他人都看不懂其中密藏的猥褻細節。最近，這些筆記重見天日，翻譯之後發表出來。這裡要再三強調，不論是人類還是非人類的同性性行為，都是一類內容多樣變化的現象，並沒有單一且統一的解釋。我認為，對這種遠超過其定義的多樣變化，不可能找到可以概括的科學解釋。

4.　諷刺的是，性偏好的連續不斷變化形式，意味著有些文化對同性性行為是個人「選擇」的看法與判斷，對許多人來說是正確

的。在性偏好連續變化形式中位於極端的少數人而言，同性性
行為並不是「選擇」，不過就其他大部分人而言，同性性行為
可能是在各種不同的性吸引中可能的選擇之一。

5. 具有排他性同性偏好的人，將會把時間和精力分給養育年幼親
族（或是這樣有利益可言），因為他們自己沒有後代。這個說
法是另一個從文化出發的論點，實際上更像是讓同性戀者有實
際的用途，好解決文化上對同性戀者的恐懼（由於文化上禁止
同性戀者發揮自己的性自主權），而不是解釋同性戀者存在的
演化機制。

6. 某些文化中，男性如果有不同於文化所認同的性別表現，就會
被認為如同女性並接受女性性別角色，通常包括照顧兒童。但
是，我們並不清楚這是生物現象或是從上而下的文化影響，而
讓人遵守有限的文化性別角色，實際上的性別表現更為多變。

7. 最近，坎培里歐·西亞尼（Camperio Ciani）等人指出另一個
理論。他們認為，有些特別的基因能促進某一性別的生殖成
功，卻讓另一個性別展現出不良適應行為。如果天擇對於某一
個性別（例如母親）的一些生殖性狀篩選的力道夠強，這些性
狀具備的演化優勢，可能超過繼承這些遺傳變異的後代所損失
的遺傳成功，也就是改變兒子的性偏好。這個機制是有可能
的，因為平均來說，基因有一半分到女性、另一半分到男性。
如果在某一個性別中可以提供足夠多的利益，那就能克服在另
一個性別中造成的較少不便，讓這種基因可以演化下去。

該機制雖然在演化上有可能發生，但完全出於推測，沒有任何
假說指出這些基因屬於那一類、造成了哪些特徵而可以增進母
親的生殖成功，但卻又改變了兒子的性偏好。這個機制把各種
性別偏好當成是相反性別個體因為適應而意外出現的副產品。

在這個假設中，天擇的效率不足，無法從同樣的基因庫中篩選出對兩性個體都有利的適應結果，才會造成同性性行為。這個理論和親屬選擇理論一樣，都無法特別解釋主觀的性慾體驗從何而來，這才是議題的核心。

二〇一二年，萊斯（Rice）等人發表論文指出，基因組上的外遺傳修飾（epigenetic modification）在跨代遺傳時出了意外，使得個人在性發育時成為同性戀者。他們認為那些外遺傳修飾和胚胎在子宮發育時對母體雄性素（androgen）敏感程度的調節有關。那些外遺傳修飾應當在稍後的發育階段「關閉」或是重新設定。如果沒有重新設定，那些外遺傳修飾會傳遞到下一代，使得不同性別的下一代對雄性素特別敏感或是不敏感。

理論上，這個演化機制是可行的，但錯誤之處是把同性性偏好和性行為等同於男性發育時的女性化或是女性發育時的男性化。那些作者把「同性戀」定義成只要受到非異性吸引或是有非異性體驗，就算同性戀，也就是相當於金賽量表（Kinsey score）中0分以上的位置。我認為這些作者在為理論上的適應代價（fitness cost）找尋解釋，不過這個代價從沒被實證過。那些作者認為，文化中的性身分分類與實際的生物特性相符，可是那些在金賽量表位於0分之上的人在這種文化分類出現之前，適應性就真的比較低嗎？我們不知道。除此之外，這種把同性吸引力意味著「性倒錯」（sexual inversion）的想法，完全把受到同性性吸引當成了疾病，現在早就不把該想法當成各種同性偏好的恰當解釋了。

8.　部分科學家提出了類似的說法，但是沒有明確地指出美學擇偶和性衝突扮演的角色。缺少了這些元素，他們無法設想出許多足以檢驗的預期結果，讓這個機制做出前後連貫的解釋。

9. Greenwood (1980); Sterk et al. (1997); Kappeler and van Schaik (2002).

10. Smuts (1985).

11. Silk et al. (2009).

12. Palombit (2009).

13. 有數個原因讓我認為，由性偏好變化演化出來的這種社會功能，比親屬選擇的社會功能（「叔叔幫手」）更有可能出現。首先，篩選利益只是這個機制的利益之一，而不是唯一。第二，有清楚的證據指出，在非人類的靈長類中，雄性與雌性之間與性無關的友誼，能夠促進雌性的適應性，這個現象完全和文化無關。第三，我認為在現代社會中，關於同男直女間友誼的證據，要多過各種性別慾望者對扶養姪甥有所貢獻的證據。

14. 皮拉德（Pillard）和貝利（Bailey）在比較了同卵雙胞胎和異卵雙胞胎後指出，自我認定為同性戀的可遺傳性（heritability）高達〇・七四。

15. Paoli (2009).

16. Pillard and Bailey (1998) review this literature.

17. Reviewed in Gangestead and Scheyd (2005).

18. Kinsey et al. (1948, 650); Kinsey et al. (1953, 475).

19. 人類普遍具備受到同性吸引的能力，這可能會讓譴責同性慾望的社會充滿焦慮，使得恐同狀況惡化，並且加重對性別少數族群的暴力行為。

20. Wekker (1999).

21. 報告中對異性戀女性和同性戀男性終身受到各種來自同性伴侶暴力的機率，分別如下：強暴，九・一％和〇％；身體傷害：三三・二％和二八・七％；跟蹤：一〇・二％和〇％；整體結

果：三五％和二九％。很不幸，美國疾病防制中心只報告了受害者的性取向，而沒有他們親密伴侶的性取向。所以我們並不知道雙性戀男性對女性伴侶做出的性壓迫、伴侶暴力和強暴，是否要少於完全的異性戀者。

22. 凱南（Keinan）與克拉克（Clark）在二〇一二年的論文中指出，人類有那麼多罕見基因體變異的主要原因，是因為在過去一萬五千年來，人口數量爆炸性成長所造成。他們把這種狀況描述成罕見的遺傳變異「超量」了，不過這種「超量」只是相較於推測中保持平衡的演化狀態，和現代人類的歷史無關。

23. 父權吸納了同性性慾，可能讓傳統上由男性主宰、階級分明的機構中（例如軍隊、某些傳統宗教組織、寄宿學校），更難以控制或是消除性壓迫、性暴力，以及對同性和異性的虐待。這些組織中的階級結構助長了利用階級權力從事性虐待，還讓這種事情約定成俗。

24. Warner (1999); Halperin (2012).

第十二章　美學生活觀

1. 濟慈〈古瓶頌〉結尾的詩句值得一提，因為這些句子不僅僅把美麗與真實畫上等號，也強調這個觀點就足以說明這個世界的事物。從這兩點來看，濟慈預先想到了華萊士對於性裝飾的世界觀。

2. 二〇一三年春天，耶魯劇團戲院（Yale Repertory Theatre）上演了《哈姆雷特》，由保羅·吉馬蒂（Paul Giamatti）飾演煩憂的丹麥王子。演出大獲成功，門票銷售一空。那一個月，整個紐海文市的人都在談論哈姆雷特。就連我實驗室每週的會議上，

學生和博士後研究員報告最近研究進度，或是討論新發表的鳥類學與演化學論文時，都在談論哈姆雷特。在這段期間中，耶魯大學一三年班主修認知科學的學生珍妮佛・弗雷德曼（Jennifer Friedmann），在我的實驗室進行短暫的鳥類美學演化的研究。她讓我注意到《哈姆雷特》第三幕中那些令人震撼的句子。我們在討論性擇的費雪式觀點和華萊士觀點時，那些句子和觀點的相似性讓她印象深刻。我會分析這段文字，要歸功於她眼光獨到的建議。

3. （自從我在高中之後）首次讀到這個句子，我整個人驚呆了！莎士比亞顯然努力思考過美麗與誠實的關聯，用引起共鳴的方式表達出來，但是這些精簡的句子就表達出許多內容，所以我得找人協助我解說這些句子。

我找上我的朋友詹姆斯・邦迪（James Bundy），尋求專業協助，他是耶魯戲劇學院的院長，也是二〇一三年春天耶魯劇團戲院上演《哈姆雷特》的導演。一天午餐中，他為我上了一堂設計給鳥類學家的戲劇分析速成課。受到他的鼓勵，我便開始對這段《哈姆雷特》的文字進行演化鳥類學的分析。當然，其中的任何錯誤、疏漏和過度延伸，都是我該負責的。

4. 遵循哈姆雷特關於「話語」的建議，奧菲莉亞將美與誠實之間的關係描述為「商業性的」。但隨後，哈姆雷特暗示了更為惡劣的交易——一家妓院的純粹性生意，從而顛覆了奧菲莉亞的使用習慣。

5. 哈姆雷特和費雪一樣，了解到美麗和真實之間的連結，就像是位在刀鋒上那樣不穩定，因為美麗有足以推翻誠實的力量。

對於奧菲麗亞的美麗，哈姆雷特個人的理解是，這份美麗並不是她誠實的指標，這和費雪的兩段式配偶選擇演化模型是相同

的。一開始，哈姆雷特和奧菲麗亞的關係美好光明，彼此有著華萊士式的承諾，她的美麗是誠實的指標，代表了她的靈魂和對他的承諾。不過，這種關係本來就無法維持長久，就像是費雪提出的理論，吸引力（美麗的力量）後來占據優勢，破壞了演示特徵和品質之間的關聯性。

我們也要為奧菲麗亞辯護，因為她並不是在有性自主權的狀況下行動的。她是在父親的脅迫之下才躲開與欺騙哈姆雷特（我沒想大篇幅討論雙親對子代的性壓迫，不過《哈姆雷特》是文學中一個很好的例子）。到了尾聲，奧菲麗亞發瘋了，她終於展現了一些自我真實的性慾望。她唱了一首下流的歌曲，曲中的故事是在情人節那一天，她的「花朵」被一個騙人的無賴摘除了（可能是指哈姆雷特？）。她想像自己是哈姆雷特的王后，和聰明的臣子與俐落的侍臣說話，並且告知僕役把馬車準備好。奧菲麗亞的瘋狂最後揭露了她真實的慾望與幻想。生活中，她的性自我因為受到父親的壓迫而無法展露，只能經由發瘋和死亡才能解放並展露出來。這段劇情可能是莎士比亞要警告在伊麗莎白時代，女性追求性自主權在社會上可能會遭受到風險。事實上，奧菲麗亞的死亡是《哈姆雷特》的第二個悲劇。

6. Berlin (1953).

7. See David Hull's Science as a Process (1988) and Ron Amundson's The Changing Role of the Embryo in Evolutionary Thought (2005).

8. 對於優生學的權威的社會史，參見Kevles (1985).

9. 耶魯大學法學教授傑德・魯本菲爾德（Jed Rubenfeld），在二〇一三年發表了一篇論文〈欺騙強暴的難題和性自主權的迷思〉（The Riddle of Rape-by-Deception and the Myth of Sexual

Autonomy）。他認為，作為美國現行強暴法律根基的性自主權，是毫無根據的迷思概念。魯本菲爾德的想法是，廣義的性自主權包括把自己的慾望強加在他人的慾望之上。顯然這種性自主權的概念是注定要失敗的，因為每個人的慾望不同，終究會產生分歧、彼此衝突。在他的觀念中，性自主權是無法實現的，當然也就成了迷思。魯本菲爾德短暫思索了較為「單薄」的性自主權概念，那個概念基本上和我對性自主權下的定義相同：在不受壓迫的狀況下追求個人的性慾。可是，他用單一奇特的例子，自己弄混了這個概念，然後再反駁這個概念。他問道：我們能把一個孤獨又失能、無家可歸的乞丐，說成是有性自主權的嗎？答案當然是這位倒楣的人所處的種種不幸狀況，並不能傷及他的性自主權，所以他當然是性自主的，他的自主權不能帶來快感這件事，根本和這個議題無關。自主權是免於壓迫的自由，而不是施展慾望的權力。我們觀察到，動物的性自主權並沒有涉及把性慾強壓在其他個體上，這點完全符合上面的結論。雌鴨雖然演化出對抗強迫受精的身體結構，好保衛性自主權，但是仍然會受到未來配偶的吸引。

演化生物學指出，性自主權並不是迷思。雖然在動物中的性自主權演化，就定義來說並不足以成為強暴的法律理論，但是足以證明這個概念並非華而不實，而是個體、偏好、選擇和複雜社會互動自然造成的結果。這種科學結論是否適合作為立法的基礎？這個問題留給法律學者解決。然而這些生物現象牽涉到的複雜社會衝突，顯然是要藉由發明法律來解決。

10. 當代人類的各個文化中，父權制度幾乎無所不在，這遮掩了女性擇偶在人類演化中扮演的角色。接受了美學觀點之後，我們可以發現，在人類演化的過程中，男性身體和社會表現型改變

了，女性性自主權是一個造成這種改變的機制。

11. 傳統父權制度堅持女性要待在家裡當母親，是兩性對親職投資產生衝突的另一種呈現方式。這些文化概念是要阻止女性從事獨立、非生殖性的社會活動與經濟活動，好避免她們在性、經濟和社會上取得獨立的地位。

12. Rubenfeld (2013).

13. 我已經在《生物學》與《哲學》雜誌上發表了關於共同演化美學哲學的基本框架，參見 Prum（2013）。

14. 「人類凝視」指的是人類和大自然之間的權力關係，其中把滿足人類的感官與物質慾望，當成是大自然客觀存在的目的。這就像是「男性凝視」一樣，這種以人類為中心的觀點讓人無法認識到生物媒介的力量，以及其他物種自主美學的目的。

15. Prum (2013).

16. Danto (1964).

17. 會學習歌唱內容的鳥類，包括了雀形目（oscine passerine）、蜂鳥、傘鳥科的鐘雀（*Procnias bellbird*）。鳥類的歌曲學習與文化，請參見庫魯德斯馬（Kroodsma）在二〇〇五年發表的論文。

18. 澳洲海域的座頭鯨族群也有類似美學文化演化的過程，觀察紀錄由諾亞德（Noad）等人在二〇〇〇年發表。

19. 我詳細分析了各種藝術定義對是否存在於非人類藝術，參見 Prum（2013）。

20. 關於多年前美妙的芬迪灣之旅，我要深深感謝瑪莉和理查‧波頓—班奈克夫婦（Mary and Richard Burton-Beinecke），很遺憾我現在和他們失去聯絡了。瑪莉是佛蒙特州阿靈頓的一位論教派（Unitarian）牧師，前一年春天，我在佛蒙特自然科學研究

所（Vermont Institute of Natural Science）開的賞鳥課程中遇到他，這門課是由湯姆・威爾（Tom Will）教授的，他現在依然是我的朋友。瑪莉和理查好心讓我加入他們的馬奇亞斯海豹島之旅，使得我對鳥類的熱愛又更為加深了。

【Life and Science】MX0011

美的演化：達爾文性擇理論的再發現
The Evolution of Beauty

作　　　者❖理查・O・普蘭（Richard O. Prum）
譯　　　者❖鄧子衿
審　　　訂❖黃貞祥
封 面 設 計❖廖　韡
內 頁 排 版❖張彩梅
總　編　輯❖郭寶秀
責 任 編 輯❖力宏勳
協 力 編 輯❖許鈺祥
行 銷 業 務❖許芷瑀

發　行　人❖涂玉雲
出　　版❖馬可孛羅文化
　　　　　10483台北市中山區民生東路二段141號5樓
　　　　　電話：(886)2-25007696
發　　　行❖英屬蓋曼群島商家庭傳媒股份有限公司城邦分公司
　　　　　10483台北市中山區民生東路二段141號11樓
　　　　　客服服務專線：(886)2-25007718；25007719
　　　　　24小時傳真專線：(886)2-25001990；25001991
　　　　　服務時間：週一至週五9:00～12:00；13:00～17:00
　　　　　劃撥帳號：19863813　戶名：書虫股份有限公司
　　　　　讀者服務信箱：service@readingclub.com.tw
香港發行所❖城邦（香港）出版集團有限公司
　　　　　香港灣仔駱克道193號東超商業中心1樓
　　　　　電話：(852)25086231　傳真：(852)25789337
　　　　　E-mail：hkcite@biznetvigator.com
馬新發行所❖城邦（馬新）出版集團【Cite (M) Sdn. Bhd.(458372U)】
　　　　　41, Jalan Radin Anum, Bandar Baru Seri Petaling,
　　　　　57000 Kuala Lumpur, Malaysia
　　　　　電話：(603)90578822　傳真：(603)90576622
　　　　　E-mail：services@cite.com.my
輸 出 印 刷❖前進彩藝股份有限公司
初 版 一 刷❖2020年6月
定　　　價❖600元

ISBN：978-986-5509-25-5

城邦讀書花園
www.cite.com.tw
版權所有　翻印必究（如有缺頁或破損請寄回更換）

國家圖書館出版品預行編目（CIP）資料

美的演化：達爾文性擇理論的再發現／理查・
O・普蘭（Richard O. Prum）著；鄧子衿譯. --
初版. -- 臺北市：馬可孛羅文化出版：家庭傳媒
城邦分公司發行, 2020.06
　　面；　公分 --（Life and science；11）
譯自：The Evolution of Beauty
ISBN 978-986-5509-25-5（平裝）

1.達爾文學說　2.性選擇　3.演化論　4.審美
362.1　　　　　　　　　　　109006622